高等院校医学实验教学系列教材

供生物科学、生物技术、生物工程等专业使用

基因工程实验教程

主　编　冯乐平　刘志国

副主编　闫达中　林　军　乔　伟　甘耀坤

编　委　（按姓氏笔画排序）

王小敏　玉林师范学院　　王文锋　新乡医学院

甘耀坤　玉林师范学院　　冯乐平　桂林医学院

乔　伟　桂林医学院　　刘红美　贵州医科大学

刘志国　武汉工业大学　　闫达中　武汉工业大学

李冬娜　海南医学院　　李惠敏　广西师范大学

张　洁　贵州医科大学　　张海谋　湖北大学

林　军　桂林医学院　　林　谦　玉林师范学院

黄东爱　海南医学院　　谭　涛　广西师范大学

科学出版社

北　京

内　容　简　介

《基因工程实验教程》是以基因工程实验为主要内容,编写的一本实验教材。全书共包括21个基因工程方面的基本实验,同时也涵盖了与基因工程密切相关的部分细胞培养技术、生物信息学计算机操作技术等内容,书后还附有基因工程常用试剂配制、实验室常用数据和实验室安全的一般常识。书中大部分实验是我们在教学中通过反复摸索后才搬进学生课堂的,也有一部分实验借鉴了已发表的科研论文和互联网的资料以及编写人员自己的相关科研成果。所编写的每个实验都配有基础知识链接和背景资料的介绍,对每个实验的原理和操作步骤以及所出现问题的分析,力求解释详尽,以便于读者能较快地掌握实验原理和操作技巧。

本书充分展示了编写人员在编写过程中各自的教学和科研优势,使本教程能够最大限度满足生物技术专业的本科教学需求。

图书在版编目(CIP)数据

基因工程实验教程 / 冯乐平,刘志国主编 .—北京:科学出版社,2013
ISBN 978-7-03-037306-9

Ⅰ.①基…　Ⅱ.①冯…②刘…　Ⅲ.①基因工程-实验-高等学校-教材
Ⅳ.Q78-33

中国版本图书馆 CIP 数据核字(2013)第076123号

责任编辑:朱　华 / 责任校对:鲁　素
责任印制:赵　博 / 封面设计:范璧合

科学出版社 出版
北京东黄城根北街16号
邮政编码:100717
http://www.sciencep.com
北京中科印刷有限公司 印刷
科学出版社发行　各地新华书店经销
*
2013年6月第　一　版　　开本:787×1092　1/16
2024年2月第四次印刷　　印张:11 1/2
字数:280 000
定价:46.00元
(如有印装质量问题,我社负责调换)

前　言

在历史的长河中,人类从来没有比现在更像是这个世界的主宰者,因为基因工程赋予了人类这种改造物种和创造物种的能力。自1973年美国斯坦福大学的Stanley Cohen和Herbert Boyer成功实现了基因重组和蛋白的异源表达,基因工程开始得到蓬勃发展。基因工程(genetic engineering),也称作基因重组,是一项将生物的某个基因通过基因载体运送到另一种生物的活性细胞中,并使之产生新的生物学性状或生产新的物质的遗传学技术。

基因工程的出现标志着任何不同种类生物学基因都能通过基因重组技术连接到一起,也就是说,人类可以根据自己的意愿定向地改造生物的遗传特性,甚至创造新的生命类型。

基因工程是一门实践性较强的科学,其要求从事基因工程操作的专业技术人员不但要有深厚的理论基础,而且具有较强的动手能力。《基因工程实验教程》就是在新形势下为适应高等院校生物技术专业教育改革和发展的需要,坚持以培养有创新精神和动手能力的实用型人才为目标的指导思想,同时结合我们多年教学实践而编写的一本实验教材。

本教材紧密配合生物技术专业授课的理论教学,主要内容包括现代生物技术中所涉及的与基因工程密切相关的实验技术,其中也包含了有关细胞培养和生物信息学方面的主要技术和所涉及的相关问题,在教学过程中力求能够使学生真正掌握基本的生物技术方面的实验技能,提高学生的综合动手能力和实验素质。使学生在生物技术专业的学习过程中动手能力得到全面的加强。

全书主要介绍生物工程技术的相关实验方法与操作。在基因工程部分中,包括有21个基本实验:动物胸腺或脾脏有核细胞基因组DNA的提取、哺乳动物组织mRNA提取、植物组织基因组DNA提取、植物细胞RNA提取、细菌基因组DNA的制备、大肠杆菌质粒DNA的小量提取、核酸的琼脂糖凝胶电泳、DNA片段的回收与纯化、紫外分光光度法测定核酸含量、PCR反应及其产物检测、限制性内切酶切割DNA、DNA的重组和连接、大肠杆菌感受态细胞的制备和重组DNA分子的转化、重组转化子DNA的鉴定(蓝白斑筛选法)、转化克隆的筛选和鉴定、工程菌的诱导和酶活性检测、SDS-PAGE电泳、基因工程综合大实验、植物基因转化与转基因植株鉴定、限制性片段长度多态性(RFLP)分析和免疫印迹法(Western blot)检测蛋白表达。此外,也涵盖了细胞培养技术、生物信息学技术的相关内容。书后还介绍了基因工程常用试剂配制及实验室安全的一般常识。

本书所涉及的实验技术虽然相对宽泛,但具体实验内容却力求尽可能集中。书中大部分实验是我们通过反复摸索后才搬进学生课堂的,也有一部分实验借鉴了兄弟院校生物技术专业为生物技术本科学生设立的基本实验内容。本书既可作为大专院校生物技术专业学生的教学参考书,也可作为从事生物技术的专业人员和生物专业教师的参考书。本教材的编写得到了武汉工业大学、湖北大学、新乡医学院、海南医学院、广西师范大学、广西师范大学、玉林师范学院和桂林医学院广大同仁们的大力协助。本书还参考了许多科研论文和互联网的资料以及编写人员的相关科研成果。在编写过程中,所有编写人员在编写过程中均表示出极大的热情,倾注了大量的心血,充分发挥各自教学和科研优势,使本教材能最大限度满足教学需求。在编写过程中也得到科学出版社的大力支持。在此,对所有参与本书编写的人员和单位表示衷心的感谢。由于我们的水平有限,书中存在不当之处,请批评指正。

冯乐平

2013年1月

目　录

第一部分　基因工程实验

第二部分　细胞培养技术

第三部分 生物信息学

第四部分 附 录

第一部分　基因工程实验

第一章　组织细胞遗传物质的提取

实验一　动物胸腺或脾脏有核细胞基因组 DNA 提取

一、相关知识链接

生物的基因组(genome)是指一套染色体中的完整 DNA 序列。二倍体生物由两套染色体组成,其中一套染色体的 DNA 序列就是一个基因组。基因组一词可以特指核基因组,亦可用来表示细胞质基因组,如粒线体基因组或叶绿体基因组等。

胸腺和脾脏是哺乳动物重要的免疫器官,胸腺主要是 T 细胞分化和成熟的场所,具有免疫调节和自身免疫耐受的建立和维持等功能。脾脏是 T 和 B 淋巴细胞的定居场所,同时也是免疫应答的发生场所,在胚胎期还有造血功能。T 和 B 淋巴细胞均具有全套的基因组 DNA,通过胸腺或脾脏有核细胞基因组 DNA 的提取,可以为研究相关哺乳动物的遗传物质提供物质基础。

二、实验原理

应用十二烷基硫酸钠(sodium dodecyl sulfate,SDS)在较高温度(55~65℃)条件下裂解细胞,同时联合使用蛋白酶 K,使组织或细胞中蛋白质(尤其是核酸酶)充分降解,使染色体离析,蛋白变性,并释放出核酸,然后采用盐溶的方法,加入高浓度的饱和 NaCl 溶液,最后采用等体积的异丙醇沉淀 DNA,以达到释放和萃取高质量核酸的目的。

三、实验目的

掌握从动物组织中提取 DNA 的操作方法,制备高质量的基因组 DNA,作为 PCR 扩增的模板或基因组分析。

四、实验材料和配方

(一) 实验器材与设备

恒温水浴锅,高速台式离心机,漩涡振荡器,高压灭菌锅,电子天平,低温冰箱,手术剪,微量移液器(1000μl、100μl),加样枪头(1000μl、100μl),1.5ml 离心管。

(二) 试剂与配方

1. DNA 提取液　10mmol/L Tris-HCl(pH8.0),2mmol/L EDTA(pH8.0),0.4mmol/L NaCl,1% SDS。

2. 其他试剂　蛋白酶 K(20mg/ml),异丙醇,70%乙醇溶液,无水乙醇,6mol/L NaCl,溴化乙锭(EB)染色液。

五、实验方法和步骤

1. 将用于抽提 DNA 的动物组织(胸腺或脾脏组织)约 50mg 放入 1.5ml 离心管中,用手术剪剪碎成匀浆。

2. 加入 500μl 的 DNA 提取液和 20μl 蛋白酶 K,充分混匀后,55~65℃水浴 2~3h。

3. 加入 375μl 的 6mol/L NaCl 溶液,在漩涡振荡器上振荡 30sec。

4. 12 000*g* 条件下离心 30min 后,量取上清液,加入等体积异丙醇,-20℃静置 40min。

5. 12 000*g* 离心 15min 后,弃去上清液,70% 乙醇洗涤沉淀 1 次,无水乙醇洗涤沉淀 1 次。

6. 空气中自然干燥沉淀后,加 20μl 无菌水溶解 DNA。

7. 取 5μl 进行电泳鉴定。

电泳操作步骤如下。

(1) 倒胶:取出有机玻璃内槽及隔板,洗净、晾干。将有机玻璃内槽置于水平位置且在其一端和中间插入隔板(即只制半块胶),为防止漏胶,可用滴管吸取少量的凝胶封好隔板边沿,然后放好样品梳子,并使梳齿高于底板约 1.0mm。

将已配制好的 0.8% 琼脂糖凝胶溶液,连同锥形瓶放进微波炉加热,直至琼脂糖完全熔化,待琼脂糖凝胶液冷却至 60~70℃,小心地倒在有机玻璃板内槽,控制好倒胶速度,使胶液缓慢地展开,直至在整个有机玻璃板表面形成均匀的胶层(胶厚约 4mm),室温下静置 30min 左右,待凝胶完全凝固后(白色透明),取下有机玻璃板内槽两端的隔板,再将内槽放入电泳槽中,加入电极缓冲液,使液面高出胶面 1~2mm。轻轻拔出梳子,在胶板上即形成相互隔开的样品孔。

(2) 上样:取长约 10cm 的透明胶(或封口膜)贴在实验桌上,间隔 2cm,用微量移液器依次点上 1μl DNA 上样缓冲液,然后量取 3~5μl 样品与其在透明胶上混匀,再小心吸取样品并将其加入到样品孔内。加样时应避免枪头戳破样品孔,同时也要避免碰坏样品槽周围的凝胶面。操作时可用右手持移液器,左手握住右手腕,左肘支撑桌面,防止点样时右手晃动。同时,在样品孔的一端点上 DNA 分子量标准物(DNA Marker)以便于比较待测样品分子量大小。

(3) 电泳:加样完毕,盖上电泳槽盖,将靠近样品一端连接负极,另一端连接正极(注意电极方向,勿接反了),接通电源,调节电压 100V 开始电泳。当溴酚蓝指示剂移动到凝胶长度的 4/5 距离左右,可停止电泳。

(4) 染色:将电泳后的凝胶板小心推至 EB 染色液中,室温下浸泡 15min。

(5) 观察:戴三层一次性手套,用专用铲子从凝胶染液中小心取出凝胶置于托盘上,在凝胶成像仪上将凝胶板推至成像仪内部的黑色玻璃板上,在波长大于 254nm 的紫外透射光下进行观察。DNA 存在位置呈现亮带,电脑拍照,保存图谱。

六、结果分析与讨论

图 1-1 显示所提动物总 DNA 经琼脂糖凝胶电泳检测结果,所提取得到的 DNA 大片段大于 20kb(DNA Marker 为 λDNA/*Eco* RI-*Hind* Ⅲ酶切片段,即最大片段为 21.2kb)。

七、注意事项

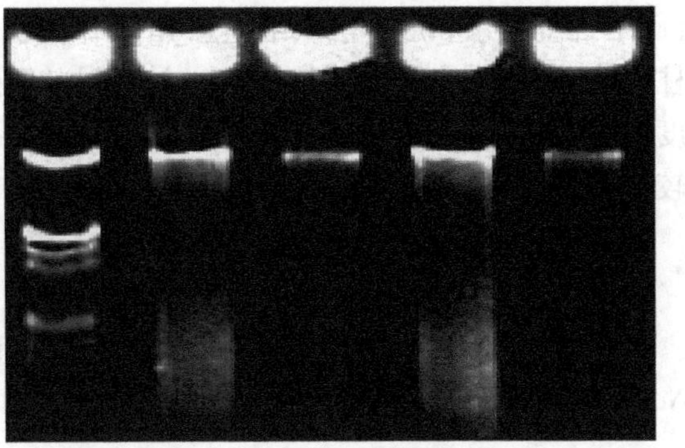

图 1-1　动物基因组 DNA 电泳图

1. 在基因组 DNA 提取之前，需将动物组织处理成匀浆。

2. 在 DNA 提取过程中，染色体 DNA 会由于机械剪切力发生断裂，产生大小不同的片段，因此在细胞破裂后，应尽量在温和条件下操作。

3. 提取过程中应尽量避免使 DNA 断裂和降解的各种因素，混匀试剂、吸取上清等操作时均应避免动作剧烈，以保证 DNA 的完整性，为后续的实验打下基础。

（李惠敏　刘红美　谭　涛　张　洁　冯乐平）

参考文献

Green MR, Sambrook J.2012.Molecular Cloning: A Laboration Manual.4th ed.Cold Spring Harbor Laoratory Press.Protocol 5:247

Malferrari G, Monferini E, DeBlasio P, et al.2002.High-quality genomic DNA from human whole blood and mononuclear cells J.Bio Techniques, 33:1228~1230

Rodriguez IR, Chader GJ.1992.A novel method for the isolation of tissue-specific genes.Nucleic Acids Research, 20(13):3528

Rudbeck L, Dissing J.1998.Rapid, simple alkaline extraction of human genomic DNA from whole blood, buccal epithelial cells, semen and forensic stains for PCRJ.Biotechniques, 25(4):588~592

参考网站：

www.bioon.com 生物谷

www.biooo.com 中国生物论坛

www.dnalc.org 冷泉港实验室

www.dxy.cn 丁香园

www.ncbi.nlm.nih.gov 美国国立生物信息中心

实验二　哺乳动物组织 mRNA 提取

一、相关知识链接

1961 年 Jacob 和 Jacques Monod 提出了信使 RNA 假说，认为细胞内肯定存在一种特殊的 RNA 是直接从 DNA 上合成的，它们的序列与 DNA 上的基因序列互补，然后被运输到细胞质中为蛋白质合成提供模板。mRNA 的假说很快得到了 Brenner、Jacob 和 Meselson 等科学家的同位素实验确认，从而解决了遗传信息传递的问题。

生物细胞中的 RNA 主要包括信使 RNA（mRNA），转运 RNA（tRNA）和核糖体 RNA（rRNA）以及各种特殊功能的小分子 RNA 等。mRNA 是合成蛋白质的模板，tRNA 是转运氨基酸的运载工具，rRNA 则是蛋白质翻译场所核糖体的重要构成部件，mRNA 的碱基序列，决定着蛋白质装配时氨基酸的序列，因此，研究 RNA 具有重要的生物学意义。

二、实验原理

绝大多数哺乳动物细胞的 mRNA 在其 3′端均有一个 poly(A)尾端，因此可以应用 oligo

(dT)-纤维素亲和层析法从细胞总 RNA 中分离出 mRNA。当总 RNA 流经 oligo(dT)纤维素柱时，在高盐缓冲液作用下，mRNA 被特异的吸附在 oligo(dT)纤维素上，然后逐渐降低盐浓度洗脱，在低盐溶液或蒸馏水中，mRNA 被洗脱下来。经过两次 oligo(dT)纤维素柱，可得到较纯的 mRNA。纯化的 mRNA 在 70% 乙醇中-70℃可保存一年以上。

三、实验目的

掌握从哺乳动物组织提取 mRNA 的原理和方法，提取的 mRNA 可以用于 RT-PCR 以及 Northern 杂交分析。

四、实验材料和配方

(一) 实验器材与设备

冷冻台式高速离心机，涡旋振荡机，低温冰箱，冷冻真空干燥器，紫外分光光度计，层析柱，研钵，微量移液器，离心管。

(二) 试剂与配方

1. 无 RNA 酶灭菌水　用将高温烘烤的玻璃瓶(180℃，2h)装蒸馏水，然后加入 0.01%(体积比)的 DEPC(ml/ml)，处理过夜后高压灭菌。

2. 75% 乙醇　用 DEPC 处理水配制 75% 乙醇，(用高温灭菌器皿配制)，然后装入高温烘烤过的玻璃瓶中，存放于低温冰箱。

3. 1×层析柱加样缓冲液　20mmol/L Tris-HCl(pH7.6)，0.5mol/L NaCl，1mmol/L EDTA(pH8.0)，0.1% SDS。

4. 洗脱缓冲液　10mmol/L Tris-HCl(pH7.6)，1mmol/L EDTA(pH8.0)，0.05% SDS。

5. 其他试剂　液氮，Trizol 试剂盒，氯仿，异丙醇、3mol/L NaAc 溶液(pH5.2)。

五、实验方法和步骤

(一) 总 RNA 的提取(Trizol 法)

1. 将组织在液氮中磨成粉末后，将 50~100mg 组织加入 1ml Trizol 液研磨。

(注意：样品总体积不能超过所用 Trizol 体积的 10%)。

2. 研磨液室温放置 5min，然后以每 1ml Trizol 液加入 0.2ml 氯仿的比例加入氯仿，盖紧离心管，用手剧烈摇荡离心管 15sec。

3. 取上层水相于另一离心管中，按每 ml Trizol 液加 0.5ml 异丙醇的比例加入异丙醇，室温放置 10min，12 000*g* 离心 10min。

4. 弃去上清液，按每 ml Trizol 液加入至少 1ml 75% 乙醇溶液的比例加入 75% 乙醇溶液，涡旋混匀，4℃下 7500*g* 离心 5min。

5. 小心弃去上清液，然后室温或真空干燥 5~10min，注意不要干燥过分，否则会降低 RNA 的溶解度。然后将 RNA 溶于水中，必要时可 55~60℃水溶 10min。RNA 可进行 mRNA 分离，或储存于 70% 乙醇溶液并保存于-70℃。

(二) mRNA 提取

1. 用 0.1mol/L NaOH 悬浮 0.5~1.0g oligo(dT)纤维素。

2. 将悬浮液装入灭菌的一次性层析柱中或装入填有经 DEPC 处理，并经高压灭菌的玻璃棉巴斯德吸管中，柱床体积为0.5~1.0ml，用3倍柱床体积的灭菌水冲洗柱床。

3. 用1×柱层析加样缓冲液冲洗柱床，直到流出液的pH<8.0。

4. 将提取的总RNA液于65℃温育5min后，迅速冷却至室温，加入等体积2×柱层析缓冲液后上样，立即用灭菌试管收集洗出液，当所有RNA溶液进入柱床后，加入1倍柱床体积的1×层析柱加样溶液。

5. 测定每一管的OD_{260}值，当洗脱液中OD为0时，加入2~3倍柱床体积的灭菌洗脱缓冲液，以1/3至1/2柱床体积分管收集洗脱液。

6. 于260nm测定OD值，合并含有RNA的洗脱组分。

7. 加入1/10体积的3mol/L NaAc溶液(pH5.2)，应用2.5倍体积的冰冷乙醇，混匀于-20℃放置30min。

8. 4℃下12 000*g*离心15min，小心弃去上清液，用70%乙醇洗涤沉淀，4℃下12 000*g*离心5min。

9. 小心弃去上清液，沉淀空气干燥10min，或真空干燥10min。

10. 用少量DEPC水溶解RNA液，即可用于cDNA合成(或保存在70%乙醇溶液中并贮存于-70℃)。

mRNA在70%乙醇中-70℃可保存一年以上。Oligo(dT)纤维素柱用后可用0.3mol/L NaOH洗净，然后用层析柱加样缓冲液平衡，并加入0.02%叠氮钠(NaN_3)冰箱保存，可重复使用。每次用前用NaOH水层析柱加样缓冲液依次淋洗柱床。

六、结果分析与讨论

(略)

七、注意事项

1. 模板mRNA的质量直接影响到cDNA合成的效率，在构建cDNA文库时，必须经纯化步骤制备mRNA模板。由于mRNA分子的结构特点，容易受RNA酶的降解，加之RNA酶极为稳定且广泛存在，因此在提取过程中要严格防止RNA酶的污染，并设法抑制其活性，这是实验成败的关键。

2. 所有组织中均存在RNA酶，试剂和容器等也均可能被污染，因此实验过程中均需戴手套操作并经常更换(使用一次性手套)。所用的玻璃器皿需置于干燥烘箱中200℃烘烤2h以上。

3. 凡不能用高温烘烤的材料，如塑料容器等皆可用0.1%的焦碳酸二乙酯(DEPC)水溶液处理，然后剧烈振荡10min，再煮沸15min或高压灭菌，以消除残存的DEPC，否则DEPC也能和腺嘌呤作用而破坏mRNA活性。

4. DEPC是RNA酶的化学修饰剂，它和RNA酶的活性基团的咪唑环反应而抑制酶活性。DEPC与氨水溶液混合会产生致癌物，因而使用时需小心。

(刘红美　李惠敏　张　洁　冯乐平)

参考文献

Hengerer B.1993.A rapid procedure for mRNA extraction from a large number of samples.Biotechniques,14(4):522~524

Karrer EE, Lincoln JE, Hogenhout S, et al. 1995. In situ isolation of mRNA from individual plant cells: Creation of cell-specific cDNA libraries. Proc Natl Acad Sci USA, 92: 3814~3818

Sambrook J, Fritsch EF, Maniatis J. 1989. Molecular cloning: A laboratory manual. Vol 3. 2nd ed. NY: Cold Spring Harbor

参考网站：

www.bioon.com 生物谷

www.biooo.com 中国生物论坛

www.dnalc.org 冷泉港实验室

www.dxy.cn 丁香园

www.ncbi.nlm.nih.gov 美国国立生物信息中心

实验三 植物组织的基因组 DNA 提取

一、相关知识链接

随着人类基因组计划(human genome project, HGP)的完成,科学家逐步进行了一系列经济作物及模式植物的基因组计划的研究,比如:拟南芥基因组计划和水稻、玉米基因组计划等。到目前为止,已经测序完成了拟南芥、黑杨、苜蓿、酿酒葡萄、大豆、玉米、水稻和高粱的全基因序列,西红柿、马铃薯等重要作物的基因组计划也正在进行中。重要经济作物基因组计划的完成,使基因功能的大规模研究成为可能,从而进入了后基因组时代,进一步阐明基因功能对于增加作物产量有着重要的意义。

二、实验原理

关于植物总 DNA 的提取方法,从提取原理上看主要有两种:CTAB 法和 SDS 法。本实验采用的是 CTAB 法。先将新鲜的植物叶片研磨,以机械力破碎细胞壁,然后加入十六烷基三甲基溴化铵(cetyl trimethy ammonium bromide, CTAB),它是一种阳离子去污剂,可溶解细胞膜,在高盐溶液(0. 7mol/L NaCl)中,它能与核酸形成可溶性复合物,当降低盐浓度到一定程度(0. 3mol/L)时,可从溶液中沉淀析出。先进行提取,通过离心可将 CTAB 与核酸的复合物同蛋白质和多糖类物质分开,然后将 CTAB 与核酸的复合物沉淀溶解于高盐溶液,再加入乙醇使核酸沉淀,CTAB 能溶解于乙醇。再经酚/氯仿/异戊醇抽提去除蛋白质,得到的 DNA 可用于限制性酶切、PCR 等。CTAB 法提取 DNA 最初用于冷冻干燥的材料,用冷冻干燥材料提取时,使用 1×CTAB 缓冲液,用新鲜材料提取时使用 2×CTAB 缓冲液。

三、实验目的

掌握植物基因组 DNA 提取的原理,掌握 CTAB 法提取植物基因组 DNA 的方法。

四、实验材料和配方

(一) 实验器材与设备

恒温水浴锅,高速台式离心机,高压灭菌锅,珠磨器,普通冰箱,微量移液器(1000μl、100μl),加样枪头(1000μl、100μl)、1. 5ml 离心管,1. 8ml 离心管(螺旋口),灭菌吸水纸。

(二) 试剂与配方

1. 2×CTAB 提取缓冲液 2% CTAB, 1. 4mol/L NaCl, 20mmol/L EDTA, 100mmol/L Tris-

Cl(pH8.0)。

2. TE 溶液　10mmol/L Tris-Cl,1mmol/L EDTA(pH8.0)。

3. 其他　氯仿/异戊醇(24∶1),酚,3mol/L NaAc 溶液(pH5.2),β-巯基乙醇。

五、实验方法和步骤

1. 取干净新鲜植物叶片 50mg 放入已灭菌 1.8ml 离心管,加入适量石英砂和玻璃珠,珠磨器研磨 1min 至叶片成均匀粉末。

2. 加入 0.8ml 2×CTAB(65℃预热)和 20μl 巯基乙醇,混合均匀后 65℃水浴 40min。

3. 10 000*g*,离心 10min 后,量取上清,加入 1/2 体积的酚和 1/2 体积的氯仿/异戊醇,颠倒混匀。

4. 12 000*g*,离心 10min 后,量取上清,加入等体积的氯仿/异戊醇,颠倒混匀。

5. 12 000*g* 离心 10min 后,小心量取上清,加入 1/10 体积的 NaAc,轻轻转混匀。

6. 再加入等体积的异丙醇,轻轻上下颠倒离心管 8~10 次使 DNA 沉淀下来(此时可看到白色絮状沉淀),冰浴 20min,使 DNA 沉淀充分。

7. 10 000*g* 离心 5~10min 后,弃去上清,用 70% 乙醇洗涤沉淀 1 次。

8. 再用 100% 乙醇洗涤沉淀 1 次,倒置离心管至管内完全干燥,加 20μl TE 溶液溶解 DNA。

9. 取 5μl DNA 溶液进行电泳检测,其余于-20℃保存备用。

六、结果分析与讨论

1. 图 1-2 为 CTAB 法提取的植物基因组 DNA,琼脂糖凝胶电泳检测结果显示所提取得到的总 DNA 大小在 20kb 左右,由于没有使用 RNase 酶消化,DNA 条带出现拖尾现象。高质量的基因组 DNA 电泳条带应该是单一且无拖尾现象。

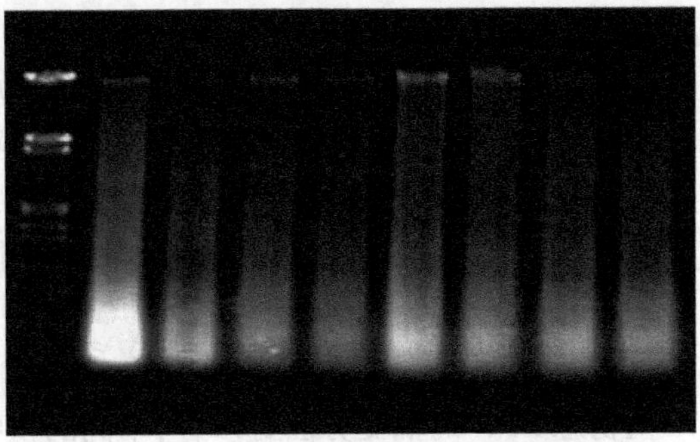

图 1-2　植物基因组 DNA 电泳图谱

2. DNA 浓度及纯度的检测　$A_{260}=1$ 时,DNA 浓度约为 50μg/ml,较纯的双链 DNA,其 A_{260}/A_{280} 约为 1.8。

3. 若提取的 DNA 样品纯度较低,往往会影响后续的酶切消化或者 PCR 反应。

七、注意事项

1. 在使用配制好的酚/氯仿/异戊醇时,应注意吸取下层有机层,而在用酚/氯仿/异戊醇抽提 DNA 后,不要吸取中间层,该层为变性的蛋白质。

2. 在提取过程中为保证植物 DNA 的完整性,要注意防止和抑制 DNase 对 DNA 的降解以及尽量减少对溶液中 DNA 的机械剪切破坏作用。

3. 不同组织因其细胞结构和所含成分不同,分离 DNA 的方法略有不同。通常选择幼嫩的植物叶片用于 DNA 提取材料,而对于使用富含多糖和酚类物质的材料提取基因组 DNA 时,应考虑除去多糖和酚类物质,以避免这些物质对后续的酶切、PCR 反应等的抑制作用。

4. CTAB 溶液在低于 15℃时会形成沉淀析出，因此使用前需预热且离心温度不要低于 15℃。

（李惠敏　谭　涛　王小敏　冯乐平）

参考文献

Hengerer B.1993.A rapid procedure for mRNA extraction from a large number of samples.Biotechniques,14(4):522~524

Sambrook J,Fritsch EF,Maniatis J.2001.Molecular cloning:A laboratory manual,3rd ed.Cold Spring Laboratory Press

参考网站：

www.bioon.com 生物谷

www.biooo.com 中国生物论坛

www.dnalc.org 冷泉港实验室

www.dxy.cn 丁香园

www.ncbi.nlm.nih.gov 美国国立生物信息中心

实验四　植物细胞 RNA 提取

一、相关知识链接

植物细胞内 RNA 根据其所存在部位，分为细胞质 RNA、细胞核 RNA 和细胞器 RNA。植物细胞 RNA 提取主要是防止 RNA 酶的降解作用。RNA 酶是一类水解核糖核酸的内切酶，它与一般作用于核酸的酶类有着显著的不同，RNA 酶生物活性十分稳定，耐热、耐酸、耐碱，作用时不需要任何辅助因子，而且存在非常广泛，除细胞内含有丰富的 RNA 酶外，在环境中，如各种器皿、试剂、人的皮肤、汗液、甚至灰尘中都有 RNA 酶的存在。因此，RNA 酶的降解作用是 RNA 提取中至关重要的问题。提取过程中有效抑制内源 RNA 酶活性的做法是将蛋白质变性剂，如使用酚、氯仿、SDS、十二烷基肌氨酸钠（dodecyl sarcosine sodium）、异硫氰酸胍（different guanidine thiocyanate）等联合使用，效果比较理想。

二、实验原理

植物总 DNA 的抽提方法有多种，不同的植物都有其最合适的抽提方法。但各种方法的原理都一样，那就是先用机械的方法使组织和细胞破碎，然后加入十二烷基肌氨酸钠、CTAB、十二烷基硫酸钠（sodium dodecyl sulfate，SDS）等离子型表面活性剂，溶解细胞膜和核膜蛋白，使细胞膜和核膜破裂，让进入细胞核内的表面活性剂解聚核中的核蛋白（并与蛋白质形成混合物）；再加入酚和氯仿等表面活性剂，使蛋白变性，经离心除去植物的组织和变性蛋白；上清液中加入无水乙醇使 DNA 沉淀；沉淀 DNA 溶于 TE 溶液中，RNA 用 RNase A 消化后，即得植物总 DNA 溶液。

本实验采用异硫氰酸胍法：异硫氰酸根及胍离子都是很强的蛋白质变性剂，异硫氰酸胍与十二烷基肌氨酸钠合用可使核蛋白体迅速解体；与还原剂 β-巯基乙醇合用使 RNase 活力十分低下，因而是一种常用试剂。做法是将异硫氰酸胍、β-巯基乙醇、十二烷基肌氨酸钠三者合用，强有力抑制 RNA 降解，增加了核蛋白体的解离，最后将大量的 RNA 释放到溶液中，然后用酚进行抽提，既可保证 RNA 稳定又可抑制 DNA 解离，使 DNA 与蛋白质一起沉淀，RNA 被抽提进入水相，然后用异丙醇沉淀 RNA。

三、实验目的

掌握植物 RNA 的制备原理,学习异硫氰酸胍法制备植物总 RNA 的方法,提取的 RNA 可用于 RT-PCR。

四、实验材料和配方

(一) 实验器材与设备

普通冰箱,烘箱,高速冷冻离心机,制冰机,液氮罐,高压灭菌锅,紫外分析透射仪,电泳系统,凝胶成像系统,水浴锅,微量移液器,移液器,各种离心管架各一个,研钵一套,纱布,50ml 离心管,玻璃滴管,1.5ml 离心管,各种加样枪头。

(二) 试剂与配方

1. 异硫氰酸胍溶液　含 4mol/L 异硫氰酸胍,25mmol/L 枸橼酸钠(pH7.0),0.5% 十二烷基肌氨酸钠,0.1mol/L β-巯基乙醇。

2. 其他试剂　DEPC 水饱和酚(pH8.0),2M NaAc,氯仿/异戊醇(49∶1),异丙醇,70% 乙醇溶液。

五、实验方法和步骤

1. 取 2g 左右新鲜植物组织置于研钵中,加入液氮,迅速研磨成均匀的粉末。

2. 将粉末移入预冷的离心管中,注意:动作要迅速,不要让粉末解冻。并向其中加入 5ml 异硫氰酸胍变性液,及 40μl 巯基乙醇,轻轻摇动离心管使混合均匀。

3. 按顺序分别加入 2mol/L NaAc 0.5ml、水饱和苯酚 5ml、氯仿/异戊醇 1ml,每加入一种试剂都轻轻摇动离心管混合均匀,最后将离心管盖紧,倒转几次混合均匀,冰浴 30min。

4. 4℃条件下 14 000*g* 离心 30min,将上层水相转移至另一离心管,并加入等体积的异丙醇,混合后置于-20℃冰箱冷冻 1h。

5. 4℃条件下 13 000*g* 离心 20min,沉淀用 70 %乙醇溶液洗一次,晾干后溶于适量体积 DEPC 处理水中(50~200μl),检测后分装,置于-70℃低温条件下保存。

6. 取 5μl RNA 溶液进行电泳检测(参见实验一中的电泳操作步骤)。

六、结果分析与讨论

1. RNA 纯度及浓度的检测　A_{260} 为 1 时,RNA 浓度约为 40μg/ml,较纯的 RNA,其 A_{260}/A_{280} 约为 1.9~2.1。

2. 总 RNA 电泳检测结果见图 1-3。

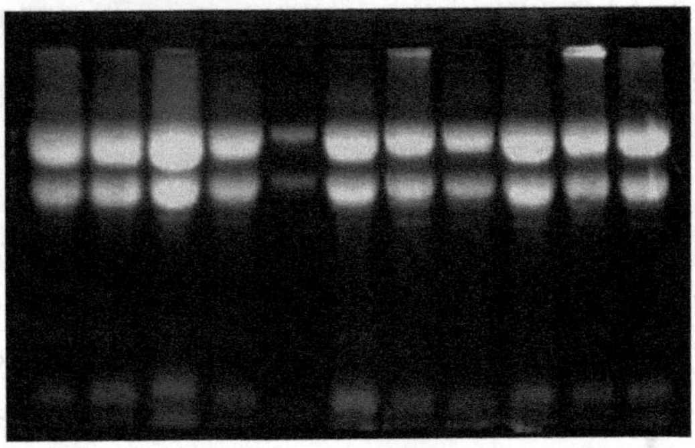

图 1-3　水稻总 RNA 的琼脂糖凝胶电泳图谱

七、注意事项

1. 外源 RNA 酶的抑制方法主要使用 DEPC,因 DEPC 能与 RNase 分子中的必需基团组氨酸残基上的咪唑环结合而抑制酶活性,用于水、试剂、玻璃器皿的

RNase 的灭活。为防止皮肤 RNase 污染，在抽提过程中，应戴上一次性手套。应使用灭过菌的塑料制品和枪头，并不断更换，避免交叉污染；分离与分析 RNA 用的器皿也应该是专用的。

2. 水溶性的细胞代谢物如酚、多糖等易与 RNA 结合成胶冻状的不溶物或有色的复合物，能影响 RNA 的产量及质量。这时，可采用对组织提取液适当进行高速离心去除多糖；采用低 pH 的提取缓冲液抑制酚的解离及氧化或用巯基乙醇、PVP 来抑制酚类的干扰。

3. 尽量选用新鲜的植物材料和选取杂质少生长较快的幼嫩植物组织提取 RNA。

（李惠敏 刘红美 张 洁 冯乐平）

参考文献

Jakobsen KS, Breivold E, Hornes E. 1990. Purification of mRNA directly from crude plant tissues in 15 minutes using oligo dT microspheres. Nucleic Acids Research, 18(12): 3669

Rubin D. 1992. Magnetic Bead Isolation of mRNA from Plant Tissue. In: The Red Book Bulletin, Current Protocols in Molecular Biology, Subscriber's Notebook, Anonymous, Suppl(20): 1

参考网站：

www.bioon.com 生物谷

www.biooo.com 中国生物论坛

www.dnalc.org 冷泉港实验室

www.dxy.cn 丁香园

www.ncbi.nlm.nih.gov 美国国立生物信息中心

实验五 细菌基因组 DNA 的制备

一、相关知识链接

细菌基因组 DNA 通常仅由一条环形或线形双链 DNA 分子构成，只有一个复制起点，有操纵子串联在一起，受同一调控区调节，合成多顺反子 mRNA。编码蛋白质的结构基因为单拷贝的，但 rRNA 基因一般是多拷贝的，非编码 DNA 所占比例少，类似于病毒基因组。细菌基因组 DNA 具有多种调控区，如复制起始区、复制中止区，转录启动子等特殊序列。与真核生物基因组类似，细菌基因组 DNA 也具有可移动的 DNA 序列。细菌 DNA 以环状染色体形式存在于细菌的拟核区。制备细菌 DNA 的原则是既要将 DNA 与蛋白质、脂类和糖类等分离，又要保持 DNA 分子的完整。

二、实验原理

提取 DNA 的一般过程是将分散好的组织细胞在含十二烷基磺酸钠（SDS）和蛋白酶 K 的溶液中消化分解蛋白质，再用酚和氯仿/异戊醇抽提分离蛋白质，得到的 DNA 溶液经乙醇沉淀使 DNA 从溶液中析出。蛋白酶 K 能够在 SDS 和乙二胺四乙酸二钠（EDTA）存在下保持很高的活性。在匀浆后提取 DNA 的反应体系中，SDS 可破坏细胞膜、核膜，并使组织蛋白与 DNA 分离，EDTA 则抑制细胞中 DNase 的活性；而蛋白酶 K 可将蛋白质降解成小肽或氨基酸，使 DNA 分子完整地释放出来。

三、实验目的

了解基因组 DNA 的概念和意义，掌握细菌基因组 DNA 制备的原理和分离方法。

四、实验材料和配方

（一）实验器材与设备

高速冷冻离心机，台式离心机，水浴锅，微量移液器，移液管。

（二）试剂与配方

1. CTAB/NaCl 溶液　4.1g NaCl 溶解于 80ml H_2O，缓慢加入 10g CTAB，加水至 100ml。

2. 其他试剂　氯仿:异戊醇（24:1）；酚:氯仿:异戊醇（25:24:1）；异丙醇；70% 乙醇；TE 溶液（10mmol/l Tris-HCl，1mmol/l EDTA，pH8.0）；10% SDS；蛋白酶 K（20mg/ml），5mol/l NaCl。

五、实验方法和步骤

1. 100ml 细菌过夜培养液，5000*g* 离心 10min，去上清液。

2. 加 9.5ml TE 溶液悬浮沉淀，并加 0.5ml 10% SDS、50μl 20mg/ml 蛋白酶 K，混匀，37℃保温 1h。

3. 加 1.5ml 5mol/l NaCl 溶液，混匀。

4. 加 1.5ml CTAB/NaCl 溶液，混匀，65℃保温 20min。

5. 用等体积酚:氯仿:异戊醇抽提，5000*g* 离心 10min，将上清液移至干净离心管。

6. 用等体积氯仿:异戊醇抽提，取上清液移至干净管中。

7. 加 1 倍体积异丙醇，颠倒混合，室温下静止 10min，沉淀 DNA。

8. 用玻棒捞出 DNA 沉淀，70% 乙醇溶液漂洗后，吸干，溶解于 1ml TE 溶液，-20℃保存。如果 DNA 沉淀无法捞出，可 5000*g* 离心 10min，弃上清取 DNA 沉淀。

9. 如要除去其中的 RNA，可加入 RNA 酶处理。

六、结果分析与讨论

细菌基因组 DNA 电泳结果见图 1-4，分析与讨论略。

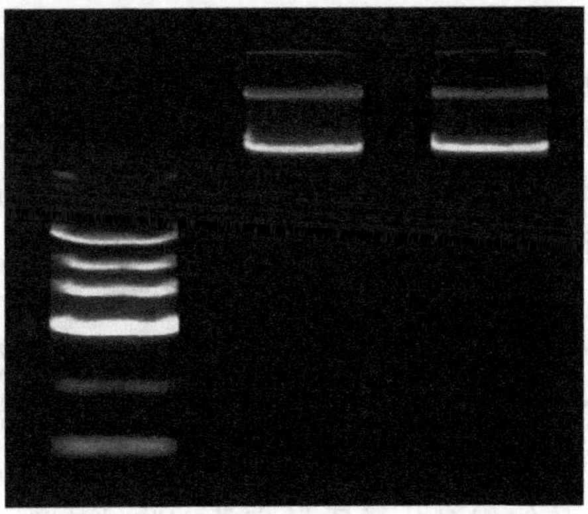

图 1-4　细菌基因组 DNA 电泳图

七、注意事项

1. 加入异丙醇，基因组的大分子 DNA 即沉淀形成纤维絮状沉淀漂浮其中，可用灭菌的玻璃棒或加样枪头将其挑出，并在 70% 乙醇溶液中漂洗一下即可。

2. 为避免 DNase 的作用，对所使用的器皿等用具要进行灭菌处理，同时要在溶液中加入 EDTA、SDS、蛋白酶 K 等。

（李惠敏　刘红美　张　洁　冯乐平）

参考文献

Liu XX, Lin JP, Qin G, et al.2005. Expression of a new hem A Gene from Agrobacterium radiobacter in Escherichia coli for 5-aminolevulinate production. Chinese J Chem Eng, 13(4): 522~528

Sambrook J, Fritsch EF, Maniatis J.2001. Molecular cloning: A laboratory manual, 3rd ed. Cold Spring Laboratory Press

参考网站:

www.bioon.com 生物谷

www.biooo.com 中国生物论坛

www.dnalc.org 冷泉港实验室

www.dxy.cn 丁香园

实验六 大肠杆菌质粒DNA的小量提取

一、相关知识链接

质粒(plasmid)是独立于染色体DNA之外的能够独立复制的DNA分子。大部分质粒呈环状结构,目前亦发现少部分线状质粒。天然质粒DNA的长度从数千碱基对至数十万碱基对都有。质粒主要存在于细菌、酵母和一些植物细胞中,有时一个细胞里面可以同时存在一种乃至于数种的质粒。质粒的拷贝数在细胞里从一个到几千个不等,可分为拷贝数少的严紧型质粒和拷贝数多的松弛型质粒。有些质粒含有某种抗药基因(如大肠杆菌中就有含有抗四环素基因的质粒)。质粒携带的基因可以赋予细胞新的生理代谢能力,例如使一些细菌中产生抗药性。经过修饰后的质粒是基因工程最常用的载体工具,科学家常将基因克隆的载体做成各种质粒形式,以承载目的基因。

二、实验原理

质粒DNA分离纯化方法有很多种,但其原理和步骤大同小异,本实验采用碱裂解法分离质粒DNA。

碱裂解法是根据共价闭合环状质粒DNA与线性染色体DNA片段之间存在拓扑学上的差异进行分离的。在pH介于12.0~12.5之间时,线性DNA的两条链会完全将变性,而闭合环状DNA在这样的条件下连接DNA互补链之间的氢键虽然也会断开,但由于闭合环状质粒DNA的双螺旋主链骨架的彼此盘绕作用,互补的两条链紧密地结合在一起。当遇制冷且在恢复中性pH的方法处理DNA混合物时,共价闭合环状的质粒DNA能迅速而准确地复性,但随机断裂产生的线性染色体DNA分子,彼此已经分离的互补链之间的复性作用就不会那么迅速而准确,往往聚集成网状结构,与变性的蛋白质及RNA一起被离心沉淀下来。之后可以用无水乙醇沉淀法收集仍然留在上清液中的质粒DNA。另行通过NaOH与SDS裂解细胞,然后用高浓度的醋酸钾中和,结果使细菌的染色体DNA与其他相对分子质量高的细胞结构选择性地沉淀下来,留在上清液中的质粒DNA用异丙醇或无水乙醇沉淀。

三、实验目的

了解质粒的特性及其在分子生物学研究中的作用,学习掌握质粒DNA的分离、纯化的原理,掌握碱裂解法小量制备质粒DNA的方法。

四、实验材料和配方

(一) 实验器材与设备

低温冰箱;恒温培养箱;全温摇床;制冰机;涡漩振荡器;高速台式离心机;微量移液器(1000μl,100μl,10μl);加样枪头(1000μl,100μl,10μl);1.5ml 离心管;三角瓶;无菌吸水纸。

(二) 试剂与配方

1. 含 pUC19 质粒的大肠杆菌。

2. 其他试剂　LB 液体培养基,Amp 溶液(100μg/ml),溶液Ⅰ,溶液Ⅱ,溶液Ⅲ,酚,氯仿/异戊醇(24:1),无水乙醇,70% 乙醇。

(1) 溶液Ⅰ:50mmol/L 葡萄糖,25mmol/L Tris-HCl(pH 8.0),10mmol/L EDTA(pH 8.0)。配置方法:1mol/L Tris-HCl(pH 8.0)12.5ml,0.5mol/L EDTA(pH 8.0)10ml,葡萄糖 4.730g,加 ddH_2O 至 500ml。高压灭菌 15min,贮存于 4℃。

(2) 溶液Ⅱ:0.2mol/L NaOH,1% SDS。(配置方法:2mol/L NaOH 1ml,10% SDS 1ml,加 ddH_2O 至 10ml),使用前临时配置。

(3) 溶液Ⅲ:醋酸钾(KAc)缓冲液,pH 4.8。配置方法:5mol/L KAc 300ml,冰醋酸 57.5ml,加 ddH_2O 至 500ml。4℃保存备用。

五、实验方法和步骤

1. 将含有 5ml 相应抗生素[Amp(氨苄青霉素):100μg/ml]的 LB 液体培养基加入到三角瓶中,接入含有 pUC19 质粒的大肠杆菌,37℃振荡培养过夜。

2. 取 1.5ml 培养液到灭菌 1.5ml 离心管中,10 000*g* 离心 1min。

3. 吸去培养液,保留菌体沉淀;如菌体不够量,可再加入培养液,重复离心收集菌体,并使细菌细胞沉淀尽可能干燥。

4. 加入 100μl 溶液Ⅰ,盖紧管盖,漩涡振荡使之充分混匀。

5. 加入 200μl 溶液Ⅱ,盖好管盖,快速颠倒离心管 5 次,将离心管放冰上 5min。

6. 加入 150μl 溶液Ⅲ,盖紧管盖,缓慢颠倒离心管 10 次使之混匀。

7. 冰上放置 10min,12 000*g* 离心 10min。

8. 量取上清液至新的离心管中,加入 1/2 体积的酚和 1/2 体积的氯仿/异戊醇,颠倒混匀,12 000*g* 离心 5min。

9. 仔细量取上清液到新的离心管中,加入 2 倍体积的无水乙醇,混匀后,-20℃放置 20min。

10. 12 000*g* 离心 10min,倾去上清液,将离心管倒扣在吸水纸上,吸干液体。

11. 用 1ml 冰冷的 70% 乙醇洗涤沉淀 1 次,除去其中的盐分。

12. 倾去上清液,空气中干燥沉淀,加入 20μl dd H_2O,使 DNA 完全溶解。

13. 取 5μl 进行电泳检测,其余的于-20℃保存。

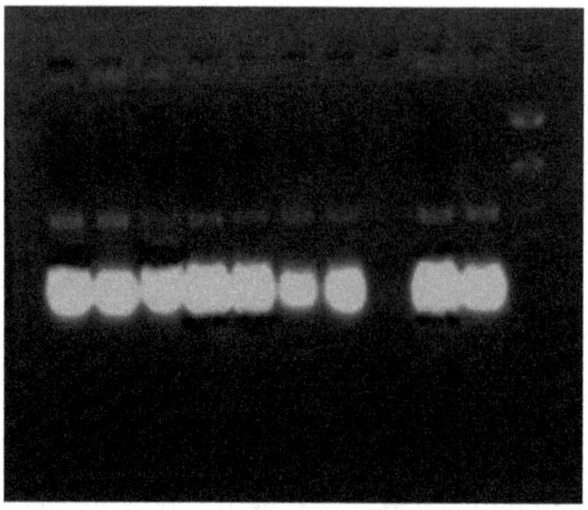

图 1-5 pUC19 质粒电泳图

六、结果分析与讨论

pUC19 质粒电泳结果见图 1-5，分析与讨论略。

七、注意事项

1. 溶液Ⅱ必须是新鲜配制的；加入溶液Ⅲ后复性时间不宜过久，以免基因组 DNA 分子断裂的小分子 DNA 片段也被复性留在上清中。

2. 为避免细菌染色体 DNA 过多的断裂成小片段，在裂解细胞后，尽量在温和条件下操作，以及避免剧烈震荡 DNA，以减少对裸露 DNA 分子的机械剪切作用。

（谭 涛 刘红美 李惠敏 张 洁 冯乐平）

参考文献

魏春红，李毅.2006.现代分子生物学实验技术.北京：高等教育出版社

吴乃虎.1999.基因工程原理.第 2 版.北京：科学出版社

朱旭芬.2006.基因工程实验指导.北京：高等教育出版社

Birnboim HC，Doly J.1979.A rapid alkaline extraction procedure for screening recombinant plasmid DNA.Nucleic Acids Res，7（6）：1513～1523

Birnboim HC.1983.A rapid alkaline extraction method for the isolation of plasmid DNA.Methods in Enzymology，100：243～255

Sambrook J，Frisch EF，Mannatis T，et a1.1989.Molecular Cloning：A laboratory Manual，2nd ed.New York：Cold Spring Harbor Laboratory Press：19～24

Sambrook J，Fritsch EF，Maniatis T.1992.分子克隆实验指南.第 2 版.金冬雁，黎孟枫译.北京：科学出版社：16～34

参考网站：

www.bioon.com 生物谷

www.biooo.com 中国生物论坛

www.dnalc.org 冷泉港实验室

www.dxy.cn 丁香园

www.ncbi.nlm.nih.gov 美国国立生物信息中心

第二章　核酸凝胶电泳分离与纯化方法

实验七　核酸的琼脂糖凝胶电泳

一、相关知识链接

带电荷的物质在电场中泳动的现象称为电泳。1937年瑞典化学奖获得者Tiselius发明了蛋白质的电泳技术,这种技术可以成功地将血清蛋白质分成不同的组分。此后,电泳就成为了分子生物学技术中分离、鉴定生物大分子的重要手段之一。由于凝胶电泳技术操作简单、快速、灵敏等诸多优点,因此成为了蛋白质、核酸等生物大分子分离和鉴定的主要方法之一。

在分子生物学研究中,凝胶电泳技术已被广泛用于DNA分子限制酶切图谱(内切酶位点在DNA上的种类、数目和排列位置)的构建、DNA片段的分离纯化、重组DNA分子的鉴定以及核苷酸序列分析。另外,DNA、RNA和蛋白质的印迹转移杂交也要借助于凝胶电泳。

二、实验原理

DNA分子在碱性环境(pH8.3)的电泳缓冲液中带有负电荷,因此在外加电场作用下,DNA分子向正极迁移。由于不同的DNA分子的分子量、所带电荷和分子构型的差异,在电场中,其迁移速率就会出现不同,从而使DNA分子在凝胶中出现了不同的区带。电泳后,凝胶中的DNA分子再用EB(溴化乙锭)进行染色,在紫外透射光照射下,DNA则显橙红色荧光。

琼脂糖作为电泳介质有许多优点,如物质在凝胶中的迁移率与液体介质相似,而凝胶结构却限制了对流的形成,因此分子在电泳后的位置可以保持不变,又可以在凝胶中自由扩散。琼脂糖凝胶电泳的分辨率虽然较低,但其应用范围广,而且琼脂糖凝胶电泳所需DNA样品量可达0.5~1.0μg,甚至超薄型平板琼脂糖凝胶电泳所需DNA的量可低于0.5μg,电泳后用溴化乙锭染色检测DNA,灵敏度很高,10ng(10^{-9}g)或更少的DNA即可检出,因此琼脂糖凝胶电泳已成为DNA、RNA检测和分离的重要手段。

三、实验目的

掌握琼脂糖凝胶电泳分离DNA的原理与方法,学习利用琼脂糖凝胶电泳方法分离不同大小DNA片段和测定DNA纯度、含量。

四、实验材料和配方

(一)实验器材与设备

普通冰箱,电泳仪,微波炉,紫外检测仪,凝胶系统成像仪,电子天平,电泳槽,梳子,有机玻璃内槽,有机玻璃隔板,锥形瓶,一次性塑料手套,微量移液器(10μl),加样枪头(10μl),封口膜或透明胶,保鲜薄膜,长滴管,称量纸,小药勺,白搪瓷盘。

(二) 试剂与配方

1. 电泳缓冲液(50×TAE) 取242g Tris 溶于适量蒸馏水中,加入57.1ml 冰乙酸,100ml 0.5mol/L 的 EDTA(pH8.0),用蒸馏水定容至1000ml。电泳时使用1×TAE 缓冲溶液。

2. 0.8%琼脂糖(用1×TAE 配制) 取0.8g 琼脂糖置于200ml 锥形瓶中,加入100ml 稀释的电泳缓冲液(1×TAE),于微波炉中加热,直至琼脂糖完全熔化在缓冲液中。

3. EB 染色贮藏液(1mg/ml) 将100mg EB 溶于100ml 蒸馏水或电泳缓冲液中,棕色瓶内密封好,避光保存。使用时稀释100倍。

4. 溴酚蓝指示剂 取0.025g 溴酚蓝溶于10ml 40%的蔗糖溶液配制而成。

5. DNA 标准样品 λDNA/*Eco* RI-*Hind* Ⅲ酶切片段和 DL2000。

6. DNA 上样缓冲液 6×Loading buffer。

7. 待测 DNA 样品 PCR 扩增产物等。

五、实验方法和步骤

电泳部分见实验一。

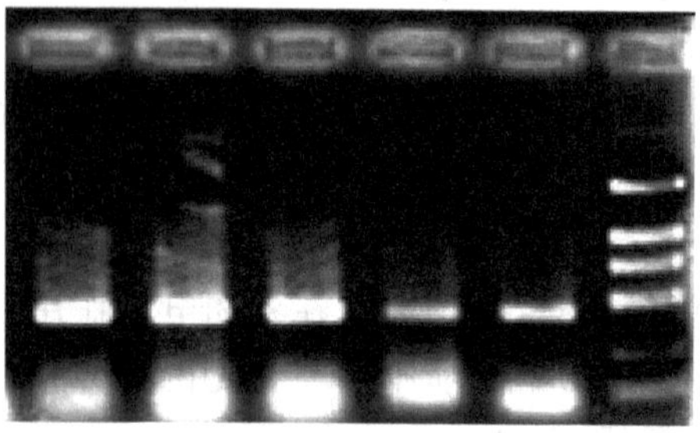

图2-1 常规 PCR 扩增 DNA 结果图谱

六、结果与分析

1. 电泳结束后,将凝胶板置于电泳成像仪上可观察到待检测 DNA 的情况,若电泳条带亮度均匀,而且条带清晰可见,说明点样较好。

2. DNA 分子大小 DNA 分子在琼脂糖凝胶中的电泳迁移率与其碱基对数目的常用对数成反比。由于 DNA 结构的重复性,分子大小相等,电荷基本相等,分子越大,迁移率越小(图2-1最右边泳道为 DNA Marker DL2000)。

3. 不同浓度的琼脂糖凝胶分辨不同范围的 DNA 片段(表2-1)。

表2-1 琼脂糖凝胶分辨 DNA 片段的能力

琼脂糖凝胶浓度(%)	分离 DNA 片段大小范围(kb)
0.3	1~50
0.7	1~20
1.2	0.4~6

4. DNA 的构象 常规琼脂糖凝胶电泳(琼脂糖凝胶浓度为0.8%~1.2%)中,DNA 迁移速度为共价闭环 DNA>线性 DNA>开环 DNA。若改变条件,DNA 迁移速度发生改变。

总 RNA 样品中的主要成分是28S rRNA、18S rRNA 和5S rRNA。故电泳后在凝胶上呈现3条明显的条带(图2-2)。

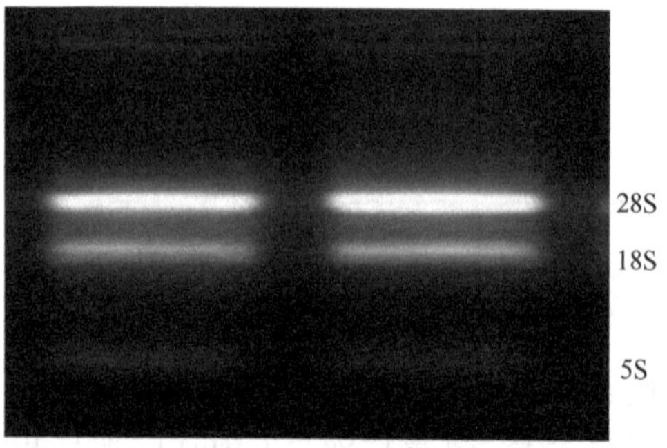

图2-2 大鼠肝脏总 RNA 的变性凝胶电泳图

七、注意事项

1. 在低电压条件下,线性 DNA 片段的迁移速度与电压成正比,但是电场强度增加时,不同相对分子质量的 DNA 片段泳动度的增加是有差别的。因此,为了获得电泳分离 DNA 片段的最大分辨率,电泳时在 DNA 样品进入凝胶之前,可用略高的电压以防样品扩散,样品进胶后,应控制电压不高于5V/cm(电压V/电泳槽两极之间的距离)。

2. EB既是诱变剂又是致癌剂,所以用时必须非常小心。

3. GoldView是一种新型核酸染料,其灵敏度与EB相当,使用方法与之完全相同,在100ml琼脂糖凝胶溶液中一般加入5μl GoldView即可。在紫外透射光下双链DNA呈现绿色荧光,也可用于染RNA。由于未发现GoldView有致癌作用,且灵敏度与EB相当,将有可能逐渐取代EB而得以广泛应用。

4. 在进行RNA电泳分析时,为避免RNase可能带来的问题,最好使用RNA专用电泳器材。若使用的电泳器材也用来跑DNA分析胶,进行RNA电泳时,使用的电泳槽需用去污剂洗涤、水冲洗、乙醇干燥,再浸入3% H_2O_2溶液中,室温下放置10min以上,再用DEPC溶液处理过的水冲洗干净。

(刘红美　李惠敏　谭　涛　张　洁　冯乐平)

参考文献

梁婧娴,陈志成,贺庆华等.2012.检测总RNA质量的两种方法比较研究.西南民族大学学报.自然科学版,38(1):69~72

卢圣栋.1999.现代分子生物学实验技术.第2版.北京:中国协和医科大学出版社:83~84

魏春红,李毅.2006.现代分子生物学实验技术.北京:高等教育出版社

张小林,韩丽君,李龙等.2011.RNA甲醛琼脂糖凝胶电泳的优化及探讨.现代生物医学进展,11(2):351~353

朱旭芬.2006.基因工程实验指导.北京:高等教育出版社

Bensaude O.1988.Et hidium bromide and safety-readers suggest alternative solutions.Trends Genet,4(4):89~90

J萨姆布鲁克,EF弗里奇,T曼尼阿蒂斯.1995.分子克隆实验指南.第2版.北京:科学出版社304~315

Lunn G,Sansone EB.1987.Et hidium bromide:destruction and decontamination of solutions.Anal Biochem,162(2):453~458

Lunn G.1990.Decontamination of et hidium bromide spills.Trends Genet,6(2):31

Miller SE,Taillon MP,Kwok PY.1999.Cost-effective staining of DNA with SYBR Green in preparative agarose gel electrophoresis. Biotechniques,27(1):34~36

参考网站:

www.bioon.com 生物谷

www.biooo.com 中国生物论坛

www.dnalc.org 冷泉港实验室

www.dxy.cn 丁香园

www.ncbi.nlm.nih.gov 美国国立生物信息中心

实验八　DNA片段的回收与纯化

一、相关知识链接

在基因工程质粒构建中,供体DNA和载体DNA在限制性内切酶切割后通常会产生多个片段,如果直接用酶切片段连接将会导致大量副产物的产生,从而影响重组子的筛选效率。通过凝胶电泳分离酶切后的片段,然后回收目的DNA片段则能够显著提高筛选效率。

二、实验原理

酶切后的DNA经电泳分离,再经酚-氯仿抽提,乙醇沉淀,可以得到较纯的目的DNA片段。

三、实验目的

掌握从琼脂糖凝胶中回收、纯化 DNA 片段的原理和方法。

四、实验材料和配方

(一) 器材与设备

冷冻台式高速离心机,涡旋振荡器,冰箱,紫外操作台,手术刀,离心管。

(二) 试剂与配方

Tris-HCl 饱和酚(pH7.6),酚,氯仿,3mol/L NaAc,-20℃预冷的无水乙醇,75%乙醇溶液,TE 溶液。

五、实验方法和步骤

1. 紫外灯下仔细切下含待回收 DNA 的胶条,将切下的胶条(小于 0.6g)捣碎,置于 1.5ml 离心管中,加入等体积的 Tris-HCl 饱和酚(pH7.6),振荡混匀。
2. -20℃放置 5~10min 后,4℃,10 000*g* 离心 5min,上层液转移置另一离心管中。
3. 加入 1/4 体积 H_2O 于含胶的离心管中,振荡混匀。
4. -20℃,放置 5~10min 后,4℃,10 000*g* 离心 5min,合并上清液。
5. 用等体积酚/氯仿、氯仿分别抽提一次,取上清。
6. 加入 1/10 体积 3mol/L NaAc(pH5.2)、2.5 倍体积预冷的无水乙醇,混匀。
7. -20℃,静置 30min 后,4℃,13 000*g* 离心 10min,弃上清,75%乙醇溶液洗沉淀 1~2 次,晾干。
8. 加适量 H_2O 或 TE 溶解沉淀。

六、结果分析与讨论

电泳图见图 2-3,图 2-4。

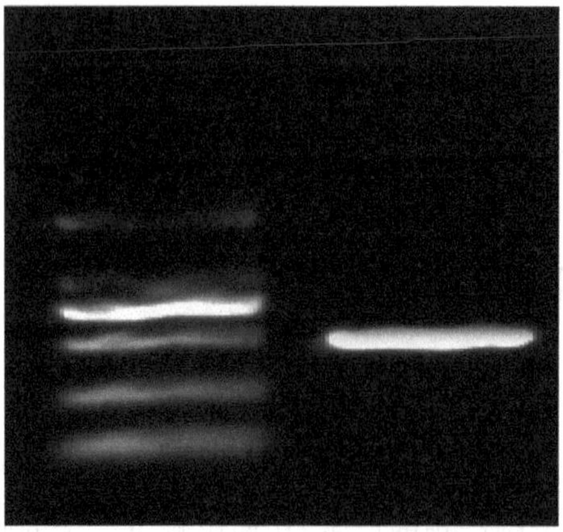

图 2-3 PCR 目的 DNA 电泳图

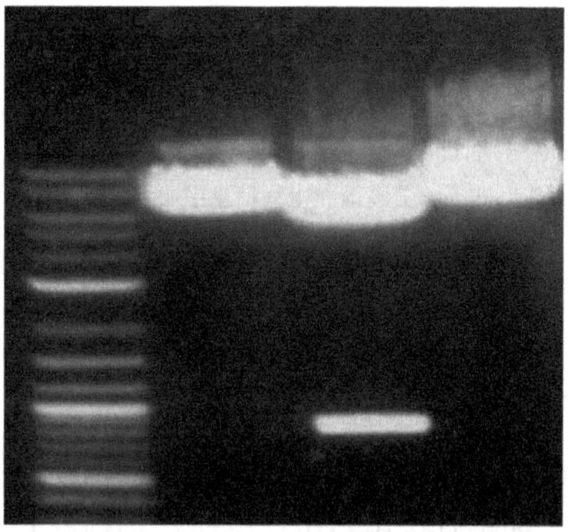

图 2-4 质粒重组 DNA 的酶切电泳图

七、注意事项

1. 将要回收的 DNA 进行琼脂糖凝胶电泳时,DNA 的上样量要比检查是否有 DNA 存在时的上样量大得多。

2. 在紫外灯下切割待要回收的胶条时，尽可能取条带的中间部分。

（李惠敏　谭　涛　刘红美　张　洁　冯乐平）

参考文献

罗立廷，王在，姚琴等.2006.一种有效回收短片段 PCR 产物的方法.生物技术，16(3)：47~48

彭桂庄，庄东红.2006.琼脂糖凝胶电泳中 DNA 回收方法的比较.生物学杂志，23(5)：48~50

张亮，赵晓瑜，康现江等.2007.一种有效回收小分子 DNA 片段的方法.生物技术通报，(1)：99~102

Sambrook J，Frisch EF，Mannatis T，et a1.1989.Molecular Cloning：A laboratory Manual，2nd ed.New York：Cold Spring Harbor Laboratory Press：19~24

参考网站：

www.bioon.com 生物谷

www.biooo.com 中国生物论坛

www.dnalc.org 冷泉港实验室

www.dxy.cn 丁香园

www.ncbi.nlm.nih.gov 美国国立生物信息中心

实验九　紫外分光光度法测定核酸含量

一、相关知识链接

皮埃尔·布格（Pierre Bouguer）和约翰·海因里希·朗伯（Johann Heinrich Lambert）分别在 1729 年和 1760 年阐明了物质对光的吸收程度和吸收介质厚度之间的关系；得到了有关光吸收的基本定律：布格-朗伯-比尔定律，简称比尔-朗伯定律（Beer-Lambert 定律）。

假设一束强度为 I_0 的平行单色光（入射光）垂直照射于一块各向同性的均匀吸收介质表面（图 2-5），在通过厚度为 L 的吸收层（光程）后，由于吸收层中溶液对光的吸收，该束入射光的强度降低至 I_1，称为透射光强度。那么，透光值 T 则定义为 I_1/I_0，吸光值 $A=-\lg T$。

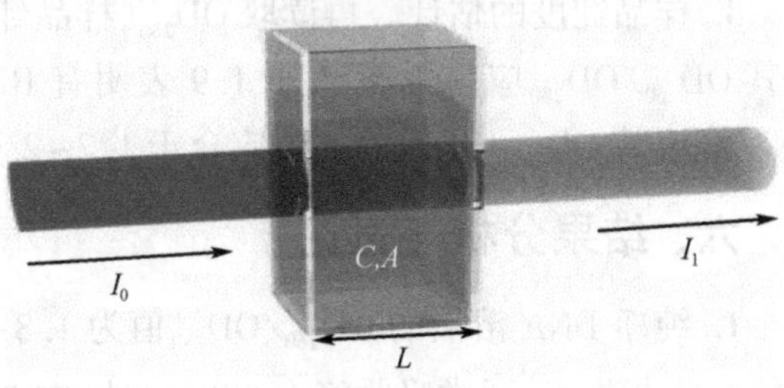

图 2-5　物质对光吸收的光路图

C. 溶液的浓度；A. 吸光度

比尔-朗伯定律认为：$A=kCL$（C 为溶液的浓度，L 为比色皿的厚度，k 为比例系数），由上式可知，当固定溶液层厚度 L 和吸光系数 k 时，吸光度 A 与溶液的浓度 C 呈线性关系。在定量分析时，首先需要测定溶液对不同波长光的吸收情况（吸收光谱），从中确定最大吸收波长，然后以此波长的光为光源，测定一系列已知浓度 C 的溶液吸光度 A，线性回归得出 $A—C$ 直线方程。在分析未知溶液时，根据测量的吸光度 A，带入直线方程即可确定出相应的浓度。比尔-朗伯定律中 A 与 C 呈线性关系只有在稀溶液中才成立，对于浓度高的溶液则没有线性关系。故要求被测溶液的吸光值≤0.8，若大于此数值，则需要对溶液进行稀释。

二、实验原理

分光光度法是利用物质所特有的吸收光谱来鉴别物质或测定其含量的一项技术。

核酸分子由于含有共厄双键,所以有强烈的紫外光吸收性质,其最大吸收峰为260nm,如pH为7.0时,每毫升溶液含1μg RNA的光密度(OD_{260})为0.023;每ml溶液含1μg DNA钠盐的光密度(OD_{260})为0.020,因此可利用紫外线吸收法来测定DNA或RNA的浓度。

三、实验目的

掌握利用紫外分光光度计测定DNA或RNA浓度的原理与方法,理解评价DNA、RNA质量的标准和方法。

四、实验材料和配方

(一) 器材与设备

Milli-Q纯水器,分光光度计,高压灭菌锅,恒温摇床,微量移液器,加样枪头,厚度为1cm的石英比色杯。

(二) 试剂与配方

1. TE溶液 10mmol/L Tris-HCl,1mmol/L EDTA(pH8.0)。
2. DNA或RNA样品。

五、实验方法和步骤

1. 吸取5μl DNA或4μl RNA样品,加入去离子水至1000μl,混匀。
2. 用1ml TE溶液做空白溶液,对分光光度计调零。
3. 将样品装入比色杯,读取波长260nm对应的光密度(OD_{260})值。DNA或RNA的浓度(μg/μl),约为OD值的10倍,如一份稀释样品的OD_{260}为0.2,则样品为每μl含2μg DNA或RNA。
4. 样品纯度的估计 再读取OD_{280},样品纯度取决于OD_{260}与OD_{280}的比值。纯DNA溶液其OD_{260}/OD_{280}应为1.8,大于1.9表明有RNA污染,小于1.6表明有蛋白质或酚污染,RNA溶液其OD_{260}/OD_{280}的比值应介于1.7~2.0之间。

六、结果分析与讨论

1. 纯净DNA溶液的OD_{260}/OD_{280}值为1.8~2.0。由于蛋白质含有芳香族氨基酸,因此也能吸收紫外光,通常吸收峰在280nm处,在260nm处的吸收值仅为核酸的十分之一或者更低,若样品中蛋白质含量较低时对核酸紫外检测影响不大,如蛋白质含量较高时,应用苯酚/氯仿重新抽提除去蛋白质,再用乙醇沉淀DNA。
2. 纯净RNA溶液的OD_{260}/OD_{280}值也应在1.7~2.0之间,若结果大于2.0则可能被异硫氰酸胍污染,若结果小于1.7说明有小分子盐类物质污染。

七、注意事项

1. 吸取DNA与RNA的体积不同,这与它们的吸光系数有关。DNA的OD值为1.0时相当于50μg/μl,RNA或单链DNA的OD值为1.0时只有40μg/μl。
2. 如果待测的核酸样品中含有大分子核酸,需加钼酸氨-高氯酸沉淀剂,沉淀除去,测定上清液260nm波长处OD值作为对照。

(李惠敏 谭 涛 刘红美)

参考文献

Sambrook J, Frisch EF, Mannatis T, et a1.1989. Molecular Cloning: A laboratory Manual, 2nd ed. New York: Cold Spring Harbor Laboratory Press

参考网站：

www.bioon.com 生物谷

www.biooo.com 中国生物论坛

www.dnalc.org 冷泉港实验室

www.dxy.cn 丁香园

www.ncbi.nlm.nih.gov 美国国立生物信息中心

实验十　PCR 反应及其产物检测

一、相关知识链接

聚合酶链式反应(polymerase chain reaction, PCR)是在体外试管中实现 DNA 复制的反应过程。由美国生物化学家 Kary B. Mullis 发明。1983 年 4 月的一个晚上,当 Mullis 在加利福尼亚的山坡上开车去度周末时,在如何建立一项利用极其少量的生物学样本就能将在 DNA 分子精确位置上的核苷酸成分进行扩增时,他突发奇想,以用于遗传疾病遗传诊断的技术,连他自己也没有想到这种创新的思维却孕育了一个重大发明,他也获得了诺贝尔化学奖。

在 PCR 技术发明的早期,由于使用的聚合酶(Klenow 酶, T_4 DNA 聚合酶)耐热性差,每一个或数个循环后都需要重新加酶,反应只能在手工操作下进行,最初的 PCR 技术相当不成熟,在当时是一种操作复杂、成本高昂、中看不中用的实验室技术。随着 Saiki 等人在黄石公园生活在温泉中的水生嗜热杆菌内提取到一种耐热的 DNA 聚合酶,使得 PCR 技术的扩增效率大大提高,也使 PCR 的自动化成为了可能,后期开发的自动化可控温的升降温的 PCR 仪;耐热的 DNA 聚合酶的发现和自动化可控温的升降温的 PCR 仪使得 PCR 技术走到真正的实用化。如今 PCR 技术在基因定位、基因扩增、芯片制备、物种进化的评价、病虫害检测、法医鉴定等领域得到广泛的应用。

二、实验原理

PCR 是在模板 DNA、引物和四种脱氧核糖核苷酸存在下,依赖于 DNA 聚合酶的体外扩增特定基因或特异 DNA 序列的方法。DNA 聚合酶以单链 DNA 为模板,借助一小段双链 DNA 来启动合成,通过人工合成的寡核苷酸引物与单链 DNA 模板中的一段互补序列结合,形成部分双链。在适宜的温度和环境下,DNA 聚合酶将脱氧单核苷酸加到引物 3′-OH 末端,并以此为起始点,沿模板 5′→3′方向延伸,合成一条新的 DNA 互补链。经过变性—复性—延伸的 n 次循环后 DNA 得以 2^n 倍的方式扩增(图 2-6)。

简言之,其主要步骤为:待扩增 DNA 于高温下解链成为单链模板,此步骤称为“变性”,人工合成的两个寡核苷酸引物在低温条件下分别与目的片段两侧的两条链互补结合,此步骤称为“退火”,DNA 聚合酶在 72℃将单核苷酸从引物 3′端开始掺入,沿模板 5′→3′方向延伸,合成新的 DNA,此步骤称为“延伸”。由于每一周期所产生的 DNA 均能成为下一次循环的模板,所以 PCR 产物以指数方式增加,经过变性、退火、延伸三个步骤,25~30 次周期之

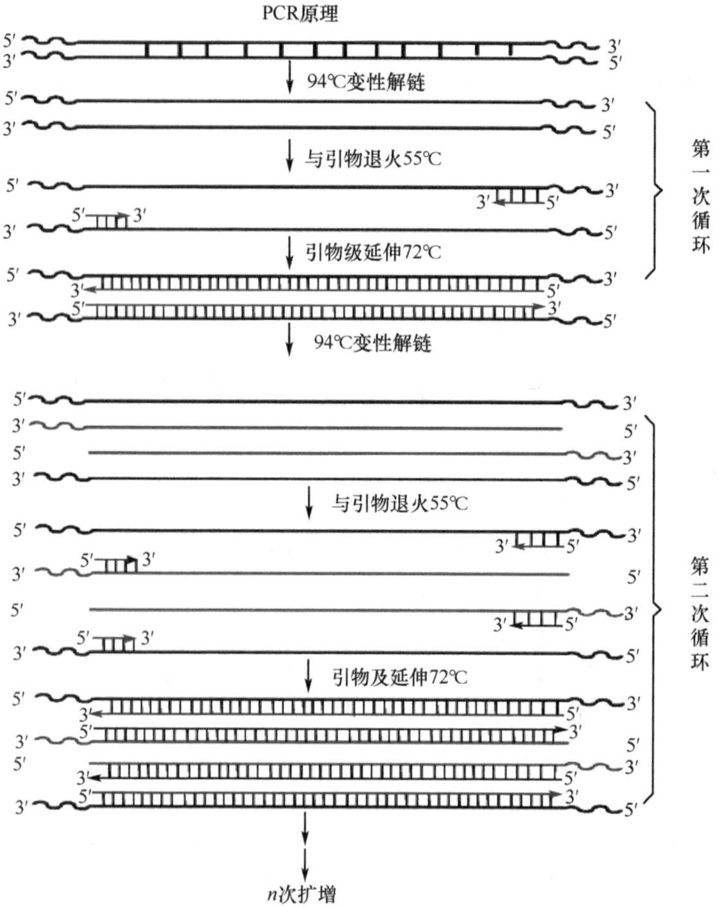

图 2-6 PCR 示意图

后，理论上可增加 10^9 倍，实际上至少可扩增 10^5 倍，一般可达 10^6 ~ 10^7 条 DNA。

三、实验目的

掌握 PCR 技术的原理；掌握 PCR 的基本操作技术；在操作过程中熟悉引物设计和正确分析 PCR 过程中可能出现的问题。

四、实验材料和配方

（一）仪器和设备

PCR 扩增仪，低温高速离心机，恒温水浴，天平，琼脂糖凝胶电泳槽，电泳仪，凝胶成像系统（或者紫外检测仪），微量移液器，加样枪头，0.2ml PCR 管，双面微量离心管架，三角烧瓶。

（二）试剂及配方

Taq DNA 聚合酶；PCR 缓冲液（10×，含 MgCl）；dNTP；引物；模板 DNA（质粒载体上）；无菌双蒸水；琼脂糖；5×TBE。

1. 5×TBE 溶液　54g Tris、27.5g 硼酸、20ml 0.5mol/L EDTA（pH8.0），溶于去离子水

中，定容至 1L。室温储存，用前 10 倍稀释。

2. 6×聚蔗糖凝胶上样液　1.5ml 1%溴酚蓝、1.5ml 1%二甲苯青 FF、100μl 0.5mol/L EDTA（pH8.0）、聚蔗糖（400 型）1.5g，加水补足到 10ml。以上成分为配制 10ml 溶液各成分的用量，室温贮存。

3. 溴化乙锭溶液　10mg/ml 的溴化乙锭，室温避光保存。将配好的 10mg/ml 溴化乙锭溶液装在棕色瓶中，使用时稀释至 0.5μg/ml，也可用 GoldView 代替。

4. Taq 聚合酶、10×PCR 反应缓冲液（加 Mg^{2+}）、dNTPs（四种核苷酸混合物，浓度为 10mmol/L）、模板（含有目的基因的 cDNA 片段、基因组 DNA 或含有目的基因的质粒）

5. PCR 扩增得到淀粉酶基因的引物如下。

pFl-amy forward（引入 *Hin*dIII site）：

5′-CTg TgC AAG CTT　gCA AAT CTT AAT ggg ACg CTg ATg C-3′

pFl-amy reverse（引入 *Eco*RI site）：

5′-gCACAg GAA TTC TCT TTg AAC ATA AAT TgA AAC CgA CCC-3′

五、实验方法和步骤

1. 在 0.2ml PCR 微量离心管中配制 50μl 反应体系（表 2-2），根据不同情况建立对照组。阴性对照，以灭菌 ddH_2O 代替模板。

表 2-2　PCR 反应体系

反应物	储存液浓度	体积（μl）	终浓度或者量
Taq buffer	10×	10.0	1×（含 1.5mmol/L）
dNTPs Mixture	各 20mmol/L	5.0	各 200μmol/L
上游引物	20μmol/L	0.5	100pmol/L
下游引物	20μmol/L	0.5	100pmol/L
模板 DNA	按具体浓度定	1~10	1.0ng
Taq 酶	储存液	0.2	2U/100μl
Mg^{2+}			1.5mmol/L
无菌双蒸水		补水至 100.0	
液状石蜡		50.0	

2. 将上述反应体系充分混匀，离心片刻，使液体沉至管底，再加液状石蜡覆盖于上层。实际操作时，先根据所需进行的反应数，配制反应混合物（按上述配方，不含模板），设置好下列程序：①94℃ 5min；②94℃ 1min，56℃ 1min，72℃ 1min；③重复步骤②，连续 29 个循环；④72℃ 10min。将 PCR 管底物的冷凝水擦干净，放入 PCR 仪，并运行程序。

3. 电泳检测目的产物　反应结束后，取 5μl 反应产物在 1%琼脂糖凝胶上进行电泳分析，其余置 4℃保存备用。

(1) 用 0.5×TBE 缓冲液配制琼脂糖凝胶：在电子天平上准确称取琼脂糖 0.3g，倒入 100ml 三角瓶，加入 3ml 5×TBE 缓冲液，再补充 27ml 蒸馏水，振荡混匀。

(2) 微波炉上加热 40s。

(3) 待冷却至 60℃左右时,加入 1μl 溴化乙锭(或者加入 2~3μl GoldView),摇匀。

(4) 将凝胶倒入预先准备好的制胶板上,插入梳子,待冷却。

(5) 取 5μl PCR 产物在预加溴化乙锭的 1%琼脂糖凝胶上点样电泳(5V/cm 电场强度,大约 90V,电泳 30min)。

(6) 取出凝胶,在紫外灯下观察凝胶,记录观察结果,参照分子量标准,正确扩增反应可观察到一个 1.5kb 的条带。

六、结果与分析

绘制 PCR 产物的电泳图,撰写实验报告。

七、影响因素

(一) 影响 PCR 反应的因素

1. 引物 引物的好坏往往是 PCR 成败的关键。引物长度约为 16~30bp,太短会降低退火温度影响引物与模板配对,从而使非特异性增高。一般 PCR 反应中的引物终浓度为 0.1~0.5μmol/L。引物过多会产生错误引导或产生引物二聚体,过低则降低产量。

2. 4 种三磷酸脱氧核苷酸(dNTP) dNTP 应用 NaOH 将 pH 调至 7.0,并用分光光度计测定其准确浓度,dNTP 原液可配成 5μmol/L 至 10mmol/L 并分装,-20℃储存。一般反应中每种 dNTP 的终浓度为 20~200μmol/L。当 dNTP 终浓度大于 50mmol/L 时可抑制 Taq DNA 聚合酶的活性。4 种 dNTP 的浓度应该相等,以减少合成中由于某种 dNTP 的不足出现的错误掺入。dNTP 可与 Mg^{2+}结合,使游离的 Mg^{2+}浓度下降,影响 DNA 聚合酶的活性。

3. Mg^{2+} Mg^{2+}是 DNA 聚合酶的激活剂,通常 Mg^{2+}浓度范围为 0.5~2.5mmol/L。Mg^{2+}浓度对 Taq DNA 聚合酶影响很大,它可影响酶的活性和真实性,影响引物退火和解链温度,影响产物的特异性以及引物二聚体的形成等。Mg^{2+}浓度过低会使 Taq 酶活性丧失、PCR 产量下降;Mg^{2+}过高影响反应特异性。Mg^{2+}可与负离子结合,所以反应体系中 dNTP、EDTA 等的浓度影响反应中游离的 Mg^{2+}浓度,应尽量减少有高浓度的带负电荷的基团,例如磷酸基团或 EDTA 等可能影响 Mg^{2+}离子浓度的物质,以保证最适 Mg^{2+}浓度。

4. 模板 PCR 反应必须以 DNA 为模板进行扩增,模板 DNA 可以是单链分子,也可以是双链分子,可以是线状分子,也可以是环状分子(线状分子比环状分子的扩增效果稍好)。就模板 DNA 而言,影响 PCR 的主要因素是模板的数量和纯度,模板量过多则可能增加非特异性产物。一般反应中的模板数量为 10^2~10^5个拷贝,对于单拷贝基因,这需要 0.1μg 的人基因组 DNA,10ng 的酵母 DNA,1ng 的大肠杆菌 DNA。扩增多拷贝序列时,用量更少,灵敏的 PCR 可从一个细胞,一根头发,一个孢子或一个精子提取的 DNA 中分析目的序列。DNA 中的杂质也会影响 PCR 的效率。如果模板 GC 含量高,可以在 PCR 体系中添加一定量的 DMSO(1%~8%,V/V)或者甜菜碱,可能获得较好的扩增结果。

5. Taq DNA 聚合酶 一般 Taq DNA 聚合酶活性半衰期为 95℃ 40min,97℃ 5min,现在人们又发现许多新的耐热的 DNA 聚合酶,这些酶的活性在高温下活性可维持更长时间。Taq DNA 聚合酶的一个致命弱点是它的出错率,一般 PCR 中出错率为 2×10^{-4}核苷酸/每轮循环,在利用 PCR 克隆和进行序列分析时应注意。如果要减少错误掺入,可使用具有 3′→5′外切酶活性的高保真酶。在 100μl PCR 反应中,1.5~2 单位的 Taq DNA 聚合酶就足以进行30轮循环。所用的酶量可根据DNA、引物及其他因素的变化进行适当的增减。酶量过多会使产物非特异性增加,过少则使产量降低。

6. 反应缓冲液　反应缓冲液一般含10~50mmol/L Tris-HCl(20℃下pH8.3~8.8),50mmol/L KCl和适当浓度的Mg^{2+}。反应液可加入5mmol/L的二硫苏糖醇(DDT)或100μg/ml的牛血清白蛋白(BSA),它们可稳定酶活性。

7. 延伸温度与时间　引物延伸温度一般为72℃,该温度即考虑了Taq DNA聚合酶的活性,又考虑到引物和靶基因的结合。不合适的延伸温度不仅会影响扩增产物的特异性,也会影响其产量,72℃时,核苷酸的合成速度为35~100个核苷酸/秒,这取决于缓冲体系、pH、盐浓度和DNA模板的性质。72℃延伸1分钟对于长达2kb的扩增片段是足够的。然而,延伸时间过长会导致非特异性扩增带的出现。对很低浓度底物的扩增,延伸时间要长些。

8. 循环数　循环数决定着扩增的产量。在其他参数都已优化条件下,最适循环数取决于靶序列初始浓度。靶序列的初始浓度较低时、要增加循环次数。另外,酶活性不好,或量不足时也要增加循环次数、以便达到有效的扩增量。

(二) 引物设计原则

一般设计引物的软件有Primer 5.0,Oligo6等。引物设计有3条基本原则:首先引物与模板的序列要紧密互补,其次避免引物与引物之间形成稳定的二聚体或发夹结构,再次引物不能在模板的非目的位点引发DNA聚合反应(即错配)。

1. 引物长度一般为15~30bp,常用的是18~25bp,上下游引物不能相差太大。

2. 引物中G+C含量通常为40%~60%,四种碱基应随机分布,引物序列在模板内应当没有相似性较高的序列,尤其是3′端相似性较高的序列,否则容易导致错配。

3. 引物3′端的末位碱基对Taq酶的DNA合成效率有较大的影响。不同的末位碱基在错配位置导致不同的扩增效率,末位碱基为A的错配效率明显高于其他3个碱基,因此应当避免在引物的3′端使用碱基A。

4. 简并引物应选用简并程度低的密码子,例如选用只有一种密码子的Met、Trp,3′端应不存在简并性,否则可能由于产量低而难以观察到扩增产物。

5. 引物所对应模板位置序列的Tm值在72℃左右可使复性条件最佳。

6. ΔG值是指DNA双链形成所需的自由能,该值反映了双链结构内部碱基对的相对稳定性。应当选用3′端ΔG值较低(绝对值不超过9),而5′端和中间ΔG值相对较高的引物。

7. 引物二聚体及发夹结构的能值过高(超过4.5kcal/mol)易导致引物二聚体形成,并且降低引物有效浓度而使PCR反应不能正常进行。

八、注意事项

1. 切记:戴口罩,不讲话,冰上操作,勤换加样枪头,避免交叉污染。

普通PCR均要求实验操作在三个不同的区域内进行,PCR的前处理和后处理要在不同的隔离区内进行。

(1) 标本处理区,完成扩增模板的制备。

(2) PCR扩增区,用于反应液的配制和PCR扩增。

(3) 产物分析区,凝胶电泳分析,拍照及重组克隆的制备。

各工作区要有一定的隔离,操作器材专用,要有一定的方向性。如:标本制备→PCR扩增→产物分析→产物处理。产物分析区的产物及器材不要拿到其他两个工作区。戴一次性手套,若不小心溅上反应液,立即更换手套;操作中使用的PCR管、离心管、加样枪头等,只能一次性使用。使用一次性枪头,严禁与PCR产物分析室的加样枪头混用,加样枪头不要长时间暴露于空气中,避免产生气溶胶造成的污染。

2. 避免反应液飞溅,打开反应管时为避免此种情况,开盖前稍离心收集液体于管底。

3. 所有试剂应从母液中取一部分稀释成工作液以供平常使用,避免污染母液。操作多份样品时,制备反应混合液,先将dNTP、缓冲液、引物和模板混合好,然后分装,这样即可以减少操作,避免污染,又可以增加反应的精确度。

4. 操作时设立阴阳性对照,即可验证PCR反应的可靠性,又可以协助判断扩增系统的可信性。如以含靶序列的重组质粒为对照,100个拷贝之内的靶序列就足以产生阳性扩增。阴性对照包括PCR反应所需的全部成分,而不加模板DNA,这对监测试剂中PCR产物残留污染是非常有益的,如果扩增结果中阴性对照为阳性结果,就说明某一种或数种试剂被污染了,要全部更换一批新的试剂进行扩增,扩增时设立不同的反应管,每一管含有一种被检测试剂,在检出污染试剂后,应马上处理。

九、思考题

1. PCR体系由哪些成分组成?在做PCR过程中,没有得到预期的PCR扩增产物如何解决?有非特异性扩增产物出现如何解决?

2. 分析PCR扩增不出来或者出现非特异性的原因?

(王文锋 闫达中)

参考文献

Coche T, Dewez M, Beckers MC. 1994. Generation of an unlimited supply of a subtracted probe using magnetic beads and PCR. Nucleic Acids Research, 22(7): 1322~1323

Green MR, Sambrook J. 2012. Molecular Cloning: A Laboration Manual. 4th ed. Cold Spring Harbor Laoratory Press. Protocol 5: 247

参考网站:

www.bioon.com 生物谷

www.biooo.com 中国生物论坛

www.dnalc.org 冷泉港实验室

www.dxy.cn 丁香园

www.ncbi.nlm.nih.gov 美国国立生物信息中心

第三章 DNA 的重组连接和克隆的筛选鉴定

实验十一 限制性内切酶切割 DNA

一、相关知识链接

限制性核酸内切酶(restriction endonuclease)几乎存在于任何一种原核细菌中,它能在特定位置上催化双链 DNA 分子的断裂,产生相应的限制性片段,从而限制外源 DNA 的侵入并使之失去活力,而对自己的 DNA 却无损害作用,这种作用可以保护细胞原有的遗传信息,由于这种切割作用是在 DNA 分子内部进行的,故名限制性内切酶(简称限制酶)。限制酶是基因工程中所用的重要切割工具,科学家已从原核生物中分离出了许多种限制酶,并且已经商品化,在基因工程中广泛使用。

限制性内切酶有三种类型:Ⅰ型、Ⅱ型和Ⅲ型。Ⅰ型和Ⅲ型限制酶水解 DNA 需要消耗 ATP,全酶中的部分亚基有对 DNA 进行甲基化修饰的活性。Ⅰ型限制性内切酶在随机位点切割 DNA;Ⅲ型限制酶识别双链 DNA 的特异核苷酸序列,并在这个位点内或附近切开 DNA 双链。Ⅱ型限制性内切酶已被广泛应用于 DNA 分子的克隆和序列分析,这是因为它们水解 DNA 不需要 ATP,并且也不以甲基化或其他方式修饰 DNA。最重要的是Ⅱ型能严格识别核酸序列,并在识别区内特定的核苷酸处切开 DNA 双链。

限制性核酸内切酶的活性单位定义为:在明确的 pH 条件下,50μl 反应液中,37℃下反应 1h,将 1μg 的 λDNA 完全分解的酶量定义为 1 个活性单位,即 1U。

二、实验原理

DNA 重组技术中的第一步是从不同来源的 DNA(染色体 DNA 或质粒 DNA)上将待克隆的 DNA 片段特异性切下,同时在载体 DNA 分子(一般为质粒 DNA)上打开相对应的缺口,然后将两者连接成重组 DNA 分子。这一特异性的切割过程常由特定的限制性核酸内切酶来完成。在含有酶和 Mg^{2+} 存在的缓冲体系中,限制酶可以在特定切割部位对 DNA 进行切割,按照切割的方式可分为错位切和平切两种,同时分别产生一个 3′-OH 末端和 5′-P 末端。错位切一般是在两条链的不同部位切割,中间相隔几个核苷酸,切下后的两端形成一种回文式的单链末端,这个末端能与具有互补碱基的目的基因的 DNA 片段连结,故称为黏性末端,这种酶在基因工程中应用较多。另一种是在两条链的特定序列的相同部位切割,形成一个无黏性末端的平头末端。

三、实验目的

掌握限制性核酸内切酶消化 DNA 的原理;学会分析质粒 DNA 酶切后琼脂糖凝胶电泳结果;学习从凝胶中回收 DNA 的操作方法。

四、实验材料和配方

（一）仪器和设备

恒温水浴，电子天平，微波炉，旋涡混合器，恒温水浴，分光光度计，石英比色皿，微量移液取样器，移液器吸头，1.5ml 微量离心管，三角瓶，双面微量离心管架，水漂。

（二）试剂及配方

限制性内切酶 *Eco*RⅠ，*Xho*Ⅰ，Buffer（10×），6×聚蔗糖凝胶上样液，无菌双蒸水，pUC18-amy，pFLAG-CTS，10×TAE，琼脂糖，GoldenView，TE 溶液

6×聚蔗糖凝胶上样液：1.5ml 1% 溴酚蓝、1.5ml 1% 二甲苯青 FF、100μl 0.5mol/L EDTA（pH8.0）、聚蔗糖（400 型）1.5g，加水补足到 10ml。以上成分为配制 10ml 溶液各成分的用量，后室温贮。

10×TAE：称量 Tris 48.4g，$Na_2EDTA \cdot 2H_2O$ 7.44g 于 1L 烧杯中；向烧杯中加入约 800ml 去离子水（ddH_2O），充分搅拌溶解；加入 11.4ml 的冰醋酸，充分搅拌；用去离子水（ddH_2O）定容至 1L 后，室温保存，待用。

TE 溶液：10mmol/L Tris-HCl（pH8.0），1mmol/L EDTA（pH8.0）。

五、实验方法和步骤

（一）分光光度法测定 DNA 含量

组成 DNA 分子的碱基含有共轭双键，具有吸收紫外线的特性，最大波长为 250～270nm 之间。这些碱基与戊糖，磷酸形成核苷酸后，使 DNA 的最大吸收波长是 260nm。核酸浓度与其吸光度成正比。通过测定 DNA 样品在 260nm 的紫外吸收值，以此可以计算出 DNA 样品的浓度；

核酸的纯度可通过测定 OD_{260}/OD_{280} 的值，纯 DNA 的经验值：$OD_{260}/OD_{280} \approx 1.8$，如果比值>1.9，表明有 RNA 污染；比值<1.6，表明有蛋白质、酚等污染。

（二）酶切的反应体系

先准备一个冰盒并放入一定量的冰块。从-20℃ 冰柜中取出限制性内切酶，立即插入冰块中。在冰上操作，取 0.2ml 微量管，用记号笔做好标记，依次加入下列试剂：

pUC18-amy	3μl
10×buffer	2μl
无菌双蒸水	13μl
*Eco*RⅠ	1μl
*Hind*Ⅲ	1μl
总体积为	20μl

对载体 pFLAG-CTS 进行酶切，依次加入下列试剂：

pFLAG-CTS	2μl
10×buffer	2μl
无菌双蒸水	14μl
*Eco*RI	1μl
*Hind*III	1μl

总体积为　　20μl

酶切反应设计通常是这样的比例：在进行酶切反应时，首先要确定需切割的 DNA 量，根据 DNA 的量确定总反应体系和酶量（最多占 1/10），一般体系如下：

ddH_2O	14.0μl
10×缓冲液	2.0μl
酶	1.0μl
DNA（50ng/μl）	3.0μl
总体积	20μl

一般在较好的酶切体系中，DNA 的投入量不高于 1.5μg/50μl，当 DNA 的投入量为 1.5μg/20μl 时酶切将发生困难。加样顺序：水→缓冲液→DNA→酶。各组分加完后要混合均匀，并用离心机低转速将溶液离心至管底。

上述混合液轻轻震荡后再短暂离心，然后置于 37℃水浴 1~2h。此外，注意酶的浓度和活力单位，从而确定一定体积的酶具有的活力单位数所能作用的目的片段 DNA 的量。

（三）电泳步骤

1. DNA 的凝胶制备

（1）用 1×TAE 缓冲液配制琼脂糖凝胶：如制备 1%的琼脂糖凝胶，在电子天平上准确称取琼脂糖 0.25g，倒入 100ml 三角瓶，加入 2.5ml 10×TAE 缓冲液，再补充 22.5ml 蒸馏水，振荡混匀。琼脂糖凝胶的浓度要根据不同 DNA 的分子量而定。

（2）将三角瓶微波炉上加热 40s，待冷却至 60℃左右时，加入 1μl 溴化乙啶或者加入 2~3μl GoldView，摇匀。

（3）灌制凝胶：将梳子安插在制胶模具上，将温度降至 60℃左右的琼脂糖溶液倒入模具中，室温凝固 35~40min。轻轻拔去梳子。将模具置于电泳槽中，向电泳槽中加入 1×TAE 电泳缓冲液，液面超过凝胶约 1mm。

2. 加样电泳

（1）将 DNA 样品与 6×聚蔗糖凝胶上样液（也可以用内切酶包装中附带的 6×loading Buffer）按 5∶1 比例混合后，取 5μl 加入凝胶加样槽中。同时在对照孔中加入 DNA Marker。

（2）取一系列浓度不同的标准 DNA 样品与指示剂混合后，加入样品槽中。

（3）电泳电压 100V，按 5V/cm 的电压进行电泳，20min 后观察酶切结果。根据指示剂泳动的位置判定电泳的距离。

（4）染色显谱：将凝胶小心剥离模具，浸泡在 0.5μg/ml 的 EB 染液中染色约 10min。在紫外灯下观察结果。

（四）检测和回收 DNA

可应用 QIAGEN 公司的 MinElute Gel Extraction 试剂盒。

1. 切取含 DNA 片段的琼脂糖凝胶（100mg 大约体积为 100μl），按 3 倍体积加 GC Buffer；

2. 于 50℃孵育 10min（至凝胶完全融化，在孵育过程中可以轻度涡流震荡 2~3 以助融化），待凝胶完全溶化后，确认混合物是黄色的，加一倍体积的异丙醇，混悬数次。

3. 将 MinElute 柱套在合适的离心管上，将融化的凝胶液倒入 MinElute 柱内于 7 000*g* 离心 1min，使 DNA 结合到 MinElute 柱的膜上面；

4. 倾倒掉离心过滤的液体，并将柱子重新套回在柱子上，用 500μl 的 GC 溶液清洗柱子并离心 1min 倒掉过滤液；

5. 应用 750μl 的 PE buffer 清洗柱子并离心 1min，于≥10 000g 离心条件下，进一步洗涤柱子后，取一洁净的 1.5ml 离心管套在 MinElute 柱子上，加 10μl 的 EB buffer（10mmol/L Tris-HCl，pH8.5）于柱子中膜的中央，约 1min 以利于 DNA 的溶解，然后于 10 000～12 000g 离心，搜集 DNA 并测定 DNA 浓度（参照试剂盒说明书）。

六、结果与分析

比较样品 DNA 与 DNA 标准品的荧光强度，计算出待测样品 DNA 浓度。也可以从凝胶中洗脱 DNA，然后进行测量。

1. DNA 样品的浓度　每种核酸的分子构成不一，因此其换算系数不同。

双链 DNA 浓度 = OD_{260}×样品稀释倍数×50/1000。

单链 DNA 浓度 = OD_{260}×样品稀释倍数×40/1000。

2. DNA 样品的纯度

OD_{260}/OD_{280}比值>1.8，说明仍存在 RNA，可以考虑用 RNA 酶处理样品；

OD_{260}/OD_{280}比值<1.6，说明样品中存在蛋白质或酚，应再用酚/氯仿抽提后，以乙醇沉淀纯化 DNA

3. 记录所观察的酶切产物的电泳图谱，注意每条带的相对位置及浓淡等。

4. 限制性内切酶酶解中常见的问题和原因：

（1）DNA 完全没有被限制性内切酶切割：①限制性内切酶失活；②DNA 不纯，含有 SDS、有机溶剂、EDTA 等；③不满足限制性内切酶最佳反应条件；④酶切位点被修饰；⑤DNA 上不存在该酶的识别顺序。

（2）DNA 切割不完全：①限制性内切酶活性下降或稀释不正确；②DNA 不纯或反应条件不佳；③酶切位点被修饰，如甲基化；④部分 DNA 溶液粘在管壁上；⑤酶切后 DNA 黏末端退火。

（3）DNA 片段数目多于理论值：①限制性内切酶星活性（或 Star 活性）；②存在第二种限制性内切酶污染；③样品 DNA 中含有其他 DNA。

七、影响因素

1. DNA 的纯度和量　先对目的片段 DNA 纯度和浓度测定，如果抽提的质粒含有杂蛋白，往往不能完全酶切，加入等体积的 Tris 平衡酚（pH8.0）、氯仿、异戊醇的混合物（25∶24∶1），混匀 10min，以 5500g，离心 15min。取上清，再加入等体积的氯仿-异戊醇，混匀 10min，以 5500g，离心 15min，取上清，加入 1/10 体积的 3mol/L 乙酸钠（pH5.2）和 2.5 倍体积的无水乙醇，冰上放置 30min 后，12 000g 离心，这样达到去除杂蛋白。

要注意购买的酶的浓度，从而确定加入一定体积的酶所含有的活力单位数，相应调整目的片段 DNA 的加入量，如果加入 DNA 过量，酶切就会不完全。

2. 内切酶　使用时宜放在冰浴上，使用完毕后宜立即放置于−20℃保存，防止内切酶失活。加入的酶量不超过总体积的十分之一，加入过量的酶，反而不利于酶切，因为酶制剂中都含有一定量的甘油，用量过多容易使酶产生星号活性，即限制性酶的特异性会受影响。一般来讲，1μl 的限制性内切酶可以切割 1μg 的 DNA，对应 20μl 的酶切体系，如果是双酶切，酶切体系按两种酶的总体积量倍率放大。这是因为限制性内切酶都是保存在高浓度甘油中，很多酶在甘油浓度较高的酶切体系中会出现 Star 活性。一般将酶稀释 10 倍以后可以不去考虑 Star 活性对实验结果造成的影响，为保险起见，将酶稀释 20 倍，则完全可以排除因甘油浓度过高而引起的 Star 活性。

3. 缓冲液　内切酶包装中配备了其最大活力所需的缓冲液（盐离子的浓度不同）和用量说明。如果是双酶切，为了实现双酶切实验的高效、准确，就要选择合适的通用缓冲液。要查找双酶切体系的通用缓冲液，最好到出品该内切酶的公司网站上查询。某些内切酶的组合不能采用同步双酶切法，只能采用分步法进行双酶切。

（1）同步双酶切：缓冲液的组成及内切酶在不同缓冲液中的活性见公司提供的《内切酶在不同缓冲液里的活性表》及每支酶的说明书，能在最大程度上保证两种酶活性的缓冲液即可用于双酶切。由于内切酶在非最佳缓冲液条件下的切割速率会减缓，因此使用时可根据每种酶在非最优缓冲液中的具体活性相应调整酶量和反应时间。

（2）分步酶切：如果找不到一种可以同时适合两种酶的缓冲液，就只能采用分步酶切。分步酶切应从反应要求盐浓度低的酶开始，酶切完毕后再调整盐浓度直至满足第二种酶的要求，然后加入第二种酶完成双酶切反应。

（3）单酶切时，应对载体去磷酸化，去磷酸的步骤是酶切完全的载体胶回收，加入虾碱性磷酸酶 SAP 或者牛小肠碱性磷酸酶（CIAP），水浴 15min，然后补加一次酶再水浴 15min，70℃ 失活碱性磷酸酶 SAP，然后加盐，-80℃ 异丙醇沉淀，70% 乙醇洗，干燥；如果使用是 CIAP 对载体去磷酸化，最好用苯酚：氯仿抽提失活，然后加盐沉淀，异丙醇沉淀，70% 乙醇洗，干燥。通过去磷酸化，防止载体自连。

4. 温度　选择酶的最适温度，一般常用的内切酶在 37℃ 是最佳的酶切反应温度，也有一些酶是低温活性更好，有的是 28℃。

5. DNA 分子在凝胶中泳动的速度　共价闭合环状 DNA（ccc DNA）>线状 DNA（L DNA）>开环 DNA（oc DNA）。酶切完全的载体只能观察到一条带（图 3-1）。

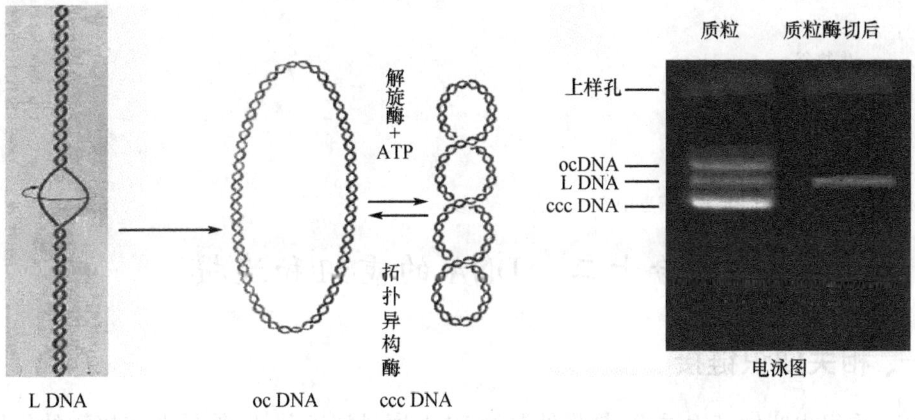

图 3-1　不同构象 DNA 分子在凝胶中的泳动速度

八、注意事项

1. 凡用在酶切和连接反应中的一切塑料器皿（Eppendorf 管，加样吸头等），都要反复用水洗干净，最后用 ddH_2O 清洗，湿热灭菌，置 50℃ 温箱中烘干，使用前打开包装，用镊子夹取，不直接用手去拿，严防手上杂酶污染。

2. 要注意酶切时加样的次序，各种试剂加好后，最后加酶液。内切酶原液取出时，避免手指给酶液加温，用完立即送回冰柜。

3. 割胶回收 DNA 注意事项

（1）含 DNA 琼脂糖凝胶尽量切小一点，用加样枪头捣碎，按重量比 3∶1 体积比加入 GC 溶液，50℃水浴直至胶完全融化，其间可振荡助溶 2~3 次，最后 12 000g 再次离心 1min，甩干剩余液体以除去残余酒精，使乙醇挥发殆尽。

（2）电泳的缓冲液和 gel 都应当换新配制的，放置凝胶并完成切胶的平板清理干净，刀片最好洗净灭菌，总之保证切下的含有目的条带 DNA 的凝胶没有外源 DNA 污染。

（3）为防护眼睛受到紫外线伤害，应当隔着有机玻璃观察凝胶并完成切割胶的操作。切胶时要把整个目的片断所在位置的胶准确切割，不要把边缘不含目的条带的凝胶割下来。

（4）溴化乙锭（EB）为强诱变剂，在操作中应特别注意自我保护。

九、思考题

1. 对核酸进行限制性酶切时的注意事项包括哪些？
2. 凝胶电泳回收核酸应该注意些什么？

（闫达中　王文锋）

参考文献

Chen DF, Liu Q, Zhao XL, et al. 1996. Quantitive Study on the Inhibitive Effect of Methylation Outstide the Recognition Sequence of Restriction Endonuclease Pvu Ⅱ on Its Cleavage Activity. Chinese Journal of Biochemistry and Molecular Biol, V12(01): 36~41

J 萨姆布鲁克，EF 弗里奇，T 曼尼阿蒂斯. 1995. 分子克隆实验指南. 第 2 版. 北京：科学出版社

参考网站：

www.bioon.com 生物谷

www.biooo.com 中国生物论坛

www.dnalc.org 冷泉港实验室

www.dxy.cn 丁香园

www.ncbi.nlm.nih.gov 美国国立生物信息中心

实验十二　DNA 的重组和连接

一、相关知识链接

DNA 重组也叫做基因重组，是将外源的 DNA 通过加工剪切，然后在连接酶的作用下导入载体的过程。外源 DNA 来源有四种：①限制性内切酶切割 DNA 产生的片断，经电泳分离后回收获得。②大 DNA 分子经人工剪切产生的片断。③cDNA，即与 mRNA 互补的 DNA，由真核基因的 mRNA 逆转录制备。④人工合成的基因，如根据蛋白质的氨基酸顺序和遗传密码合成的基因等。基因重组所需要的酶叫做 DNA 连接酶，DNA 连接酶大致分为 3 类：① *E.coli* DNA 连接酶，来源于大肠杆菌，可用于连接黏性末端。②T4DNA 连接酶：来源于 T4 噬菌体，可用于连接黏性末端和平末端，但连接效率低。③热稳定的 DNA 连接酶（thermostableDNAligase)，是从嗜热高温放线菌(Thermoactinomycesthermophilus)菌株中分离纯化的，一种能够在高温下催化两条寡核苷酸探针发生连接作用的一种核酸酶。这些连接酶催化反应基本相同，都是连接双链DNA的缺口(nick)，而不能连接单链DNA。它们的作用是催化两条匹配DNA链的3′-OH和5′-PO_4之间形成磷酸二酯键而把两个DNA分子连接在一起。基因重组中常用的是T4DNA连接酶，该酶需Mg^{2+}和ATP的存在才能发挥活性。

二、基本原理

DNA连接酶的作用机理：在Mg^{2+}和ATP存在下，T4DNA连接酶与辅助因子ATP形成酶-AMP复合物(腺苷酰酶)，之后酶-AMP复合物再结合到具有5′-磷酸基和3′-羟基切口的DNA上使DNA腺苷化，产生一个新的磷酸二酯键。在T4DNA连接酶的作用下，使载体DNA和供体DNA分子的黏性末端共价结合，把缺口封起来，形成一条线型的重组DNA分子，再进一步环化成为一个重组的环形DNA分子。T4DNA连接酶作用下的DNA连接是随机的，连接的方式可分为：①自连；②两种片段相连；③三个片段以上的自连与互连。

三、实验目的

掌握DNA连接酶连接DNA的原理；掌握DNA的重组的基本操作过程。

四、实验材料和配方

(一) 仪器和设备

旋涡混合器，台式离心机，恒温水浴箱，旋涡混合器，微量移液器，移液器吸头，1.5ml微量离心管，双面微量离心管架。

(二) 试剂及配方

经过*Eco*RⅠ，*Hind*Ⅲ酶切回收的pFLAG-CTS载体，目的基因片段，T4 DNA连接酶，连接酶缓冲液，无菌双蒸水。

五、实验方法与步骤

(一) DNA连接的反应体系

1. 事先将恒温水浴温度设定在16℃。

2. 取一个灭菌的1.5ml微量离心管，加入：

	反应体系	阴性对照
酶切后凝胶回收的目的基因	2~7μl	—
酶切后回收的pFLAG-CTS载体	1μl	1μl
10×ligase buffer	1μl	1μl
T4 DNA连接酶(350U/μl)	0.5μl	0.5μl
无菌去离子水	补足到10.0μl	补足到10.0μl

3. 上述混合液轻轻震荡后再短暂离心，然后置于16℃水中保温过夜。

4. 连接后的产物可以立即用来转化感受态细胞或置 4℃ 冰箱备用。

(二) TA 克隆的连接反应体系(如果是 PCR 产物,进行 TA 克隆)

反应液组成

pMD18-T	1. 0μl
PCR fragment	3. 0μl
ddH_2O	1. 0μl
Ligation Solution(2×)	5. 0μl

混合后,16℃反应 30min,室温(25℃)下放置数小时,但反应效率稍微降低。

六、结果与分析

(略)

七、影响连接效率的因素

1. 连接缓冲液　大体上缓冲液含有以下组分:20~100mmol/L 的 Tris-HCl,常用浓度为 50mmol/L,pH 7. 4~7. 8,目的是提供合适酸碱度的连接体系;10mmol/L 的 $MgCl_2$,作用是激活酶;1~20mmol/L 的 DTT,常用 10mmol/L,作用是维持还原性环境,稳定酶活性,25~50μg/ml 的牛血清白蛋白(BSA),作用是防止因蛋白浓度过低而造成酶的失活。与限制酶缓冲液不同的是连接酶缓冲液还含有 0. 5~4mmol/L 的 ATP,是酶反应所必需的。

2. pH　一般将缓冲液的 pH 调节到 7. 4~7. 8,一般采用 pH7. 8。

3. ATP 浓度　连接缓冲液中 ATP 的浓度在 0. 5~4mmol/L,较多用 1mmol/L。研究发现,ATP 的最适浓度为 0. 5~1. 0mmol/L,浓度过高会抑制反应。例如,5mmol/L 的 ATP 会完全抑制平末端连接,黏端的连接也有 10% 被抑制;经验证明,当 ATP 的浓度为 0. 1mmol/L 时,去磷酸载体的自环比例最大。由于 ATP 极易分解,所以当连接反应失败时,除 DNA 与酶的问题外,还应考虑 ATP 的因素。含有 ATP 的缓冲液应于-20℃保存。连接缓冲液体积较大时最好分小管储存,防止反复冻融引起 ATP 分解。为防止含 ATP 的连接缓冲液长期放置后往往失效,所以也可自行配制不含 ATP 的缓冲液(可长期保存),临用时加入新配制的 ATP 母液。

4. 连接温度与时间　黏性末端的 DNA 双链间有氢键的作用,温度过高会使氢键不稳定,连接酶的最适温度通常为 37℃,传统上常将连接温度定为 16℃,反应时间为 4~16h。对于一般的黏性末端来说,20℃ 30min 也取得相当好的连接效果,若时间充裕的话,可考虑在 20℃ 60min 条件下,能使连接反应进行得更完全一些。对于平末端是不用考虑氢键问题的,可使用较高的温度,使酶活力得到更好的发挥。

5. 酶浓度　连接酶对平末端连接比黏端差,原因之一是在连接过程中缺乏黏性末端那样突出碱基的互补作用;原因之二是常用的 T4DNAligase 对于平末端的 Km 值比黏性末端高 1000 倍,*Km* 值越大,酶与底物亲和力越小。连接平末端时酶用量要比连接黏端大 10~100 倍。

6. DNA 浓度　要求得到环化的有效连接产物,DNA 浓度不可过高,一般不会超过 20nmol/L。在用大质粒载体进行大片段克隆时,以及在双酶切片段的连接反应中,DNA 浓度还应降低,甚至是 DNA 的总浓度低至几个 nmol/L。

提高平端连接效率的方法

1. 低温下长时间的连接效率比室温下短时间连接的好,平端连接需要过夜反应。

2. 平端的连接对于离子浓度很敏感,回收的时候多洗脱一次,加 PEG 和适当增加酶量,22℃ 2h 后 4℃过夜。

3. 尽可能缩小连接反应的体积,最好不超过 10μl,在 5~6μl 最佳。

八、注意事项

1. 加样的顺序不要颠倒,建议连接温度最好控制在 16℃。

2. 使用紫外分光光度计或者电泳确定载体和目的基因片段的浓度,连接时载体和目的基因片段的摩尔比例 1∶3~1∶10,连接效率较高。

3. 连接时操作应在冰水上完成,连接 buffer 不能高温放置和反复冻融,因为连接 buffer 已含有一定浓度的 ATP,易降解。

九、思考题

DNA 连接应注意什么? 如何判断连接成功? 加阴性对照的目的是什么?

(闫达中　王文锋　冯乐平)

参 考 文 献

卢圣栋.1993.现代分子生物学实验技术.北京:高等教育出版社

Barany F.1991.The Ligase Chain Reaction in a PCR World.Cold Spring Harbor Laboratory Press:5~16

Sambrook J,Fritsch EF,Maniatis T.1992.分子克隆实验指南.第 2 版.金冬雁,黎孟枫译.北京:科学出版社:525~535

Takahashi,M.et al.1984.J Biol Chem,259:10041~10047

参考网站:

www.bioon.com 生物谷

www.biooo.com 中国生物论坛

www.dnalc.org 冷泉港实验室

www.dxy.cn 丁香园

www.ncbi.nlm.nih.gov 美国国立生物信息中心

实验十三　大肠杆菌感受态细胞的制备和重组 DNA 分子的转化

一、相关知识链接

细菌转化现象最初由英国细菌学家格里菲斯(F. Griffith)于 1928 年发现,直至 1944 年美国科学家埃弗里(O. T. Avery)等才证实了转化因子是脱氧核糖核酸,从而为遗传学的发展作出了重大贡献。在转化实验过程中,加热至 60℃可杀死 SⅢ型菌,但菌内 DNA 未被破坏,其 DNA 中控制某些遗传特性(如形成荚膜等)的基因片段通过转化进入 RⅡ型菌,从而使 RⅡ型菌获得了形成荚膜等的特性。转化成功率与某些因子密切相关,例如受体菌处于感受态阶段可产生感受态因子,是接受外来 DNA 片段的最佳时期,而钙离子、环腺苷酸(cAMP)等物质可大大提高转化率。自然界的转化现象,一般发生在同一物种或近缘物种中。目前主要采用电转化法和 $CaCl_2$法将外源 DNA 导入受体细胞中,并需要相应地制备电

转化感受态细胞和 $CaCl_2$ 感受态细胞。

受体细胞要接纳外源 DNA,必须处于感受态。所谓感受态细胞,就是细菌具有吸收周围环境中 DNA 的一种特殊生理状态。某一受体细菌通过直接吸收来自另一供体细菌的含有特定基因的脱氧核糖核酸(DNA)片段,才能获得了供体细菌的遗传性状,这种过程称为细菌转化。

二、实验原理

制备大肠杆菌感受态细胞方法,通常是利用冰冷的 $CaCl_2$ 溶液处理生长于对数生长期的细胞,使其细胞膜的通透性发生改变,细胞膨胀成球形,转化混合物中的 DNA 形成抗 DNase 的羟基-钙磷酸复合物黏附于细胞表面,经短暂的 42℃ 热脉冲处理后,细菌细胞膜的液晶结构发生剧烈扰动,随之出现许多间隙,致使通透性增加,DNA 分子便趁机进入细胞内。在上述转化过程中,Mg^{2+} 的存在对 DNA 的稳定性起很大的作用,$MgCl_2$ 与 $CaCl_2$ 又对大肠杆菌某些菌株感受态细胞的建立具有独特的协同效应。1983 年,Hanahan 除了用 $CaCl_2$ 和 $MgCl_2$ 处理细胞外,还设计了一套用二甲基亚砜(DMSO)和二巯基苏糖醇(DTT)进一步诱导细胞产生高频感受态的程序,从而大大提高了大肠杆菌的转化效率。

转化率是转化(包括感染)效率的评估指标,通常有两种形式表征转化率,一是在待转化 DNA 分子数大于受体细胞数的条件下,转化细胞与细胞总数之比,例如在标准条件下,利用 Ca^{2+} 诱导法转化质粒 DNA 的最大转化率为 10^{-3},即平均每一千个受体细胞中有一个细胞接纳了质粒 DNA,如果假定处于感受态的受体细胞能 100% 地接纳 DNA 分子,则这种转化率直接反映了受体细胞中感受态细胞的含量;转化率的另一种表示形式是在受体细胞数相对于待转化 DNA 分子数大大过量时,每微克 DNA 转化所产生的克隆数。由于在一般规模的转化实验中,所观测到的每个受体细胞只能接纳一个 DNA 分子,因此上述转化率的定义也可表征为每微克 DNA 进入受体细胞的分子数。例如,pUC18 对大肠杆菌的转化率为 10^8/g DNA,其含义是每微克 pUC18 只有 10^8 个分子能进入受体细胞,1μg 的 pUC18 中共有 $6.02\times10^{17}/2,686\times660=3.4\times10^{11}$ 个分子,也就是说,每 3400 个 pUC18 分子中只有一个分子进入受体细胞。

三、实验目的

掌握氯化钙方法制备大肠杆菌感受态的原理;学会 DNA 转化感受态大肠杆菌的操作步骤。

四、实验材料和配方

(一) 仪器和设备

台式冷冻离心机,制冰机,旋涡混合器,恒温摇床,分光光度计,超净工作台,恒温培养箱,微量移液取样器,移液器吸头,50ml 微量离心管,1.5ml 微量离心管,双面微量离心管架,摇菌试管,三角烧瓶,玻璃涂棒,接种环。

(二) 试剂及配方

E. coli 大肠菌 DH5 α工程菌,LB 培养基(不加抗生素),LB 培养基(加抗生素),0.1mol/L $CaCl_2$ 溶液,无菌 ddH_2O,20% 的异丙基-*β-D*-硫代吡喃半乳糖苷(isopropyl *β-D*-1-

Thiogalactopyranoside, IPTG)(g/ml), 2% β-半乳糖苷酶(5-bromo-4-chloro-3-indolyl *β-D*-galactopyranosid, X-Gal)(g/ml,用*N*,*N*-二甲基甲酰胺配)。

五、实验方法和步骤

(一)大肠杆菌感受态细胞的制备

1. 取一支无菌的摇菌试管,在超净工作台中加入2ml LB(不含抗生素)培养基。

2. 从超低温冰柜中取出DH5 α菌种,放置在冰上。在超净工作台中用烧红的接种环插入冻结的菌中,然后接入含2ml LB培养基的试管中,37℃摇床培养过夜。

3. 取0.5ml上述菌液转接到含有50ml LB培养基的三角烧瓶中,37℃下250g摇床培养2~3h,测定OD_{600}为0.375(细胞数<10^8/ml,此为关键参数)。以下操作除离心外,都在超净工作台中进行。

4. 将菌液分装到1.5ml预冷无菌的聚丙烯离心管中,于冰上放置10min,然后于4℃,5000*g*离心10min。

5. 将离心管倒置以倒尽上清液,加入1ml冰冷的0.1mol/L $CaCl_2$溶液,立即在涡旋混合器上混匀,插入冰中放置30min。

6. 4℃,5000*g*离心10min,弃上清液后,用1ml冰冷的0.1mol/L $CaCl_2$溶液垂悬,插入冰中放置30min。

7. 4℃,5000*g*离心10min,弃上清液后,用200μl冰冷的0.1mol/L $CaCl_2$溶液垂悬,超净工作台中按每管100μl分装到1.5ml离心管中。可以直接用作转化实验,或立即放入-80℃超低温冰柜中保藏(可存放数月)。

(二)重组DNA分子的转化

1. 事先将恒温水浴的温度调到42℃。

2. 从-70℃超低温冰柜中取出一管(100μl)感受态菌,用手指加温融化后立即插入冰上,冰浴10min。

3. 加入5μl连接好的质粒混合液(DNA含量不超过100ng),轻轻震荡后放置冰上20min。

4. 轻轻摇匀后插入42℃水浴中1~2min进行热休克,然后迅速放回冰中,静置3min。

5. 在超净工作台中向上述各管中分别加入500μl LB培养基(不含抗生素,最好是S.O.C)轻轻混匀,然后固定到摇床的弹簧架上37℃震荡1h。

6. 在超净工作台中取上述转化混合液100~300μl,分别滴到含合适抗生素的固体LB平板培养皿中,用酒精灯烧过的玻璃涂布棒涂布均匀(注意:玻璃涂布棒上的酒精熄灭后稍等片刻,待其冷却后再涂)。

7. 如果载体和宿主菌适合蓝白斑筛选的话,滴完菌液后再在平板上滴加40μl 2%的X-gal,7μl 20%的IPTG,用酒精灯烧过的玻璃涂布棒涂布均匀。

8. 在涂好的培养皿上做上标记,先放置在37℃恒温培养箱中30~60min直到表面的液体都渗透到培养基里后,再倒置过来放入37℃恒温培养箱过夜。

9. 观察平板上长出的菌落克隆,以菌落之间能互相分开为好。注意白色菌斑。

六、结果与分析

实验数据分析 统计每个培养皿中的菌落数,按下列公式计算转化率:

转化子总数 = 菌落数×稀释倍数×转化反应原液总体积/涂板菌液体积

转化频率(转化子数/每 μg 质粒 DNA) = 转化子总数/质粒 DNA 加入量(μg)

七、影响转化效率的因素

1. 载体分子的空间构象对转化率有明显影响,超螺旋结构的载体质粒往往具有较高的转化率,经体外酶切连接操作后的载体 DNA 或重组 DNA 由于空间构象难以恢复,其转化率一般要比具有超螺旋结构的质粒低 10^{-2}。

2. 细胞生长密度以刚刚进入对数生长期时为最好,可通过监测培养液的 OD_{600} 来控制。DH5α 工程菌菌株的 OD_{600} 为 0.5 时,细胞密度在 5×10^7 个/ml 左右(不同的菌株情况有所不同)为宜,密度过高或不足均会影响转化效率。

3. 受体细胞的预处理或感受态细胞的制备对转化率影响最大。对于 Ca^{2+} 诱导的完整细胞转化而言,菌龄、$CaCl_2$ 处理时间、感受态细胞的保存期以及热脉冲时间均是重要因素,其中感受态细胞通常在 12~24h 内转化率最高,之后转化率急剧下降。

4. 试剂纯度与器皿的洁净度:转化过程中所用试剂纯度要高。在 Ca^{2+} 法转化中采用不同来源的 $CaCl_2$,转化率差异非常大,实验中采用国产分析纯的 $CaCl_2$ 制备的感受态细胞,其转化率与进口的同类型试剂相比要低 10^{-2} 左右。

八、注意事项

1. 当培养菌液达到 OD_{600} 0.375 左右时,一定要在冰水混合物中快速旋转摇动内有培养物的三角瓶,尽快使培养物温度降下来,不要静置于冰水混合物中,摇动大约 10min。

2. 悬浮菌体时使用移液枪,开始时加入的氯化钙溶液量宜少不宜多,待菌体重悬起来以后再行加入,重悬过程中出现的菌团,需轻轻吹打使其分散开。

3. 悬浮沉淀过程,要使其轻轻悬浮,吹的过程要比较柔和。

4. 所有操作均应在冰水上进行。每次离心均需要平衡,要减少离心管内菌液因离开冰水而导致的温度上升。

九、思考题

1. 转化时为什么要设置阴性对照? 如阴性对照中长出菌,请分析原因。

2. 如果转化效率低或者没有得到转化子,试分析原因。

(闫达中　王文锋)

参考文献

F 奥斯伯,R 布特伦,RE 金斯顿.1998.精编分子生物学.金由辛,包慧中,赵丽云译校.北京:科学出版社

J 萨姆布鲁克,DW 拉塞尔.2002.分子克隆实验指南.北京:科学出版社

参考网站:

www.bioon.com 生物谷

www.biooo.com 中国生物论坛

www.dnalc.org 冷泉港实验室

www.dxy.cn 丁香园

www.ncbi.nlm.nih.gov 美国国立生物信息中心

实验十四　重组转化子 DNA 的鉴定(蓝白斑筛选法)

一、相关知识链接

载体的作用是把外源 DNA 带进宿主细胞,并使之在细胞内建立稳定的遗传状态,在细胞内繁殖、传代或进行表达。质粒载体是最常见的载体,也是使用最方便的载体。它应用了质粒的复制、拷贝数及不相容性等性质。质粒载体有抗性基因、琥珀突变抑制基因等多种选择标记和α-互补、插入失活等筛选标记。常见的质粒载体有:pBR322、pUC18/19、pUC118/119、pGEM-3Z/4Z 等。

二、实验原理

目前使用的许多质粒载体(如 pUC 系列和它们的衍生载体)都带有一个大肠杆菌 DNA 的短片段,其中含有 β-半乳糖苷酶 N 端 146 个氨基酸的编码信息及调控序列。在这个编码区中插入了一个多克隆位点,它不破坏阅读框,但可使少数几个氨基酸插入到 β-半乳糖苷酶的 N 端,而不影响其功能(图 3-2)。这种类型的载体适用于可编码 β-半乳糖苷酶 C 端部分的宿主细胞。尽管宿主和载体编码的片段都没有活性,但它们能够融为一体,形成具有酶活性的蛋白质。这样 *lacZ* 基因上缺失操纵基因区段的突变体与带有完整的近操纵基因区段的 β-半乳糖苷酶阴性的突变体之间实现互补,这种互补现象称为-α 互补。由-α 互补而产生的 lac^{+}细菌落易于识别,因为它们在生色底物 X-gal 存在的情况下形成蓝色菌落。然而外源 DNA 片段插入到质粒的多克隆位点后,几乎不可避免地导致产生无互补能力的 N 端片段。因此,携带重组质粒的细菌形成白色菌落。这一简单的颜色试验大大简化了在这种构建质粒载体中鉴定重组子的工作。仅仅通过目测就可以轻而易举地筛选数千个菌落,并识别可能含有重组质粒的菌落。然后通过小量制备质粒 DNA,进而用限制酶酶切分析或其他方法就可以确定这些质粒的结构,这就是通常所称的蓝-白斑实验。

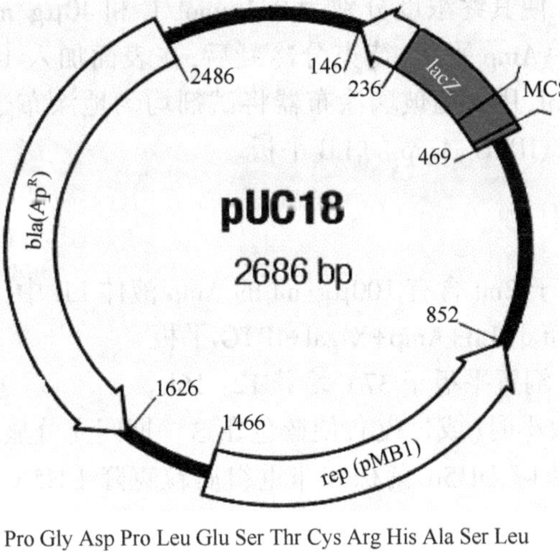

pUC18 MCS

Thr Asn Ser Ser Val Pro Gly Asp Pro Leu Glu Ser Thr Cys Arg His Ala Ser Leu

5'ACG AAT TCG AGC TCG GTA CCC GGG GAT CCT CTA GAG TCG ACC TGC AGG CAT GCA AGC TTG

457　*EcoR* I　*Sac* I　*Kpn* I　*Sma* I　*BamH* I　*Xba* I　*Sal* I *Acc* I *Hinc* II　*Pst* I　*Sph* I　*Hind* III　398

图 3-2　pUC18 及其多克隆位点

IPTG(异丙基-β-*D*-半乳糖苷)是一种乳糖类似物,可使 *lacZ* 抑制子失活,从而诱导 *lac* 操纵子转录。然而,常用于-α 互补的大多数细菌并不合成明显数量的 *lacZ* 抑制子。因此,一般没有必要通过诱导宿主菌或质粒编码的 β-半乳糖苷酶片段来进行细菌克隆的组织化学分析。只有在细菌携带 *lacZ* 抑制子的 $lacI^q$ 等位基因或质粒中含有 *lacI* 基因的情况下,用 IPTG 来诱导 β-半乳糖苷酶两种片段的合成。

三、实验目的

掌握蓝白斑筛选的原理和方法。

四、实验材料和配方

(一) 仪器和设备

台式冷冻离心机,恒温摇床,超净工作台,恒温培养箱,微量移液取样器,移液器吸头,摇菌试管,三角烧瓶,玻璃涂棒,接种环。

(二) 试剂及配方

5-溴-4-氯-3-吲哚-β-*D*-半乳糖苷(X-gal),异丙基-β-*D*-硫代半乳糖苷(IPTG),二甲基甲酰胺(DMF),氨苄青霉素(Amp),LB 液体培养基,LB+Amp+X-gal+IPTG 平板,活化的菌种 DH5。

1. 20mg/ml X-gal　称 40mg X-gal 置于 50ml 离心管中,加入 2ml 二甲基甲酰胺(DMF),充分溶解后,小份 1ml/份,铝箔封裹以防因受光照而被破坏,并应储存于-20℃。X-gal 溶液无须过滤除菌。

2. 100mmol/L IPTG　称 1.2g IPTG 置于 50ml 离心管中,加入 40ml 灭菌水,充分溶解,定容至 50ml,用灭菌的 0.22μm 的滤器过滤除菌。小份 1ml/份后,-20℃保存

3. LB+Amp+X-gal+IPTG 平板　100ml 的琼脂 LB 培养基中,微波炉熔化,待温度降到 50℃(手握住三角瓶感觉不烫手),加入 100μl 的 100mg/ml 的 Amp,补加 0.1ml 100mmol/L IPTG 和 0.2ml 20mg/ml X-gal 使其终浓度分别为 0.1mmol/L 和 40μg/ml,倒培养基铺制四块平板。另一种是先铺制 LB+Amp 平板,待充分冷凝后,在表面加入 100μl 100mmol/L 的 IPTG 和 50μl 20mg/ml 的 X-gal,用无菌玻璃涂布器将试剂均匀地涂布于整个平板表面,置 37℃ 30min,制作成含有 X-gal、IPTG、Amp 的 LB 平板。

五、实验方法和步骤

1. 接种需要 DH5 单菌落于 2ml 含有 100μg/ml 的 Amp 液体 LB 中,过夜培养,各取 1μl 菌液(500 000 个细胞/ml)涂布于 LB+Amp+X-gal+IPTG 平板。
2. 待接种液完全吸收后,倒置平板于 37℃培养 12~16h。
3. 取出平板于 4℃放置数小时(或过夜),使蓝色在这一期间充分显色。
4. 观察携带重组质粒的克隆 DH5α 菌株和非重组质粒克隆 DH5α 菌株的菌落颜色有什么不同。

六、结果与分析

1. 在含有 AMP、IPTG 和 X-Gal 的平板上长出来的白斑不一定都含有插入片段,具体原因:

(1) 有可能是载体自连的假阳性。

(2) 操作时 IPTG 和 X-Gal 其中一种或两种没涂均匀。

(3) 有时即使插入片段也会出现蓝斑,只要编码框没被破坏。

(4) 可能是用的培养基含有乳糖或葡萄糖,因为半乳糖苷酶会分解乳糖,导致不能与 X-gal 反应,葡萄糖不会诱导融合基因的表达。

2. 白色转化菌落较少,绝大部分菌落为蓝色或淡蓝色,只有极少数的白斑,有可能插入片段没有失活 *lac*Z 基因,如很小的插入片段(<500bp)不一定完全将 *lac*Z 基因失活,导致菌斑部分蓝色。

3. 平板培养后出现大小不同的两种菌落,正常大小的蓝色或白色菌落周围有一些很小的白色菌落,这些小的白色克隆为 Amp 敏感的卫星菌落,它们不包含质粒。故平板 37℃培养的时间不要过长。挑菌时不要挑取这些小的白色菌落。确认 Amp 的有效性后,挑选大的白色菌落。

七、注意事项

1. 涂布转化菌液时,一定要适量涂布,量不宜太大,以免菌落过于密集;玻璃涂布棒消毒后,待其冷却后再涂菌液,动作要轻,以免划破平板上固体培养基。

2. 培养板与 37℃培养 12<19h 后应取出培养板与 4℃放置数小时,使蓝色充分显色。

八、思考题

分析 DH5 偶尔有白色菌落(假阳性),DH5 偶尔有蓝色菌落(假阴性)产生的原因?

(闫达中　王文锋)

参考文献

F 奥斯伯,R 布特伦,RE 金斯顿.1998.精编分子生物学.金由辛,包慧中,赵丽云译校.北京:科学出版社
J 萨姆布鲁克,DW 拉塞尔.2002.分子克隆实验指南.北京:科学出版社
参考网站:
www.bioon.com 生物谷
www.biooo.com 中国生物论坛
www.dnalc.org 冷泉港实验室
www.dxy.cn 丁香园
www.ncbi.nlm.nih.gov 美国国立生物信息中心

实验十五　转化克隆的筛选和鉴定

一、相关知识链接

利用转化后宿主菌所获得的抗生素抗性等性状筛选出含有质粒的克隆,这些菌落中含的质粒可能是载体自连形成的,也可能是外源基因和载体形成的重组质粒,需要再从这些菌落中鉴定出带有外源基因插入片段的重组质粒的克隆。

二、实验原理

在实验十四的选择性培养基上长出的菌落,由受体菌 *E. coli* Top10 的表型 Amp^-转变为

Amp^+,证明重组质粒已转化入受体菌,但要证明插入片段的大小和序列,还需进一步鉴定。方法之一是进行重组质粒的抽提,然后电泳分析,观察其分子量与原有载体相比是否增大;方法之二是将抽提的重组质粒进行限制性内切酶分析,观察酶切下来得到的 DNA 片段大小是否与预计的相符;方法之三是以重组质粒为模板进行 PCR 鉴定,观察 PCR 产物的大小是否与目的基因大小相符;方法之四则是将重组质粒进行 DNA 测序分析,直接分析重组质粒上的插入片段即目的基因的大小与序列是否正确。

本实验介绍两种方法:①酶切检测法:将抗性平板得到的菌落进行过夜培养,用碱裂解法抽提质粒,然后对重组质粒进行限制性内切酶分析,观察酶切下来得到的 DNA 片段大小是否与预计的相符,从而对重组转化子 DNA 进一步鉴定。②快速 PCR 检测方法:具体方法见实验十。

三、实验目的

掌握酶切方法或 PCR 法筛选重组子的原理;学会用酶切方法或 PCR 法筛选重组子。

四、实验材料和配方

(一) 仪器和设备

恒温水浴锅,制冰机,离心机,旋涡混合器,恒温摇床,超净工作台,酒精灯,摇菌管(灭菌),微量移液器,灭菌吸头(1.5ml 和 200μl),灭菌牙签,灭菌离心管(1.5ml 微量),三角瓶,双面微量离心管架。

(二) 试剂及配方

转化子平板,无菌 ddH_2O,LB 培养基,氨苄青霉素 Amp(100mg/ml),PCR 常用试剂,引物,限制性内切酶 *Eco*R Ⅰ 和 *Hind* Ⅲ 及其缓冲液 10×Buffer,溶液 Ⅰ,Ⅱ,Ⅲ,无水乙醇,RNA 酶,苯酚:氯仿:异戊醇(25 : 24 : 1)的混合物,10×TAE,琼脂糖,溴化乙锭或者 GoldenView。

五、实验方法和步骤

1. 方法一:酶切鉴定

(1) 在超净工作台中取 4 支无菌摇菌管,各加入 3ml LB(含 50μg/ml 氨苄青霉素),用记号笔写好编号.

(2) 在超净工作台中将 70% 乙醇浸泡的小镊子头用酒精灯烤过,镊取一支无菌牙签,用牙签的尖部接触转化的平板培养基上的一个白色菌落,然后将牙签放入盛有 3ml LB(含 50μg/ml Amp)的摇菌管中,用此法随机取 4 个菌落,分别装入 4 个摇菌管中;

(3) 37℃摇菌过夜后,用碱裂解法分别提取质粒(参见实验七),摇菌管中的剩余菌液保留在 4℃冰箱中;

(4) 将提取到的 4 管质粒样品与未含外源基因的对照质粒(空载体)同时电泳,根据分子量判断和选择有插入片段的质粒,然后可用酶切、与目的片段一同电泳来鉴定其上的外源插入片段大小是否与预期相符;

(5) 将经过鉴定判断为正确的质粒保存,按照编号找到冰箱中原菌液,根据需要进行放大培养提取其质粒或进行诱导表达,或取 400μl 菌液与加入 100μl 灭菌甘油混合后-80℃保存;

(6) 在被细菌污染的桌面上喷洒70%乙醇,擦干桌面,撰写实验报告。

2. 方法二:快速PCR筛选法

(1) 在转化的平板培养基上随机选取3个边缘清晰的菌落,并用记号笔在其所在的培养皿底部玻璃背面画圈做标记编号。

(2) 在0.2ml PCR微量离心管中配制25μl反应体系(表3-1)。

模板质粒:用小tip头轻轻黏一下选中的菌落,伸入PCR混合液中洗一洗。

(3) 设置PCR仪的循环程序(参见实验十,PCR实验程序)。

(4) PCR结束后,取10μl产物进行琼脂糖凝胶电泳(与原始插入片段同时比对),观察胶上是否有预期的扩增产物条带。

表3-1 快速PCR鉴定的反应体系

反应体系组成	体积
dd H_2O	18.2μl
10×PCR buffer(含 $MgCl_2$)	2.5μl
2.5mmol/L dNTP	2μl(每种dNTP终浓度0.2mmol/L)
10μmol/L Primer 1	1μl
10μmol/L Primer 2	1μl
Taq 酶	0.3μl(1.5U)
总体积	25.0μl

(5) 按照编号找到培养皿中的原来菌落,根据需要进行扩大培养提取其质粒。

(6) 提取到的质粒与原先的空载体对比电泳,通过酶切进一步确认。

自己设计实验,采用其中的一到两种方法鉴定重组子。自己写出实验设计,与老师讨论后实施。

六、结果与分析

1. PCR或酶切结束后,取产物进行琼脂糖凝胶电泳(与原始插入片断同时比对),观察胶上是否有预计的主要产物带。记录鉴定的阳性转化克隆的结果。

2. 分析一下你筛选鉴定的克隆是重组子的充分理由。

七、注意事项

1. 注意做好标记,不要混淆;

2. 由于载体自身环化会产生大量的不含插入片段的转化子,给鉴定重组子带来一些麻烦。通常用双酶切(即插入片段两端酶切位点不同);

3. 最好通过酶切或者PCR进一步确定插入外源片段的重组质粒。

八、思考题

1. PCR法筛选出的阳性克隆测序后为非特异性扩增,什么原因?

2. 谈谈你所了解的筛选重组子的方法有哪些?各有什么优缺点?

(王文锋 闫达中)

参考文献

F 奥斯伯,R 布特伦,RE 金斯顿.1998.精编分子生物学.金由辛,包慧中,赵丽云译校.北京:科学出版社

J 萨姆布鲁克,DW 拉塞尔.2002.分子克隆实验指南.北京:科学出版社

参考网站：

www.bioon.com 生物谷

www.biooo.com 中国生物论坛

www.dnalc.org 冷泉港实验室

www.dxy.cn 丁香园

www.ncbi.nlm.nih.gov 美国国立生物信息中心

实验十六　工程菌的诱导和酶活性检测

一、相关知识链接

表达载体的条件是含有基本的表达系统元件，即启动子-核糖体结合位点-多克隆位点-转录终止信号，这种基本的 DNA 结构特征也是区别克隆载体和表达载体的标志。

二、实验原理

淀粉酶基因 *amy* 克隆入 pFLAG-CTS 表达载体，与载体中的大肠杆菌 OmpA 信号肽序列融合，置于 *tac* 启动子控制之下。*tac* 启动子是一组由 *lac* 和 *trp* 启动子人工构建的杂合启动子，受 Lac 阻遏蛋白的负调节，可受 IPTG 的诱导。当 pFLAG-CTS 表达载体进入 *E. coli* Top10 细胞后，由于宿主细胞的 *lac* I^q 基因表达产生的阻制物抑制 RNA 聚合酶基因的表达，在载体上的目的基因就无法启动。当存在 IPTG 诱导物后，使阻遏物失去阻遏作用，RNA 聚合酶基因得以表达，进而使目的基因得以表达。

三、实验目的

学习基因工程菌的诱导方法以及用淀粉平板对淀粉酶活的检测方法。

四、实验材料和配方

（一）仪器和设备

超净工作台，恒温摇床，离心机，微量移液器，平皿，加样吸头，1. 5ml Effendorf 管，离心管。

（二）试剂及配方

Top10[pFLAG-*amy*]和 Top10[pFLAG-CTS]，LB 液体培养基，氨苄青霉素（100mg/ml），无菌圆形滤纸片，用无菌双蒸水配置 100mmol/L IPTG（分子量 238. 3），滤器过滤除菌，分装成 1ml 小份贮存于-20℃。

淀粉平板：胰蛋白胨（Tryptone）10g/L，酵母提取取物（Yeast extract）5g/L，氯化钠（NaCl）10g/L，1% 可溶性淀粉，琼脂粉 15g/L，115℃ 灭菌 30min；将培养基加热融化后冷却到 40～50℃ 时加入 100g/ml 氨苄青霉素和 1mmol/L IPTG，摇匀后倒平板。

卢戈氏碘液：碘片 1g，碘化钾 2g，蒸馏水 300ml。先将碘化钾溶解在少量水中，再将碘片溶解在碘化钾溶液中，待碘全溶后，定容至 300ml 即可。

2×上样缓冲液：0. 5mol/L Tris-HCl（pH6. 8）2ml，甘油 2ml，20% SDS 2ml，0. 1% 溴酚蓝 0. 5ml，β-2-巯基乙醇 1. 0ml，dd H_2O 2. 5ml，室温存放。

五、实验方法和步骤

1. 基因表达产物的酶活性检测

（1）挑取甘油保藏的 Top10[pFLAG-*amy*]划线接种于含 Amp（终浓度 100μg/ml）的 LB 固体平板上，于 37℃培养过夜；以相同条件活化 Top10[pFLAG-CTS]作为对照菌株。

（2）制备淀粉平板，待凝固后用无菌的牛皮纸包裹放置 37℃培养箱 1～2h 使平板表面水蒸发掉。

（3）用牙签在淀粉平板接种刚活化的 Top10[pFLAG-*amy*]和对照菌株 Top10[pFLAG-CTS]，37℃培养 12h。

（4）观察菌落生长情况，在超净工作台上将打开平板盖，在固体培养基表面覆以卢戈氏碘液，观察水解圈的大小。

2. 用于 SDS-PAGE 的菌体诱导表达

（1）从平板上挑取单菌落，接入 3ml LB+Amp 培养液，37℃，250g 培养过夜；

（2）次日，把过夜培养物接入新鲜 LB+Amp 液体培养基中，使 OD_{600}=0.1，37℃摇菌 4～5h，当 OD_{600} 达到 0.7～0.8 左右时，加入诱导物 IPTG，使其终浓度为 0.3mmol/L，分别在 37℃（2h）、30℃（3h）或 15℃（14h）诱导表达。

（3）12 000*g* 离心 2～3min，收集菌体和上清，分别测定酶活力；或者加入 2 倍上样缓冲液，在 Eppendorf 管中混合，沸水加热 2～10min，进行 SDS-PAGE 分析。

六、结果与分析

（一）绘制观察到的结果图

测定水解圈的直径，记录大肠杆菌转化子的酶活检测结果。

（二）目的蛋白不表达或者表达量低原因及其对策

1. 目的蛋白不表达或者表达量低的原因

（1）载体构建错误：较典型的融合蛋白表达载体不论在 N 端融合，还是在 C 端融合，要考虑读码框，很多常开始做克隆的操作者经常弄错读码框。

（2）宿主菌选择不当：不同的宿主菌其基因型各异，有些经过特殊修饰的载体，或者特殊用途的载体，或者有特殊启动子的载体，必须选择合适的宿主菌进行表达。

（3）密码子使用频率低：有些基因其本身含有许多稀有密码子，尤其是起始密码之后的 15 个碱基之内的稀有密码子，在 N 端影响比较大，在全序列中多次出现稀有密码子很可能得不到预期产量的蛋白质。优化密码子对原核表达似乎效果很好，对真核表达系统未见得有很好的效果。对于真核表达，密码子优化可以提高表达量，常用的有 pET 系统。

（4）与基因结构有很大关系：这种情况可考虑用酵母表达，或者应用哺乳动物细胞表达系统来表达。

（5）质粒不稳定或者质粒丢失：pET 系统通常比较稳定，但是选用带氨苄青霉素抗性的载体时，有可能产生 β-lactamase 降解了抗生素，从而使质粒丢失。还有一种情况是表达重组的毒素蛋白，所产蛋白对宿主细胞本身也有毒害作用，造成质粒丢失，这种情况多见于真核表达系统。

（6）蛋白酶将目的蛋白降解：这种情况常由重组蛋白本身的 N-或 C-端序列引起的。当蛋白 N-端是 Arg,Leu,Lys,Phe,Asn 时,容易遭受蛋白酶降解,此即 N-末端规则。N-端是 Met 时,大肠杆菌可把 Met 去除,特别是 Met 后紧跟着一个带小侧链的氨基酸时。C-末端存在非极性氨基酸时,也容易导致蛋白被降解。C 末端最后 5 个氨基酸是极性的或者带电荷的,则不易被降解。

(7) 二级翻译起始位点:如果序列里刚好含有和核糖体结合位点完全一致的序列。核糖体会滑动找到这个位点,然后开始翻译,致使表达的蛋白被截短,在电泳时看不到预期大小的目的条带。

(8) SD 序列:SD 序列和起始密码子序列(80%是 AUG,也有 GUG 的)之间的距离,对蛋白表达的效率也有着非常重要的影响。

(9) mRNA 的二级结构:在克隆之前,检查序列里是否有和核糖体结合位点或翻译起始位点互补的序列。若有的话,最好进行同义密码子的替换,否则由此形成的 mRNA 二级结构会让翻译终止。

(10) 转录终止子:转录终止子的存在可以促进蛋白表达,但是缺少时就会造成"通读",没完没了地翻译下去。这一点通常在 pET 系统里不成问题,因为在靶基因的相反方向有一选择性的标记基因。如果靶基因正好和这个标记基因方向一致,那么需注意靶基因后是否有转录终止子。

(11) mRNA 的不稳定性:靶基因的 mRNA 常聚集于细胞内,但是大肠菌的 mRNA 及其不稳定,如果在 mRNA 的 5′-非翻译区和 3′-rho 非依赖性终止子处插入稳定结构序列,可以促进 mRNA 的稳定性;尤其是 5′末端要是有不带突出的发夹结构,能使 mRNA 在细胞质内稳定性增加。

(12) 诱导温度:如果表达蛋白形成包涵体,可以考虑用低温或者热激。

(13) 检测方法的可行性:如果细胞破碎后上清中没有或者量很少,可能形成了包涵体所致。有时蛋白表达量特别低或和杂蛋白的条带靠得特别近,蛋白表达的错误判断。要记住生物学实验的两大黄金准则:对照和重复,要设立空载体对照。在真核系统表达的蛋白常常特别低,不要只记得应用 Western Blotting 去检测。需从已发表的文献分析,目的蛋白是否有特别的性质,如该蛋白具有水解酶活性或者具有异样性质,如流感病毒的 HA 的表达,取表达的不同梯度稀释的蛋白做血凝试验等。总之,蛋白能表达其原因都是一致的;蛋白不表达,则各有各的原因。

2. 减少包涵体形成有以下方法 在大肠杆菌中,当外源蛋白高水平表达的时候,极易形成包涵体,下面是一些可以参考的有助于提高目的蛋白可溶性表达的实验方案:

(1) 降低蛋白合成的速度:可以通过以下方法实现:①降低培养温度;②使用弱启动子;③使用低拷贝数的质粒表达载体;④降低诱导物的浓度。

(2) 改变培养基:①培养基中加入可以帮助蛋白折叠的因子;②加入缓冲液保持 pH 稳定;③加入 1%的葡萄糖,抑制 *lac* 启动子;④加入山梨糖醇等可以稳定蛋白天然结构的因子。⑤加入硫醇(thiols)和二硫化物等。

(3) 与分子伴侣或折叠酶共表达:常用的分子伴侣有:GroES-GroEL,DnaK-DnaJ-GrpE,ClpB。常用的折叠酶有:peptidyl prolyl cis/trans isomerases(PPI's),protein disulfide isomerase(PDI),disulfide oxidoreductase(DsbA)and disulfide isomerase(DsbC)。

(4) 分泌表达,使目的蛋白分泌到周围空间。周围空间的氧化性的环境有利于二硫键的形成,而胞内则是还原性的。周围空间有折叠酶 DsbA 和 DsbC 的存在,帮助蛋白正确折叠。周质空间很少有蛋白酶存在,不会被水解。可以使对细胞有毒性的蛋白大量存在。

(5) 使用特定的菌株或与可溶性 partner 融合表达。

(6) 通常大于 70kDa 的蛋白在大肠杆菌中是很难表达的,不妨表达目的蛋白的一个片段。

(7) 体外折叠。研究表明,在利用大肠杆菌生产重组蛋白的过程中,下游技术即菌体发酵条件的优化也是影响蛋白表达量的一个关键。由于蛋白的特异性,所以发酵条件不可能有一个固定的模式。对于诱导剂的浓度、诱导温度、诱导时间、摇床的速度、培养基的成分、质粒的稳定性、表达产物对细胞的毒性等均需要综合考虑。例如高温有利于包涵体的形成,而低温有利于可溶组分含量的增加,所以可以根据已表达形式的需要对温度进行优化,对于培养基的成分,可以在培养基里面加一些辅助因子,比如金属离子,尤其是在功能性蛋白的表达,一般情况下功能性蛋白都需要有辅助因子的参与才能具有生物活性,所以在培养基中增加这样一些成分,有利于目的蛋白表达量的增加。同时,还可以在培养基中加一些氧化物,比如双氧水(过氧化氢),可以增加细胞质中的氧化环境,而有利于二硫键的正确形成,当然也会增加菌体的氧化状态压力,这些均需要综合考虑。

七、影响蛋白表达的因素

1. 宿主菌　菌株内源的蛋白酶过多,可能会造成外源表达产物的不稳定,所以一些蛋白酶缺陷型菌株往往成为理想的起始表达菌株。

2. 表达载体　启动子对于蛋白表达的速度起着举足轻重的作用,它与最终蛋白的表达量、蛋白的种类是否是可融蛋白等密不可分。所有启动子里属 T_7启动子最强,它可以将大肠杆菌的资源最大限度地调用表达外源蛋白。但需要表达可溶性蛋白,T_7启动子就不是最佳选择。而较弱的启动子转录速度较慢,对于表达可溶、稳定、完整的蛋白比较有利。

3. 目的基因　在用原核系统表达真核基因的时候,要考虑真核基因中的一些密码子对于原核细胞来说可能是稀有密码子,从而导致表达效率和表达水平很低。若觉得改造基因比较麻烦,可选择 Rosetta 2 系列,因为这种携带 pRARE2 质粒的 BL21 衍生菌补充了大肠杆菌缺乏的七种(AUA,AGG,AGA,CUA,CCC,GGA 及 CGG)稀有密码子对应的 tRNA,可以提高真核基因作为外源基因在原核系统中的表达水平。

4. 温度　温度对菌体蛋白表达影响主要体现在较低温度时菌体的比生长速率较低,菌体活性与质粒稳定性有很大程度的改善,外源蛋白稳定性与可溶性也有一定的提高,从而减少包涵体的形成。

5. 诱导剂的浓度　*E. coli* 的乳糖操纵子含 Z、Y 及 A 三个结构基因,分别编码半乳糖苷酶、通透酶和乙酰基转移酶,此外还有一个操纵序列 O、一个启动子序列 P 及一个调节基因 I。I 基因编码一种阻遏蛋白,后者与 O 序列结合,使操纵子受阻遏而处于关闭状态。异丙基-β-*D*-硫代半乳糖苷(IPTG)是一种乳糖类似物,可使 *lac*Z 抑制子失活,从而诱导 *lac* 操纵子转录。IPTG 是一种作用极强的诱导剂,不被细菌代谢而十分稳定,是一种安慰性诱导物,被实验室广泛应用。IPTG 一般使用终浓度为 1mmol/L,为实现可溶性表达,也可以用乳糖诱导。

八、注意事项

1. 检测淀粉水解酶基因表达与否使用的淀粉平板,所需的培养基成分是在 LB 固体培养基配方基础上添加 1% 可溶性淀粉，先在适量的蒸馏水中加入可溶性淀粉，加热溶解后再加入其他成分，115℃灭菌 30min。倒出的平板最好在 37℃放置 2h 后再使用，以免平板表面的水分影响后续实验结果观察。

2. 诱导温度，时间和 IPTG 的浓度控制。对于不同的表达载体，加入 IPTG 的浓度以及诱导时间、诱导温度参照相关的文献或者进行一系列梯度实验，找到最佳条件。

九、思考题

如何提高目的蛋白的表达量？

（闫达中　王文锋）

参考文献

F 奥斯伯，R 布特伦，RE 金斯顿.1998.精编分子生物学.金由辛，包慧中，赵丽云译校.北京：科学出版社
J 萨姆布鲁克，DW 拉塞尔.2002.分子克隆实验指南.北京：科学出版社
参考网站：
www.bioon.com 生物谷
www.biooo.com 中国生物论坛
www.dnalc.org 冷泉港实验室
www.dxy.cn 丁香园
www.ncbi.nlm.nih.gov 美国国立生物信息中心

实验十七　SDS-PAGE 电泳

一、相关知识链接

通常采用 SDS-聚丙烯酰胺凝胶电泳（SDS-PAGE）对蛋白质进行量化、比较及特性鉴定。SDS-PAGE 电泳不但能观察到蛋白在电场中的泳动位置，而且还能知道蛋白的分子量大小以及由几个亚基组成。此外，还可将电泳胶上的蛋白质条带转移到尼龙膜上，以亲和反应或免疫反应来检测特异蛋白的存在，即所谓的 Western Blotting。在基因表达产物得到确证之后，就可对表达的蛋白（肽）进行发酵和分离纯化，并研究其生物学功能。SDS-PAGE 可分为圆盘状和垂直板状、连续系统和不连续系统。本实验采用垂直板状不连续系统。所谓“不连续”是指电泳体系由两种或两种以上的缓冲液、pH 和凝胶孔径等所组成。

二、实验原理

SDS-聚丙烯酰胺凝胶电泳（SDS-PAGE）是对蛋白质进行量化、比较及特性鉴定的一种经济、快速、而且可重复的方法。该法主要依据蛋白质的分子量对其进行分离。SDS 与蛋白质的疏水部分相结合，破坏其折叠结构，并使其稳定地存在于一个广泛均一的溶液中。SDS 蛋白质复合物的长度与其分子量成正比。由于在样品介质和聚丙烯酰胺凝胶中加入离子去污剂和强还原剂后，蛋白质亚基的电泳迁移率主要取决于亚基分子量的大小，而电荷因素可以被忽略。

1. 样品的浓缩效应　在不连续电泳系统中，含有上、下槽缓冲液（Tris-Gly，pH8.3）、浓缩胶缓冲液（Tris-HCl，pH6.8）、分离胶缓冲液（Tris-HCl，pH8.8），两种凝胶的浓度（即孔径）

也不相同。在这种条件下,缓冲系统中的 HCl 几乎全部解离成 Cl^-,两槽中的 Gly(pI6.0, pK_a9.7)只有很少部分解离成 Gly 的负离子,而酸性蛋白质也可解离出负离子。这些离子在电泳时都向正极移动。Cl^-速度最快(先导离子),其次为蛋白质,Gly 负离子最慢(尾随离子)。由于 Cl^-很快超过蛋白离子,因此在其后面形成一个电导较低、电位梯度较陡的区域,该区电位梯度最高,这是在电泳过程中形成的电位梯度的不连续性,导致蛋白质和 Gly 离子加快移动,结果使蛋白质在进入分离胶之前,快、慢离子之间浓缩成一薄层,有利于提高电泳的分辨率。

2. 分子筛效应 蛋白质离子进入分离胶后,条件有很大变化。由于其 pH 升高(电泳进行时常超过 9.0),使 Gly 解离成负离子的效应增加;同时因凝胶的浓度升高,蛋白质的泳动受到影响,迁移率急剧下降。此两项变化可以使 Gly 的移动超过蛋白质,上述的高电压梯度不复存在,蛋白质便在一个较均一的 pH 和电压梯度环境中,按其分子的大小移动。分离胶的孔径有一定的大小,对不同相对分子质量的蛋白质来说,通过时受到的阻滞程度不同,即使净电荷相等的颗粒,也会由于这种分子筛的效应,把不同大小的蛋白质相互分开。

三、实验目的

学习 SDS-PAGE 的基本操作,学会用 SDS-PAGE 检测蛋白。

四、实验材料和配方

(一) 仪器和设备

旋涡混合器,脱色摇床,台式冷冻离心机,制冰机,电磁炉,电泳仪,垂直电泳槽及配套的玻璃和密封条、梳子等,微量移液器,移液器吸头,1.5ml 微量离心管,双面微量离心管架,搪瓷盘。

(二) 试剂及配方

十二烷基磺酸钠(SDS),丙烯酰胺(Acr),*N*,*N*-亚甲基双丙烯酰胺(Bis),三羟甲基氨基甲烷(Tris),甘氨酸,盐酸,过硫酸铵(AP),*N*,*N*,*N'*,*N'*-四甲基乙二胺(TEMED),蛋白分子量标准 Marker(97.4,66.2,43,31,20.1,14.4kDa),溴酚蓝,甘油,冰醋酸,乙醇,β-2-巯基乙醇,考马斯亮蓝 R250,甲醇,乙醇。

1. 丙烯酰胺 Acr/*N*,*N*-亚甲基双丙烯酰胺 Bis 溶液(30:0.8) 取 30g 丙烯酰胺,0.8g 甲叉双丙烯酰胺,加 dd H_2O 至 100ml,经过 0.22μm 滤膜过滤,棕色瓶内避光,于 4℃保存。

2. 1.5mol/L Tris-HCl 分离胶缓冲液(pH8.8) 取 18.165g Tris,用 1mol/L HCl 调 pH 至 8.8,加 dd H_2O 至 100ml,于 4℃保存。

3. 0.5mol/L Tris-HCl 浓缩胶缓冲液(pH6.8) 取 6.055g Tris,用 1mol/L HCl 调 pH 至 6.8,加 dd H_2O 至 100ml,于 4℃保存。

4. 2×上样缓冲液 0.5mol/L Tris HCl(pH6.8)2ml,甘油 2ml,10% SDS 4ml,0.1% 溴酚蓝 0.5ml,β-2-巯基乙醇 1.0ml,dd H_2O 0.5ml,室温存放。

5. 5×电泳缓冲液 在 900ml ddH_2O 中溶解 Tris 15.1g,甘氨 94g,SDS 5g,加 dd H_2O 至 1000ml,使用时稀释五倍。

6. 考马斯亮蓝染色液 考马斯亮蓝 R250 0.25g,45ml 甲醇,10ml 冰醋酸,加 ddH_2O 定容至 100ml。

7. 脱色液(ml/ml) 95%乙醇：冰醋酸：水 = 4.5：0.5：5。

8. 10%(g/ml)SDS溶液 取10g SDS，加dd H_2O完全溶解后，定容至100ml，室温保存。

9. 10%(g/ml)过硫酸铵溶液 取0.1g过硫酸铵，加dd H_2O lml，每次用前新鲜配制(-20℃保存，表3-2)。

表3-2 聚丙烯酰胺凝胶制备过程中丙烯酰胺浓度与蛋白质分子量之间的关系

丙烯酰胺浓度(%)	线性分离范围(kDa)	丙烯酰胺浓度(%)	线性分离范围(kDa)
15.0	12~43	7.5	36~94
10.0	16~68	5.0	57~212

五、实验方法和步骤

1. 将表达后的菌体与2×上样缓冲液按1：1混匀于微量离心管中。

2. 将上述微量离心管插入水漂中，放在沸水中煮5min。然后立即插入冰中(可在-20℃冰柜中保存)。样品冷却到室温，5000g离心1min。

3. 按照教师的演示组装电泳玻璃并用细橡胶管密封底部和侧面然后用夹子夹住(不能夹玻璃的上端以免夹断玻璃的突出段!)。插入梳子后在玻璃上距离梳子齿底部1cm的地方做一个标记。

4. 配制12%分离胶，按顺序和量(注意体积单位!)取下列溶液在一个50ml的小烧杯中混合(注意Tris为pH8.8，表3-3)。

表3-3 分离用凝胶制备时所需各成分的反应体系

体系组成	体积	体系组成	体积
双蒸水	4.9ml	TEMED	6μl
Acr/Bis溶液(30:0.8)	6.0ml	10%过硫酸铵	150μl
1.5mol/L分离胶缓冲液(pH8.8)	3.8ml	总体积	15ml
10% SDS	150μl		

5. 加完过硫酸铵(AP)后拿起烧杯轻轻转动几下底部将溶液混匀后，立刻缓缓倒入玻璃夹缝中，直到液面与所作的标记齐平。剩下的胶液留在小烧杯中，倾斜放置。然后在上部用200μl微量移液器轻轻地沿玻璃壁来回移动加满dd H_2O(尽可能冲动下面的胶液)。然后静置60min。倒出蒸馏水，并倒置玻璃尽可能将水倒尽，用滤纸从一侧吸去残留的水。

6. 配制浓缩胶，按顺序和量(注意体积单位!)取下列溶液混在一个50ml的小烧杯中(注意Tris为pH6.8，表3-4)。

表3-4 浓缩凝胶制备时所需各成分的反应体系

体系组成	浓缩胶5%	体系组成	浓缩胶5%
dd H_2O	2.77ml	TEMED	5μl
Acr/Bis溶液(30:0.8)	0.83ml	10%过硫酸铵	50μl
0.5mol/L分离胶缓冲液(pH6.8)	1.26ml	总体积	5ml
10% SDS	50μl		

7. 加入过硫酸铵后拿起烧杯轻轻转动几下底部将溶液混匀后，立刻倒入玻璃夹缝中，

液面与玻璃上边缘齐平。然后再慢慢插入梳子,静置约 20min。

8. 小心拔出梳子以后,用注射器针头(剪平尖部)吸取梳子齿形成的加样槽中的未聚合的溶液,用蒸馏水冲洗加样孔 2 次,然后用滤纸吸去液体,观察加样孔的底部是否平整,小心取出加样孔中额外的聚丙烯酰胺碎片。

9. 电泳槽上部倒满电泳缓冲液(约 250ml,淹没过加样槽的液面!),电泳槽的下部倒入一半电泳缓冲液(约 180ml)。

10. 选取几个形态好的加样孔,在一张纸上做好对应的标记,用微量移液器在侧面的一个加样槽中加入 10μl 蛋白分子量 Marker,其他槽中加入 10~20μl 自己制作的样品。

11. 接好电极,将电流调至 8mA,待溴酚蓝移到分离胶后,在将电流调至 18mA,电泳约 2~3h,期间随时观察电泳槽上部的液体是否有泄漏(泄漏导致液面下降,电流中断),当溴酚蓝移到玻璃距底部 0.5cm 时切断电源。

12. 在一个搪瓷盘里准备适量的考马斯亮蓝染色液。

13. 倒掉电泳槽中的缓冲液,取下玻璃板,用刀片、铲子轻轻撬开,用刀片沿分离胶与浓缩胶的交接处,将分离胶切下,并在分离胶的左上角切掉一小角,以标记样品顺序。然后手戴橡胶手套用 200μl 的加样吸头小心把分离胶从玻璃上剥离倒染液搪瓷盘里(切不可损坏胶!),加盖,在脱色摇床上染色 2h。

14. 染色 1h 后,将染液倒回瓶子里以备重复使用。在搪瓷盘中加入 100ml 脱色液(7%乙酸,30%甲醇),振荡脱色 3h,脱色液一般要换 3~4 次,通常至大部分蓝色褪尽为止。

15. 清理桌面,写实验报告。

六、结果与分析

观察脱色后胶里的蓝色带纹　与对照比较或寻找异常粗的带纹,并比较其分子量,判断是否是预期的基因产物。

七、SDS-PAGE 的影响因素及常见问题

(一) 影响因素

1. 带电颗粒的性质　净电荷多少、颗粒大小及形状。一般净电荷多,直径小而且近于球状,则泳动速度快,反之则慢。

2. 电场强度　指单位长度(cm)支持物体上的电位降,它对泳动度起着十分重要的作用。一般电场强度越高,带电颗粒移动速度越快。根据电场强度可将电泳分为低压(常压)电泳 100~500V,电场强度为 2~10V/cm,分离时间需要数小时、数天或更长。高压电泳 500~1000V,电场强度 20~200V/cm,电泳时间短。有时仅需几分钟,由于电压增高电流增大需要冷却装置。

3. 溶液的 pH　溶液的 pH 决定带电颗粒的解离程度。也决定物质所带净电荷的多少。对氨基酸、蛋白质等两性电解质而言,溶液 pH 离等电点越远,颗粒所带净电荷越多,电泳速度越快。反之越慢。为了利于分离蛋白质混合液,应选择一种使各种蛋白质所带电荷差异明显的 pH 值。

4. 溶液的离子强度　在保持足够缓冲能力的前提下,离子强度要求最小。溶液离子强度越高,带电颗粒泳动速度越慢,反之越快。通常选择在 0.05~0.1mol/L。

5. 电渗作用　在有支持物的电泳时影响电泳的另一个重要因素是电渗作用。电渗作

用:在电场中,溶液对固体支持物的相对移动。电渗作用根据支持介质的不同而产生不同程度和不同方向的电渗流动。因此电渗作用与电泳速度关系密切。

6. SDS-PAGE 电泳凝胶中各主要成分的作用

(1) 聚丙烯酰胺的作用:为蛋白质电泳提供载体,其凝固的好坏直接关系到电泳成功与否,与促凝剂及环境密切相关;

(2) 制胶缓冲液:浓缩胶选择 pH6.8,分离胶选择 pH8.8,选择 Tris-HCl 系统。

1) TEMED 与过硫酸铵(AP):过硫酸铵提供自由基,TEMED 是催化剂,催化自由基引起的聚合反应进行。

2) 十二烷基硫酸钠(SDS):阳离子去污剂;作用有四,①去蛋白质电荷,②解离蛋白质之间的氢键,③取消蛋白分子内的疏水作用,④去多肽折叠。

(二) 常见问题及解决办法

1. "微笑"(两边翘起中间凹下)形带形成原因 ①凝胶的中间部分凝固不均匀所致,多出现于较厚的凝胶中。②边缘效应:凝胶的边缘与中间的温度分布和电场强度不同,在凝胶边缘,迁移条带出现"微笑"状或样品迁移速度减慢,可能是因为凝胶的中间比两侧更热造成的,降低电压有助于改善这种情况。处理办法:待其充分凝固再作后续实验或者降低电压。

2. "皱眉"(两边向下中间鼓起)形带形成原因 主要出现在蛋白质垂直电泳槽中,一般是两板之间的底部间隙气泡未排除干净。处理办法:可在两板间加入适量缓冲液,以排除气泡。

3. 出现拖尾现象 主要是样品溶解效果不佳或分离胶浓度过大引起的。处理办法:加样前离心,选择适当的样品缓冲液,加适量样品促溶剂,电泳缓冲液时间过长,重新配制,降低凝胶浓度。

4. 条带出现纹理和"鬼带"现象 主要是样品不溶性颗粒引起的。处理办法:加样前离心,加适量样品促溶剂。

"鬼带"就是在跑大分子构象复杂的蛋白质分子时,常会出现在泳道顶端(有时在浓缩胶中)的一些大分子未知条带或加样孔底部有沉淀,主要由于还原剂在加热的过程中被氧化而失去活性,致使原来被解离的蛋白质分子重新折叠结合和亚基重新缔合,聚合成大分子,其分子量要比目标条带大,有时不能进入分离胶。但它却于目标条带有相同的免疫学活性,在 Western Blotting 反应中可见其能与目标条带对应的抗体作用。处理办法:在加热煮沸后,再添加适量的 DTT 或 β-巯基乙醇,以补充不足的还原剂,或可加适量 EDTA 来阻止还原剂的氧化。

5. 溴酚蓝不能起到指示作用 我们在实验中常会遇到溴酚蓝已跑出板底,但蛋白质却还未跑下来的现象。主要与缓冲液和分离胶的浓度有关。

处理办法:更换正确 pH 的 Buffer;降低分离胶的浓度。

6. 电泳的条带变粗 电泳中条带很粗是常见的事,主要是未浓缩好的原因。

处理办法:适当增加浓缩胶的长度;保证浓缩胶贮液的 pH 正确(6.8);适当降低电压。

7. 电泳时电泳电压很高而电流偏低 初学者常易出现这种现象。比如电压 50v 以上,可电流却在 5mA 以下。主要是由于电泳槽没有正确装配,电流未形成通路。包括:①内外槽装反;②外槽液过少;③电泳槽底部的绝缘体未去掉(比如倒胶用的橡胶皮)。处理办法:电泳槽正确装配即可。

8. 电泳时浓缩胶与分离胶断裂、板间有气泡 这种现象一般对电泳不会有太大的影响。前者主要原因是拔梳子用力不均匀或过猛所致;后者是由于在解除制胶的夹子后,板未压紧而致空气进入引起的。

9. 凝胶聚合或慢或快 通常胶在 30min 至 1h 内凝。如果凝的太慢,可能是 TEMED,AP 剂量不够或者失效。AP 应该现配现用,TEMED 不稳定,易被氧化成黄色。如果凝得太快,可能是 AP 和 TEMED 用量过多,此时胶太硬易裂,电泳时易烧胶。

10. 电泳时间比正常要长 可能由于凝胶缓冲系统和电极缓冲系统的 pH 选择错误,即缓冲系统的 pH 和被分离物质的等电点差别太小,或缓冲系统的离子强度太高。

11. 提高 SDS-PAGE 电泳分辨率的途径 聚丙烯酰胺的充分聚合,可提高凝胶的分辨率。建议做法:待凝胶在室温凝固后,可在室温下放置一段时间使用。忌即配即用或 4℃冰箱放置,前者易导致凝固不充分,后者可导致 SDS 结晶。一般凝胶可在室温下保存 4 天。

一般常用的有氨基黑、考马斯亮蓝、银染色三种染料,不同染料又各自不同的染色方法,具体可参照 D. R. 马歇尔等编著的《蛋白质纯化与鉴定实验指南》P249~262。

八、注意事项

1. 丙烯酰胺是神经毒素,操作时必须戴手套。
2. 制胶时,注意不要产生气泡,尽量使凝胶平整。
3. 凝胶聚合后,小心拔出梳子,不要将加样孔撕裂。
4. 加样时,注意切不可损坏胶,避免产生气泡。

九、思考题

聚丙烯酰胺凝胶不能聚合的原因有哪些?如何解决?

(冯乐平 张海谋 闫达中 王文锋)

参 考 文 献

F 奥斯伯,R 布特伦,RE 金斯顿.1998.精编分子生物学.金由辛,包慧中,赵丽云译校.北京:科学出版社
J 萨姆布鲁克,DW 拉塞尔.2002.分子克隆实验指南.北京:科学出版社
参考网站:
www.bioon.com 生物谷
www.biooo.com 中国生物论坛
www.dnalc.org 冷泉港实验室
www.dxy.cn 丁香园
www.ncbi.nlm.nih.gov 美国国立生物信息中心

第四章　综合大实验

实验十八　基因工程综合大实验

一、相关知识链接

α-淀粉酶广泛地应用于淀粉糖浆、低聚糖、啤酒、烘焙食品、面制品等的生产，具有十分广阔的市场前景。

二、实验原理

从 *Bacillus licheniformis* DSM 13 基因组中获得淀粉酶基因 *amy*。将该淀粉酶基因克隆入 pFLAG-CTS 表达载体的 *Hind*III/*Eco*RI 位点，并将其与载体中的大肠杆菌 OmpA 信号肽序列（大肠杆菌外膜蛋白 OmpA 的信号肽可帮助重组酶分泌至大肠杆菌受体菌周质空间和培养基中）进行融合，置于 *tac* 启动子控制下，构成重组质粒 pFLAG-*amy*。重组质粒 pFLAG-*amy* 转化入 *E. coli* Top10 后淀粉酶基因可在 IPTG 诱导下过量表达并分泌到胞外，并通过淀粉平板定性检测。

三、实验目的

通过学习掌握利用 GenBank 数据库查找相关基因的方法以及利用生物组织克隆相关基因，并在一定条件下进行表达的操作。

四、实验方法

（一）从基因文库中找到基因序列

该基因的全序列见 GenBank：CP000002. 3：

LOCUS　CP000002　1539 bp　DNA　linear　BCT 11-MAR-2010

DEFINITION*Bacillus licheniformis* ATCC 14580，complete genome.

VERSION　　CP000002. 3　GI：145902672

gene　　　1. . 1539　/gene = " amyL"

CDS　　　1. . 1539

/translation = " MKQQKRLYARLLPLLFALIFLLPHSAAAAANLKGTLMQYFEWY
MPNDGQHWKRLQNDSAYLAEHGITAVWIPPAYKGTSQADVGYGAYDLYDL
GEFHQKGTVRTKYGTKGELQSAIKSLHSRDINVYGDVVINHKGGADATEDVT
AVEVDPADRNRVISGEHRIKAWTHFHFPGRGSTYSDFKWHWYHFDGTDWDE
SRKLNRIYKFQGKAWDWEVSNENGNYDYLMYADIDYDHPDVAAEIKRWGT
WYANELQLDGFRLDAVKHIKFSFLRDWVNHVREKTGKEMFTVAEYWQNDL
GALENYLNKTNFNHSVFDVPLHYQFHAASTQGGGYDMRKLLNGTVVSKHPL
KAVTFVDNHDTQPGQSLESTVQTWFKPLAYAFILTRESGYPQVFYGDMYGT

KGDSQREIPALKHKIEPILKARKQYAYGAQHDYFDHHDIVGWTREGDSSVAN
SGLAALITDGPGGAKRMYVGRQNAGETWHDITGNRSEPVVINSEGWGEFHV
NGGSVSIYVQR"

ORIGIN

1 atgaaacaac aaaaacggct ttacgcccga ttgctgccgc tgttatttgc gctcatcttc
61 ttgctgcctc attctgcagc agcggcggca aatcttaaag ggacgctgat gcagtatttt
121 gaatggtaca tgcccaatga cggccaacat tggaagcgct tgcaaaacga ctcggcatat
181 ttggctgaac acggtattac tgccgtctgg attcccccgg catataaggg aacgagccaa
241 gcggatgtgg gctacggtgc ttacgacctt tatgatttag gggagtttca tcaaaaaggg
301 acggttcgga caaagtacgg cacaaaagga gagctgcaat ctgcgatcaa aagtcttcat
361 tcccgcgaca ttaacgttta cggggatgtg gtcatcaacc acaaaggcgg cgctgatgcg
421 accgaagatg taaccgcggt tgaagtcgat cccgctgacc gcaaccgcgt aatttcagga
481 gaacaccgaa ttaaagcctg gacacatttt cattttccgg ggcgcggcag cacatacagc
541 gatttaaat ggcattggta ccatttttgac ggaaccgatt gggacgagtc ccgaaagctg
601 aaccgcatct ataagtttca aggaaaggct tgggattggg aagtttccaa tgaaaacggc
661 aactatgatt atttgatgta tgccgacatc gattatgacc atcctgatgt cgcagcagaa
721 attaagagat ggggcacttg gtatgccaat gaactgcaat tggacggttt ccgtcttgat
781 gctgtcaaac acattaaatt ttcttttttg cgggattggg ttaatcatgt cagggaaaaa
841 acggggaagg aaatgtttac ggtagctgaa tattggcaga atgacttggg cgcgctggaa
901 aactatttga acaaaacaaa ttttaatcat tcagtgtttg acgtgccgct tcattatcag
961 ttccatgctg catcgacaca gggaggcggc tatgatatga ggaaattgct gaacggtacg
1021 gtcgtttcca agcatccgtt gaaagcggtt acatttgtcg ataaccatga tacacagccg
1081 gggcaatcgc ttgagtcgac tgtccaaaca tggtttaagc cgcttgctta cgcttttatt
1141 ctcacaaggg aatctggata ccctcaggtt ttctacgggg atatgtacgg gacgaaagga
1201 gactcccagc gcgaaattcc tgccttgaaa cacaaaattg aaccgatctt aaaagcgaga
1261 aaacagtatg cgtacggagc acagcatgat tatttcgacc accatgacat tgtcggctgg
1321 acaagggaag gcgacagctc ggttgcaaat tcaggtttgg cggcattaat aacagacgga
1381 cccggtgggg caaagcgaat gtatgtcggc cggcaaaacg ccggtgagac atggcatgac
1441 attaccggaa accgttcgga gccggttgtc atcaattcgg aaggctgggg agagtttcac
1501 gtaaacggcg ggtcggtttc aatttatgtt caaagatag

（二）PCR 扩增得到淀粉酶基因 *amy* 的引物

pFl-amy forward primer（引入 *Hind*III site）：

（5′-CTg TgC <u>AAG CTT</u> gCA AAT CTT AAA ggg ACg CTg ATg C-3′）

pFl-amy reverse primer（引入 *Eco*RI site）：

（5′-gCACAg<u>GAA TTC</u> TCT TTg AAC ATA AAT TgA AAC CgA CCC-3′）

将 PCR 产物经过 *Hind* Ⅲ +*Eco*R Ⅰ 双酶切后与 pFLAG-CTS 表达载体连接。

经过转化，筛选鉴定得到重组基因工程菌，然后经过诱导表达，通过 SDS-PAGE 分析表达产物。自己拟定实验方案，经过老师审阅同意后实施。

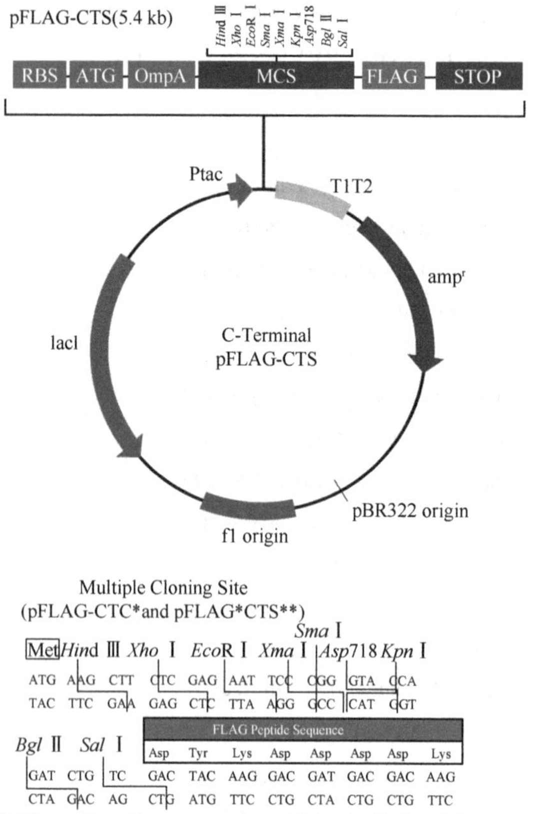

*FLAG peptide coding sequence is out of phase with the ATG start condon at bp=112by+2(pFLAG-CTC only)
(Open reading frame must be phased with ATG and FLAG.)
**For pFLAG-CTS the Met-OmpA coding sequence precedes the MCS. See product insert for pFLAG-CTS MCS.

图 4-1 pFLAG-CTS 表达载体的图谱

五、DNA 重组方法和步骤

1. 载体的制备 从 DH5pFLAG-CTS 中提取质粒作为运载外源基因的载体。并将提取到的质粒进行琼脂糖凝胶电泳，观察质粒大小、构型和纯度。为作下一步的酶切，连接及转化试验，还必须测定 DNA 的纯度和浓度。将提取到的质粒用分光光度计检测 260nm、280nm 波长吸光值，可检测质粒纯度并根据吸光值计算出浓度。

2. 目的基因的制备 根据已知基因序列，设计两条引物，以 pUC18-*amy* 为模板，运用 PCR 方法扩增出目的基因片断。将扩增片断用琼脂糖凝胶电泳检测，PCR 产物经过割胶回收，为下一步酶切准备。

3. 体外 DNA 的重组（酶切与连接） 选择合适的两种限制性内切酶 *Hind*III 和 *Eco*RI，对供体（目的基因）和受体（载体）同时进行酶切，产生相匹配的黏性末端，再利用 T_4DNA 连接酶将基因片段与载体连接起来，在体外构建成重组 DNA 分子。

4. 重组 DNA 分子导入受体细胞 制备大肠杆菌感受态细胞。将重组 DNA 分子转化入感受态细胞 Top10，抗性平板筛选并培养过夜观察。

5. 转化子的筛选 利用氨苄抗性筛选转化子。注意：平板上长出来的克隆，可能是我们所需的重组子，也可能是含有自连质粒的菌落。

6. 重组 DNA 分子的鉴定 利用随机挑选 4 个克隆，接种到 LB+Amp 液体培养基中培养 12~16h，然后提取质粒，酶切鉴定或者菌落 PCR 法鉴定，或者通过 DNA 测序来直接检验。

7. 目的基因产物的检测 将阳性克隆发酵培养，加入诱导物进行诱导表达，用淀粉平板定性检测，然后用 SDS-PAGE 分析目的基因产物的大小与表达量等，若有合适抗体，还可直接用 Western blotting 检测目的基因是否表达。

六、实验小论文

以“×××基因的克隆和表达”为题，写一篇关于来源于真核生物的基因在大肠杆菌中进行表达的实验论文。要求简单介绍欲克隆基因的背景知识，克隆策略及重组 DNA 分子筛选等内容。书写格式请参考《中国科学》杂志上相关文章格式。实验小论文中应包含如下内容：标题，摘要（中英文），关键词，前言，材料，方法，结果，讨论和参考文献等。

（闫达中 王文锋）

参考文献

朱旭芬.2006.基因工程实验指导.北京:高等教育出版社

F 奥斯伯,R 布特伦,RE 金斯顿.1998.精编分子生物学.金由辛,包慧中,赵丽云译校.北京:科学出版社

J 萨姆布鲁克,DW 拉塞尔.2002.分子克隆实验指南.北京:科学出版社

J 萨姆布鲁克,DW 拉塞尔.2008.分子克隆实验指南.北京:科学出版社

参考网站:

www.bioon.com 生物谷

www.biooo.com 中国生物论坛

www.dnalc.org 冷泉港实验室

www.dxy.cn 丁香园

www.ncbi.nlm.nih.gov 美国国立生物信息中心

实验十九 植物基因转化与转基因植株鉴定

一、相关知识链接

应用DNA重组技术构建植物表达载体,通过农杆菌转化双子叶植物是目前比较常用的植物转化方法。利用表达载体上的筛选标记在转化植株培养时进行筛选。同时,目标基因与报告基因β-葡萄糖苷酶基因(*GUS*)基因共同转化,在转化植株通过*GUS*染色,能够鉴定出转基因植株。整个实验过程大约一个月左右可以鉴别出转化苗。

二、实验原理

农杆菌是普遍存在于土壤中的一种革兰氏阴性细菌,它能在自然条件下趋化性地感染大多数双子叶植物的受伤部位,并诱导产生冠瘿瘤或发状根。根癌农杆菌和发根农杆菌中细胞中分别含有Ti质粒和Ri质粒,其上有一段T-DNA,农杆菌通过侵染植物伤口进入细胞后,可将T-DNA插入到植物基因组中。因此,农杆菌是一种天然的植物遗传转化体系。通过基因克隆与重组技术将目的基因插入到经过改造的T-DNA区域,借助农杆菌的感染实现外源基因向植物细胞的转移与整合,然后通过细胞和组织培养技术,再生出转基因植株(图4-2)。

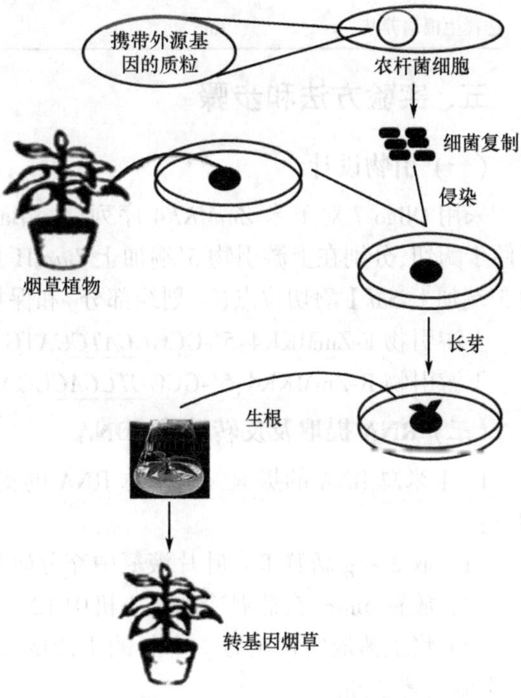

图4-2 外源基因转化流程图

三、实验目的

学习和掌握从基因分离克隆到植株转化及转基因植株的筛选整个实验体系。综合利用前面的单个实验环节所掌握的知识,获得完整的实验理念,并在实验过程中学会设计、构建适合的载体并将外源基因转化植株。

四、实验材料和配方

（一）实验仪器

PCR 仪，凝胶成像系统，台式高速离心机，台式高速冷冻离心机，DU 640 紫外分光光度计，UV-2450 分光光度计，精密 pH 计，微量移液器，控温摇床，电子天平，制冰机，-80℃超低温冰箱，电热恒温水浴锅，自动电热压力蒸汽灭菌器，超净工作台，光照培养箱等。

（二）试剂及配方

Trizol 试剂，RevertAid™ First Strand cDNA Synthesis Kit，DNase Ⅰ，2×PCR Master Mix，FastDigest 限制性内切酶，T4 DNA Ligase，PrimeSTARTM HS DNA Polymerase 高保真酶，pEASY-Blunt C，质粒提取试剂盒（E. Z. N. A. Gel Extraction Kit），凝胶回收试剂盒（E. Z. N. A. Plasmid Mini Kit Ⅰ），DNA 提取试剂盒，Kanamycin（Kan），Ampicillin（Amp），Carbenicillin（Cb），电泳缓冲液，LB 培养基、YEB 培养基，烟草培养基见表 4-1。

表 4-1 烟草培养基表 （单位：mg/L）

培养基类型	基本培养基	6-BA	IAA	Kan	Cb
种子萌发培养基	MS	-	-	-	-
分化培养基	MS	3	0.1	-	-
生根培养基	MS	-	0.5	-	-
选择分化培养基	MS	3	0.1	50	400
选择生根培养基	MS	-	0.5	100	400

五、实验方法和步骤

（一）引物设计

采用 Oligo 7 对玉米 *ZmMKK*4 序列（GenBank 序列号：GU942956.1）进行引物设计。为了便于酶切，分别在上游引物 5′端加上 *Bam*H Ⅰ 酶切位点（下划线部分）保护碱基，下游引物 5′端加上 *Sal* Ⅰ 酶切位点（下划线部分）和保护碱基，得到如下序列：

上游引物 F-ZmMKK4：5′-GCG<u>*GGATCC*</u>ATGAGGCCGGGCGGGCC-3′

下游引物 R-ZmMKK4：5′-GCG<u>*GTCGAC*</u>GGATTTCGGCGAGCCATCATGAC-3′

（二）RNA 提取及反转录成 cDNA

1. 玉米总 RNA 的提取　玉米总 RNA 的提取采用 Trizol（Invitrogen）试剂法，具体操作如下：

（1）取 2～5g 新鲜玉米叶片液氮中充分研磨后加入到 1ml 的 Trizol 中，振荡 5～10min。

（2）放置 5min，在低温冷冻离心机中 12 000*g*，4℃离心 10min。

（3）将上清液转移至另一个新的干净的 2ml 离心管中，加入 200μl 氯仿，轻轻摇动均匀，常温放置 5min。

（4）4℃，<12 000*g* 离心 15min。

（5）小心地将上层水相转移至新的离心管后，加入 0.5ml 异丙醇，轻轻混匀后常温放置 10min。4℃，<12 000*g* 离心 10min。

(6) 去掉上清液,用 75% 乙醇(无水乙醇:DEPC 水 = 3:1)洗涤。4℃,<7500*g* 离心 5min。

(7) 去掉上清液,并在干燥空气中晾干(约 5~10min)。

(8) 按沉淀量加入 30~50μl 的 RNase-free 水,55~60℃处理 10min 溶解。

(9) 分光光度计测定提取总 RNA 光密度值,冰上保存进行后续实验或-80℃保存。

2. cDNA 合成

(1) 在冰浴的无菌离心管中配制下列混合物

1~5μg RNA

1μl Oligo(dT)15 或 Random primer,

补 RNase-free dd H_2O 至 12.4μl;

(2) 进行变性退火反应

70℃,5min,

短时离心后冰浴 5min;

(3) 在上述离心管中配制反转录反应液

4μl	5×first-strand buffer
1μl	dNTPs(10mmol/L)
0.6μl	RNase 抑制剂
1μl	M-MLV;

(4) 按下列条件进行反转录反应 42℃,60min(随机引物为 37℃,60min);

(5) 终止反应 70℃,5min 终止反应,置冰上进行后续实验或-20℃保存。

(三) 目标基因 PCR 扩增

采用 PrimeSTARTM HS DNA 聚合酶高保真酶从玉米 cDNA 中扩增 *ZmMKK*4 全长编码序列(GenBank 序列号:NM_001158890.1)。

*ZmMKK*4 扩增引物:F-ZmMKK4,R-ZmMKK4。

25μl 反应体系为:5μl 5×Prime STAR Buffer(含 Mg^{2+}),2μl dNTP Mixture(各 2.5mmol/L),1μl 上游引物(5 μmol/L),1μl 下游引物(5 μmol/L),1μl cDNA,0.25μl Prime STAR™ HS DNA 聚合酶,加 dd H_2O 至 25μl。PCR 扩增程序为

98℃	1~3min
98℃	10s
58℃	15s
72℃	1.5min
72℃	10min,

以上反应共 35 个循环。

(四) PCR 产物凝胶电泳回收

电泳回收采用 E.Z.N.A 胶回收试剂盒(OMEGA)试剂盒,操作按照试剂盒说明书进行。

1. 将 PCR 产物点样于琼脂糖凝胶进行电泳,经电泳分离后,切下含目的片段条带的凝胶,并尽可能少的含有凝胶。

2. 称取空离心管的重量,切下带目的片段的凝胶装在 1.5ml 离心管中并称其重量,求

出凝胶块的重量,近似地确定其体积。一般情况下,凝胶的密度为 1g/ml,于是凝胶的体积与重量的关系可按下面换算:凝胶薄片的重量为 0.2g 则其体积为 0.2ml;加入等倍凝胶体积的 Binding Buffer。

3. 50~60℃水浴加热约 10min 至凝胶全部融化,(每隔 2~3min 轻轻颠倒离心管以混匀,以加速凝胶溶解),呈淡黄色透明液体。

4. 等凝胶完全溶解,转移 700μl 的 DNA-琼脂糖溶液到一个 HiBind™ DNA 柱子,并把柱子装在一个干净的 2ml 收集管内,室温下 10 000*g* 离心 1min,弃去液体。

5. 将柱子重新套回收集管中,加 300μl Binding Buffer 至 HiBind DNA 柱子中;室温下 10 000*g* 离心 1min,去弃滤出液;这一步相当关键,勿忽略此步。

6. 将柱子重新套回收集管中,加入 700μl SPW Wash buffer 至 HiBind DNA 柱子中,室温下,10 000*g* 离心 1min,去弃滤出液。

注:SPW Wash buffer 在使用前必须按瓶子标签要求用无水乙醇进行稀释。

7. 将柱子重新套回收集管中,重复加入 700μl SPW Wash buffer 至 HiBind DNA 柱子中,室温下 10 000*g* 离心 1min,去弃滤出液;

8. 弃去液体,将空柱子重新套回收集管中,10 000*g* 离心 1min 以甩干柱基质残余的液体。

注:这步可以去除柱子基质上残余的乙醇,不要省略此步——对保持 DNA 得率十分重要。

9. 把柱子装在一个干净的 1.5ml 离心管上,加入 30~50μl 洗脱液或灭菌水上柱子膜上,10 000*g* 离心 1min,离心管中的溶液就是纯化的 DNA 产物,将产物 DNA 保存于 -20℃。

(五) 目标片段与克隆载体的连接反应

目的片段回收后,连接到 pEASY-Blunt Cloning Vector(北京全式金生物技术有限公司)。连接操作按照载体配套操作说明书进行。

连接反应体系:PCR 产物 0.5~4μl,pEASY-Blunt Cloning Vector 1μl,轻轻混合,室温(20~37℃)反应 5min。反应结束后,将离心管置于冰上。反应结束后,连接产物转化感受态细胞。

(六) 连接产物转化感受态细胞

1. 加连接产物于 50μl Trans1-T1(载体配套感受态),在感受态细胞刚刚解冻时加入连接产物,轻弹混匀,冰浴 20~30min。

2. 42℃热激 30s,立即置于冰上 2min。

3. 加 1ml 常温 LB 液体培养基,150g,37℃孵育 1h。

4. 室温,3000*g* 离心 5min,去掉 900μl 上清液,将沉淀重新悬浮,均匀地涂布于 LB 固体抗性培养基上,倒置于 37℃培养箱培养过夜。

(七) 阳性转化子的鉴定

1. 阳性转化子的快速筛选　做菌落 PCR,用无菌牙签在 37℃培养过夜的平板上长出的单菌落表面沾取少量菌体接种到 PCR 反应体系中,PCR 体系及引物参见步骤"(三)目标基因 PCR 扩增"。扩增产物经凝胶电泳分析。如含有目的片段的单菌落则鉴定为阳性菌落。

2. 阳性质粒的提取 经PCR快速筛选鉴定为阳性的单菌落接入含卡那霉素的LB液体培养基中,37℃过夜培养。

质粒提取采用质粒提取试剂盒(E. Z. N. A. ® Plasmid Mini Kit I)提取,提取方法采用试剂盒说明书。具体步骤为:

(1) 用干净的1.5ml的离心管收集过夜培养的菌液,室温下10 000*g*离心1min,视菌液浓度可多次收集到足够细胞。弃去上清液。

(2) 加入250μl的溶液Ⅰ(见实验六),用振荡器振荡混匀。

(3) 加入250μl的溶液Ⅱ(见实验六),轻柔旋转离心管混匀。室温放置2~3min。

(4) 加入350μl的溶液Ⅲ(见实验六),立即上下颠倒离心管混匀。

(5) 室温下,13 000*g*离心10min。

(6) 用移液枪小心地将上清液吸入到HiBind DNA Mini Column回收柱中。室温放置1min。

(7) 室温下,13 000*g*离心1min。弃去收集管中的液体。

(8) 加入HB Buffer到HiBind DNA Mini Column回收柱中,室温下,13,000*g*离心30~60s。弃去收集管中的液体。

(9) 加入700μl的DNA洗脱缓冲液(Wash Buffer),室温下,13 000*g*离心30~60s。弃去收集管中的液体。

(10) 重复(9)步骤一次。

(11) 空HiBind Mini Column在13 000*g*离心2min。

(12) 将HiBind Mini Column放入到一个干净的1.5ml的离心管中,加入30~100μl的Elution Buffer到柱子中心,放置1~2min,13 000*g*离心1min。获得的质粒保存在-20℃冰箱中保存。

(八) 质粒验证

提取的质粒通过酶切和测序验证,确保扩增片段的正确性。

酶切验证体系:按下表加入各物质,37℃,30min。酶切条带为目标条带的质粒选取1~3个送上海生物工程研究所进行测序。经测序验证的质粒保存pEASY-ZmMKK4。

10×FistDigest Green Buffer	1.0μl
*Bam*H Ⅰ	0.5μl
Sal Ⅰ	0.5μl
Plasmid(阳性转化子)	3.0μl
ddH_2O 至	10μl

经酶切和测序验证后,得到中间载体pEASY-ZmMKK4。

(九) 中间载体pDH51-ZmMKK4的构建

将目的片段连接到中间载体pDH51,目的是在目的片段加上启动子和终止子。采用*Bam*H Ⅰ和*Sal* Ⅰ内切酶分别酶切pDH51(Pietrzak et al.,1986)和pEASY-ZmMKK4,酶切体系如下,酶切经凝胶电泳后分别回收大、小片段,进行连接。

酶切体系:

10×FirstDigest Green Buffer	5.0μl
*Bam*H Ⅰ	2.5μl

Sal Ⅰ　　2.5μl

Plasmid(pDH51 或 pEASY-ZmMKK4)　　15.0μl

ddH_2O 至　　50.0μl

连接体系：

10×T4DNA ligase Buffer　　2.0μl

T4DNA ligase　　1.0μl

酶切产物回收大片段　　5.0μl

酶切产物回收小片段　　10.0μl

H_2O 至　　20.0μl

注：连接片段摩尔比应该在 1∶2~6 之间(载体∶片段；片段要多)

4℃过夜连接，连接产物经转化，涂板与氨苄霉素筛选培养基平板，经菌落 PCR 鉴定阳性转化子。

(十) 表达载体 pCAMBIA1301-ZmMKK4 的构建

采用 *Eco*R Ⅰ内切酶分别酶切 pDH51-ZmMKK4 和 pCAMBIA1301，酶切体系如下，酶切经凝胶电泳后分别回收大、小片段，进行连接。

酶切体系：

10×FistDigest Green Buffer　　5.0μl

*Eco*R Ⅰ　　2.5μl

Plasmid(pDH51-ZmMKK4 或 pCAMBIA1301)　　15.0μl

ddH_2O 至　　50.0μl

连接体系：

10×T4DNA ligase Buffer　　2.0μl

T4DNA ligase　　1.0μl

酶切产物回收大片段　　5.0μl

酶切产物回收小片段　　12.0μl

ddH_2O 至　　20.0μl

注：连接片段摩尔比应该在 1∶2~1∶6 之间(载体∶片段；片段要多)，如果不足 20μl，可加入 ddH_2O 补至 20μl。

连接产物经菌落 PCR 鉴定为阳性克隆子。

(十一) 表达载体 pCAMBIA1301-ZmMKK4 转化农杆菌

1. 农杆菌感受态细胞的制备

(1) 取保存-80℃的农杆菌划线于 YEB 固体培养基平板上，28℃暗培养 2 天，长出单菌落。

(2) 挑单菌落于 2ml YEP 液体培养基(含 Rif 20mg/ml)中 28℃过夜活化。

(3) 取 2ml 过夜菌液接种于 50ml YEP 液体培养基中 28℃生长至 OD_{600} 约等于 0.5 左右(约 4h)。

(4) 4℃，5000*g* 离心 5min。

(5) 加入 10ml 0.15mol/L $CaCl_2$ 中悬浮细胞。

(6) 4℃，5000*g* 离心 5min，加入 20ml 冰预冷的 $CaCl_2$ 悬浮细胞。

(7) 农杆菌悬浮液加甘油使其浓度为 20%,分装于无菌 Eppendorf 管中,每管 200μl 冻存于-80℃备用。

2. 表达载体转化农杆菌感受态细胞

(1) 用移液枪将 8μl pCombia1301-ZmMKK4 质粒 DNA 加入到 200μl 农杆菌感受态细胞并轻轻混匀,冰上放置 30min。

(2) 将混匀质粒和农杆菌的 Eppendorf 管置入液氮速冻 5min 后,立即移入到 37℃水浴,5min。

(3) 冰上 1~2min 后加入 800μl YEB 液体培养基,置于 28℃ 4h。

(4) 室温 4000*g* 离心后,吸去上清液,留约 50μl 混匀,吸取 50μl 菌液涂 YEB 固体培养基平板(附加含卡那霉素 50mg/L),倒置于 28℃培养箱培养 2 天。

(5) 长出的单菌落采用 PCR、质粒酶切验证为阳性转化子。

(十二) 烟草遗传转化

1. 无菌苗的获得　烟草种子用 75% 乙醇表面消毒 30sec,无菌水洗 3 次;再用 10% H_2O_2溶液表面消毒 10~15min,无菌水洗 5 次;将种子移入种子萌发培养基上,置于 25℃光照培养箱培养,直至长成幼苗。

2. 农杆菌准备　将保存的阳性转化子的农杆菌挑菌接种于 20ml 附加 50mg/L 卡那霉素、50mg/L 利福平的 YEB 液体培养基中,28℃,250g,暗培养 24~48h。取培养好的农杆菌 1ml 再次培养 4~6h,至 OD_{600}=0.4~0.6。在冷冻离心机上采用 4℃,1000*g* 离心 15min,去上清,加入 20ml MS 液体培养基重悬,用于侵染。

3. 侵染及共培养　取烟草无菌幼苗,切取叶片(去主叶脉及边缘)为大小约 2cm^{2}的外植体置于准备好的农杆菌侵染液中,30g,10~15min;移出外植体,滤纸吸掉多余菌液,重新置于 MS 固体培养基中,25℃,避光培养 2 天。

4. 抗性苗筛选　将培养 2 天的外植体转移到选择分化培养基中(MS+6 BA3mg/L(以下同)+$IAA_{0.05}$+Kan_{50}+Cb_{400}),每天光照 18h,黑暗 6h,25℃,60% 湿度;每两周更换一次培养基,直至分化出芽。

5. 生根培养　待芽生长 3~5cm 左右,将其切下移到选择生根培养基(MS+$IAA_{0.5}$+Kan_{100}+Cb_{400})中,2 周~3 周生根后移栽至温室。

(十三) 转基因烟草植株的鉴定

1. PCR 筛选转基因烟草植株　为了检测目标片段是否整合进植物基因组 DNA,提取转基因植物和野生植物基因组 DNA,以 ZmMKK4 序列引物进行 PCR 检测,PCR 产物经 1.2% 琼脂糖凝胶电泳分析。

2. GUS 染色鉴定　分别取抗性筛选过的转基因植株不同组织作为材料,用 GUS 底物进行染色,染色方法如下:

(1) 选取植物不同组织,用 100mmol/L 磷酸缓冲液冲洗 3 次。

(2) 用 GUS 染色缓冲液浸没植物材料,37℃,黑暗条件下反应 12~24h。

(3) 加入 1mL 无水乙醇脱色,期间更换几次无水乙醇,直至材料失去绿色。

(4) 植物呈现蓝色的为转化植株(图 4-3)。

六、影响植物转化的因素

1. 不同属性农杆菌对转化的影响　农杆菌依其代谢冠瘿碱的种类可分为章鱼碱型

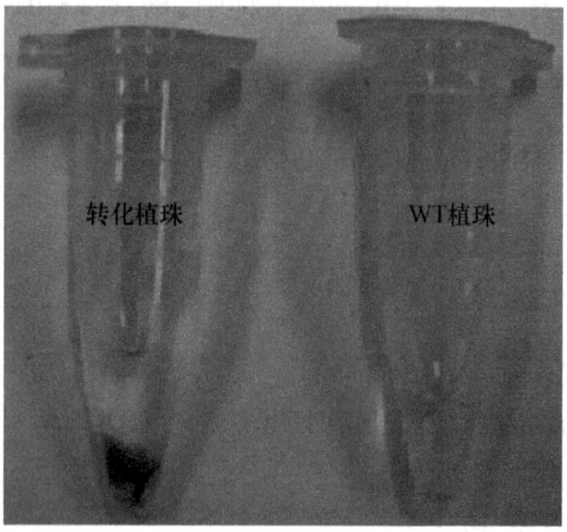

图 4-3 转基因植株 GUS 染色效果图

(octopine)、胭脂碱型(nopaline)、农杆碱型(agropine)和琥珀型(succinamopine)等,不同的菌种会影响基因转化的效果。

2. 植物基因型及外植体对转化的影响 大多数农杆菌能侵染多种植物,但其侵染性因植物种类而不同,有的甚至局限于某种植物的某种基因型。在莴苣、拟南芥、马铃薯的转化中,基因型的差异表现比菌种的差异大。来源于植物的不同外植体及同一外植体的不同发育阶段对农杆菌的侵染具有不同的敏感性。总的说来,分生组织及伴有活跃细胞分裂的外植体对农杆菌的侵染最为敏感。幼叶、幼胚、茎尖顶端分生组织、小孢子、愈伤组织、悬浮细胞培养物等均可作为外植体。一般认为,幼嫩的外植体比老的外植体好。

3. 共培养方式 农杆菌转化的共培养介质可以是细菌培养基或植物受体培养基。烟草等对农杆菌侵染比较敏感的植物的共培养时间一般较短,一般不超过 48h。许多单子叶植物等不敏感植物受体与农杆菌共培养时间一般较长,用细菌培养介质容易造成农杆菌过度繁殖,导致植物外植体呼吸作用抑制和细菌分泌物毒害,因此多采用液体或固体植物培养基作为共培养介质。

4. 侵染浓度和时间 农杆菌适宜的侵染浓度和时间因外植体对侵染的敏感性不同而有很大差异。浓度过高、时间过长会引起农杆菌细胞间的竞争性抑制,而且过度增殖会抑制受体细胞的呼吸作用;浓度过底、时间过短则造成受体细胞表面农杆菌附着不足。禾谷类作物一般侵染浓度较高,如水稻的最佳接种浓度为 $OD_{600}=0.8\sim1.0$,玉米幼胚采用的侵染浓度为 $OD_{600}=2.0$;但烟草、大白菜等对侵染敏感的双子叶植物要求菌体浓度要低得多,一般为 $OD_{600}=0.5$。

5. 接种方式 比较常用的接种方式是将外植体置于侵染液中浸泡,时间长短视菌种和外植体种类而异。有的研究者在浸泡的基础上结合了振荡进行接种,振荡培养能打破细胞表面的气泡,使农杆菌与外植体的接触面增大,有利于农杆菌侵染。近年来,在提高遗传转化效率方面发展了一些新技术,如超声波辅助农杆菌介导法、负压与农杆菌介导结合法以及基因枪与农杆菌介导结合法等,均可增强农杆菌浸染,提高转化效率。

(王小敏)

参考文献

Pietrzak M, Shillito RD, Hohn T, et al. 1986. Expression in plants of two bacterial antibiotic resistance genes after protoplast transformation with a new plant expression vector. Nucleic acids research, 14:5857~5868

参考网站:

www.bioon.com 生物谷

www.biooo.com 中国生物论坛

www.dnalc.org 冷泉港实验室

www.dxy.cn 丁香园

www.ncbi.nlm.nih.gov 美国国立生物信息中心

第五章　基因工程相关的其他实验方法

实验二十　限制性片段长度多态性(RFLP)分析

一、相关知识链接

基因多态性(gene polymorphism)是指在物种处于随机婚配的群体中,同一基因位点可能存在2种或2种以上的基因型。在人群中,个体间基因的核苷酸序列存在着差异性称为基因多态性。这种基因多态性又可分为两类,即DNA位点多态性(site polymorphism)和长度多态性(length polymorphism)。DNA的位点多态性是指:由于不同个体之间等位基因之间在某个特定的位点上DNA序列所存在的差异,即基因组中散在的碱基出现变异,这种突变可能是点突变(转换和颠换),也可能是单个碱基的置换、缺失和插入等。突变是基因多态性的一种特殊形式,单个碱基的置换又称为单核苷酸多态性(single nucleotide polymorphism,SNP),SNP通常是一种二等位基因(biallelic)或二态的变异。据估计,单碱基变异的频率在2/1000~1/1000。SNP在基因组中数量巨大,分布密度较大,易于自动化和批量化检测,因此被认为是新一代的遗传标记。DNA片段长度多态性(DNA fragment length polymorphism)包括两种类型:一种是可变数目串联重复序列(variable number of tandem repeats,VNTRS),即在DNA中,由于相同的重复顺序重复次数不同所导致的差异,这一现象决定了小卫星DNA(minisatellite DNA)的长度多态性。小卫星通常由15~65bp的基本单位串联而成,一般总长通常不超过20bp,小卫星DNA的重复次数在人群存在高度变异性。另一种DNA长度多态性是基因中由于某一小片段的缺失或插入而引起的,如微卫星DNA(microsatellite DNA),这些微卫星DNA片段由多个相同的核苷酸重复序列串联而形成,它们的基本序列通常只有1~8bp,如(TA)*n*及(CGG)*n*等,一般情况下,微卫星DNA片段的重复排列次数可达10~60次。基因的多态性显示了遗传背景的高度多样性和复杂性。珍重多样性的存在可能是物种在进化过程中抵御不良环境因素的一种适应性表现,对维持种群的生存与延续具有重要的生物学意义。应用DNA限制性内切酶来切割这些DNA的长度多态性,在基因定位、DNA指纹分析,遗传病的分析和诊断中具有重要意义。通过基因多态性的研究,对于基因组作图和基因定位研究、基于图谱克隆基因、物种亲缘关系和系统分类,以及疾病诊断和遗传病连锁分析等具有重要意义。不仅为临床医学,也为预防医学的发展带来新的领域。基因多态性的检测方法包括:①限制性片段长度多态性(restriction fragment length polymorphism,RFLP);②单链构象多态性(SSCP);③PCR-ASO探针法(PCR-allele specific oligonucleotide,ASO);④PCR-SSO法;⑤PCR-SSP法;⑥PCR-荧光法;⑦PCR-DNA测序;⑧PCR指纹图法(PCR-fingerprints);⑨基因芯片法,又称为DNA微探针阵列(Micro array)。

二、实验原理

DNA限制性内切酶具有识别特定的DNA序列并在特定的部位切断DNA双链的活性作用,DNA分子由于突变(核苷酸的置换、插入或缺失)改变(或形成)了限制性内切酶的识别序列,使DNA限制性内切酶可以(或不可以)将靶DNA片段切断,电泳检测时,存在相应DNA限制性内切酶识别序列者原DNA片段变成短片段;不存在相应DNA限制性内切酶识别序列者原DNA片段长度将不发生变化。

三、实验目的

本实验应用RFLP分析技术检测NMDA受体中的GRIN2A亚基基因3号内含子中的2个SNP位点rs17750303(A→C)和rs837690(A→G)。通过PCR-RFLP分析操作,学习将PCR技术、RFLP分析与电泳联合应用方法,学习将待测的靶DNA片段进行复制扩增,再应用DNA限制性内切酶对扩增产物进行酶切,最后经电泳分析靶DNA片段是否被切割分型。为进一步阐明人体对疾病、毒物的易感性与耐受性,疾病临床表现的多样性(clinical phenotype diversity),以及对药物治疗的反应性等方法奠定基础。

四、实验材料和配方

(一)实验器材与设备

PCR扩增仪,电泳仪,电泳槽,微波炉,恒温箱或恒温水浴等。

(二)试剂与配方

限制性内切酶BstN I,模板DNA,Taq聚合酶,PCR引物(上游引物:5′-CTAAGCCTTCCCTTTATCACC-3′;下游引物:5′-TTCACAGTCGTGCTTGTTTCT-3′),丙烯酰胺,酶消化缓冲液,电极缓冲液,上样缓冲液等。

五、实验方法和步骤

1. PCR扩增

(1) PCR反应体系:含模板2μl(约50ng),引物各1.6μl,dNTP 1.6μl(0.4mmol/L),10×Buffer 2μl,Taq酶0.5U,加双蒸水至总体积20.0μl;

(2) PCR反应条件:95℃ 2min,94℃ 30s,64℃ 30s,72℃ 30s(5个循环),94℃ 30s,63℃ 30s,72℃ 30s(5个循环),94℃ 30s,60℃ 30s,72℃ 25s(23个循环),94℃ 30s,60℃ 30s,72℃ 1min。

2. PCR扩增产物的检测　取PCR扩增产物2μl,以1%的琼脂糖凝胶电泳,检测靶DNA片段的扩增产物。

3. 酶消化反应　取PCR产物约2.0μl,加限制性内切酶BstN I1U,10×酶消化Buffer 1.0μl,蒸馏水补至10.0μl置试验管中。37℃温箱中孵育4h。

4. 酶切产物电泳分型　6%聚丙烯酰胺凝胶电泳(凝胶规格为82mm×64mm×0.75mm)。电泳缓冲液为1×TBE。将加有1/5体积上样Buffer的酶切产物电泳,220V电压,电泳2~3h。

5. 银染显色　将凝胶剥离至染色盘中,用10%冰醋酸固定30min,去除固定液,用蒸馏水冲洗凝胶3次(2min以内)。将0.1%硝酸银溶液200ml倒入染色盘中,染色30min,倒掉染色液,蒸馏水快速冲洗凝胶1次(20s以内)。

显色液配制200ml(3% Na_2CO_3,含0.05%甲醛,2‰ $Na_2S_2O_3$)倒入染色盘中,不断震荡,直至谱带显示清晰。用固定液终止显色。蒸馏水洗涤一次,贴于滤纸上晾干保存。

六、结果与讨论

本实验 PCR 产物长度为 379bp，rs17750303 位点位于 140bp 处，为 A/C 突变。rs837690 位点位于 175bp 处，为 AG 突变。两个位点均为 BstN I 酶识别部位，酶切后可以产生 1～4（6 种）个 DNA 片断，根据酶切片段数量与长度可出现 10 种谱型，根据酶切片段数量与长度确定 rs17750303—rs837690 位点基因型组合。

七、注意事项

1. 靶片段的扩增产物要纯，如有非特异产物（特别是大片段可能含有酶识别序列）将竞争酶活性，使样品消化不完全或及出现酶消化杂带。

2. 酶消化过程要充分（即底物与酶的比例要合适，消化时间要保证），避免假阴性结果。

3. 酶切阳性结果可以确定所检测具体序列，阴性结果仅可说明非酶识别序列，但不能准确判定具体序列。

4. 酶识别序列如有甲基化的核苷酸存在，DNA 将不被限制性内切酶所切割。

（张海谋　冯乐平　乔　伟）

参 考 文 献

Hommez GMG，Verhelst R，Vaneechoutte M，et al. 2008. Terminal restriction fragment length polymorphism analysis of the microflora in necrotic teeth of patients irradiated in the head and neck region. Journal of Endodontics，34（9）：1048～1051

Lillis L，Doyle E，Clipson N. 2009. Comparison of DNA- and RNA-based bacterial community structures in soil exposed to 2，4-dichlorophenol. Journal of Applied Microbiology，107（6）：1883～1893

Liu XY，Shen J，Wang TT，et al. 2009. He application of T-RFLP in analyzing Clostridium leptum group in human gut microbiota. Chinese Journal of Microecology，21（8）：696～700

Marsh TL. 1999. Terminal restriction fragment length polymorphism（TRFP）：an emerging method for characterizing diversity among homologous populations of amplicons. Current Opinion in Microbiology，2（3）：323～327

Poly F，Monrozier LJ，Bally R. 2001. Improvement in the RFLP procedure for studying the diversity of nifH genes in communities of nitrogen fixers in soil. Research in Microbiology，152：95～103

参考网站：

www.bioon.com 生物谷

www.biooo.com 中国生物论坛

www.dnalc.org 冷泉港实验室

www.dxy.cn 丁香园

www.ncbi.nlm.nih.gov 美国国立生物信息中心

实验二十一　免疫印迹法（Western blot）检测蛋白表达

一、相关知识链接

蛋白质是执行生命功能的基本单位，随着基因组计划的不断完成，未知功能蛋白质测序工作呈现出指数形式的增长。在蛋白质组学研究方兴未艾的今天，蛋白质功能研究越来越受到重视，揭示蛋白质之间的相互作用关系，建立相互作用的网络图谱，已成为蛋白质研究领域中的热点。蛋白质相互作用的研究方法多种多样，各种研究蛋白质相互作用的技术也在不断地改进和发展。当前研究蛋白质相互作用的主要技术方法，包括酵母双杂交技术，GST pull-down 技术，免疫共沉淀技术和串联亲和纯化技术等多种研究方法。此外，还有其他研究蛋白质相互作用的方法，例如生物信息学的分析方法、化学交联技术、蛋白质微阵列等方法。各种分析方法均有其各自的优缺点，故研究者可在具体的实验中根据不同的要求和目的选择适宜的方法。

那么如何选择一种比较好的蛋白质相互作用的研究方法呢？主要应该以下几个方面考虑：①首先是研究方法具有特异性，即可以鉴定特异作用的蛋白质。②尽量避免出现假阳性或假阴性结果。③能够尽量反映出所研究的蛋白质在生理状态下的相互作用。随着计算机技术的不断发展，已有研究者在以上实验方法进行验证的基础上，通过计算机模拟蛋白质相互作用网络，从而发现更多有相互作用的蛋白质。研究蛋白质相互作用方法的不断增多和改进，将为揭示蛋白质功能，探讨生命的奥秘提供强有力的手段。

二、实验原理

免疫印迹法（Western blot）是将蛋白质混合样品经 SDS-PAGE 电泳后，分离为不同条带，其中含有能与特异性抗体结合的待检蛋白质，将 PAGE 胶上的蛋白条带转移到聚偏二氟乙烯[poly（vinylidene difluoride，PVDF）]膜上，此过程称为转印（blotting），以便随后的免疫学检测。Western blot 与 Southern blot 或 Northern blot 的技术相似，是采用聚丙烯酰胺凝胶电泳的方式检测分离蛋白质，只是“探针”换成了特异性的抗体，“显色”反应是用标记好的二抗。

蛋白质样品经过 PAGE 分离，凝胶中蛋白质经电转移以非共价键的形式吸附在 PVDF 膜上，这个过程中分离的蛋白类型和其本身的生物学活性在并不发生改变。以膜上的蛋白质或多肽作为抗原，与对应的特异性抗体发生抗原-抗体反应，再与酶或同位素标记的针对一抗的二抗产生反应，经过底物显色或放射自显影技术即可以检测经过电泳分离的特异蛋白分子。此项技术可以广泛地应用于蛋白水平的表达检测。

三、实验目的

通过 Western blot 方法的学习，掌握细胞表达蛋白的免疫检测技术。

四、实验材料和配方

（一）实验器材与设备

高速低温台式离心机，电泳仪，转膜仪，恒温水浴箱，涡漩振荡器，化学发光成像仪，超声细胞破碎仪，各型号吸头，细胞裂解的器皿，可调式加样器，蛋白定量设备等。

（二）试剂与配方

1. RIPA 缓冲液　50mmol/L Tris-HCl（pH7.4），150mmol/L NaCl，1mmol/L EDTA，1% 聚乙二醇辛基苯基醚（TritonX-100），1% 去氧胆酸钠，0.1% SDS，1mmol/L 苯甲基磺酰氟（PMSF），1μg/ml 牛胰蛋白酶抑制剂（aprotinin），1μg/ml 亮抑蛋白酶肽（leupeptin）。

（配制时需注意：① PMSF 不溶于水，使用之前按 100mmol/L 浓度将 PMSF 溶于酒精，-20℃ 遮光保存；② Aprotinin 10 μg/μl 用 10 mmol/L HEPES-KOH 溶解，调 pH8.0，备用。）

2. 1×SDS 样品缓冲液　62.5mmol/L Tris-HCl(pH6.8,25℃), 2%(g/ml)SDS, 10%甘油,50mmol/L DTT, 0.01%(g/ml)溴酚蓝。

3. 转移缓冲液　25mmol/L Tris 碱、0.2mol/L 甘氨酸、20%甲醇(pH8.3)。

4. 1L 10×Tris-HCl 缓冲盐 (TBS)　24.2g Tris 碱、80g NaCl、用 1mol HCl 调 pH 至 7.6。

5. 脱脂奶粉或 BSA 以及甲醇。

6. TBS+Tween-20 缓冲液(TBST)　1×TBS、0.1% Tween-20;

7. 封闭缓冲液　1×TBS、0.1% Tween-20 加 5%(g/ml)脱脂奶粉或 BSA。

8. 一抗的稀释　1×TBS、0.1% Tween-20 加 5% 牛血清白蛋白(BSA)(用于多抗)或加 5%脱脂奶粉(用于单抗),聚偏二氟乙烯膜(PVDF),蛋白分子量 Marker,相关的抗体:一抗和二抗。

五、实验方法和步骤

1. 样品制备　原始样品可为细胞、组织、培养上清、免疫沉淀或亲和纯化的蛋白,以下为定性检测目的蛋白时细胞样品的处理方法。

(1) 培养细胞弃培养基,用 1×PBS 漂洗细胞 2 次,除尽残留的培养基。

(2) 加入 1×SDS 样品缓冲液(6 孔细胞培养板,100μl/孔或 $75cm^2$ 平皿,500~1000μl/瓶),刮落细胞并转移到微量离心管(Ep)管内。

(3) 超声 10~15sec 以剪切 DNA 降低样品黏性,100℃煮沸样品 5min 后 12 000*g* 离心 5min,取上清。

(4) 用 Bradford 法或其他蛋白质测定方法测定上清中蛋白浓度,之后调整上样体积和上样量[如要定量检测某蛋白的表达水平,应用(10^7 个细胞/ml)RIPA 裂解液裂解细胞,收集裂解液至离心管中,在振荡器上混匀 5min,14 000*g* 离心 15min(4℃)后弃沉淀]。

2. 电泳分离　上样 15~20μl 至 SDS-PAGE 凝胶电泳。依情况而变,一般上样 20~30μg 已足够,如待检蛋白为低丰度蛋白,可加大上样量至 100μg,但电泳条带可能产生拖尾现象,此步骤亦可制备亚细胞组分或采用更敏感的检测方法。注意:蛋白的分离步骤一定要在冰上操作。SDS-PAGE 电泳方法分离蛋白步骤(参照 SDS-PAGE 电泳章节)

3. 蛋白的膜转移　蛋白质常用的转移方法主要有两种:槽式湿转和半干转移。前者操作容易,转移效率高;而后者适用于大胶的蛋白转移,所用缓冲液量较少。

以下为槽式湿转的操作步骤。

(1) 将胶浸于转移缓冲液中平衡 10min。

(2) 依据胶的大小剪取膜和滤纸 6 片,放入转移缓冲液中平衡 10min。如用 PVDF 膜需用纯甲醇浸泡饱和 3~5s。

(3) 装配转移的三明治构造(海绵//3 层滤纸//胶//膜//3 层滤纸//海绵),每层放好后,在液体的帮助下,用试管赶走气泡。

(4) 将转移槽置于冰浴中,放入三明治(黑色面对黑色面),加转移缓冲液,插上电极,100V,1h(电流约为 0.3A)。

(5) 转膜结束后,切断电源,取出杂交膜。

(6) 之后用一定量的 TBS 洗膜 5min,室温摇动。

(7) 置膜于 25ml 封闭缓冲液中 1h,室温摇动,再应用 15ml TBS,洗 3 次,每次 5min。

(8) 加入合适稀释度的一抗,室温孵育 1~2h 或 4℃过夜,缓慢摇动。

(9) 15ml TBS/T 洗 3 次,每次 5min。

(10) 加入合适稀释度的碱性磷酸酶(AP)或辣根过氧化酶(HRP)标记的二抗,室温孵育 1h,缓慢摇动。

(11) 应用一定量的 TBS 洗 3 次,每次 5min。

(12) 蛋白检测(显色法或发光法,按相应试剂说明操作)。

六、结果分析与讨论

(略)

七、注意事项

1. 一般来说,BSA 被推荐用于多克隆抗体,脱脂奶粉用于单克隆抗体,这样可得到较高的信噪比。抗体的稀释度参考抗体说明书或根据实验确定。预染的蛋白质 Marker,可用于监测转膜的效率。

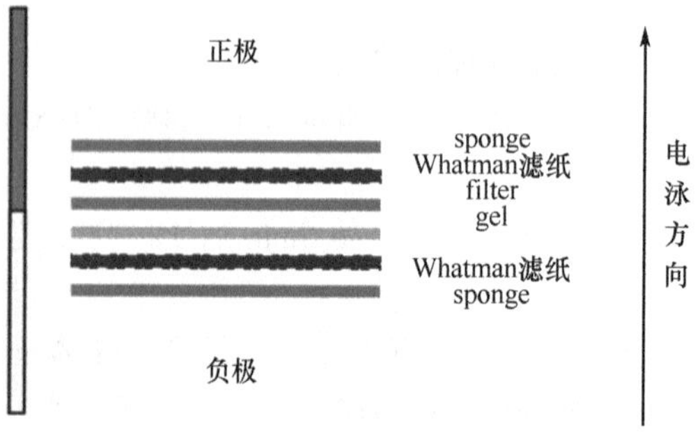

图 5-1 免疫杂交与显色

2. 应注意检查三明治和电极是否装配正确,电源是否接通。

3. PVDF 膜在甲醇中浸泡时间不要超过 5sec。

4. 如检测小于 20kDa 的蛋白应用 0.2μm 的膜,并可省略转移时的平衡步骤。对于大蛋白(大于 100kDa)而言,易在凝胶里形成聚集沉淀,因此;转膜时在电转移缓冲液加入终浓度为 0.1% 的 SDS,以避免出现这种情况,甲醇易使 SDS 从蛋白上脱失,因此应降低电转移缓冲液中甲醇的浓度至 10% 或更低,以防止蛋白沉淀。降低电转移缓冲液中甲醇的比例以促进凝胶的膨胀,易于大蛋白的转出。如果使用硝酸纤维素膜,甲醇是必需的,但如果是 PVDF 膜,甲醇可以不必加入电转移缓冲液中,但转膜前 PVDF 需用甲醇活化。选择湿式,4℃转膜过夜,以取代半干式转膜。对于小蛋白(<100kDa)而言,SDS 妨碍蛋白与膜的结合,特别是对小蛋白更是如此。因此,对于小分子的蛋白,电转移缓冲液中可以不加 SDS。

为防止一抗或(和)二抗与膜的非特异性结合产生的高背景,因此需要进行膜的封闭,传统上有两种封闭液:脱脂奶粉或 BSA,脱脂奶粉成本低但不能用于磷酸化蛋白(因脱脂奶粉含有酪蛋白,该蛋白本身就是一种磷酸化蛋白),使用脱脂奶粉会结合磷酸化抗体从而易产生高背景。

某些抗体用 BSA 封闭时因不明原因可能会产生比脱脂奶粉更强的信号,请仔细阅读说明书注明的注意事项和膜的特殊的封闭方法。

配制 5% 脱脂奶粉或 BSA 溶液:每 100ml TBST 中加入 5g 脱脂奶粉或 BSA,混匀后过滤,如不过滤会导致使膜污染上细微黑颗粒。封闭时,4℃摇动,封闭 1h,再用 TBST 洗 5s,进入下一步抗体的孵育。如果不存在高背景的问题,某些抗体用含低浓度(0.25%~0.5%)脱脂奶粉或 BSA 的封闭液来,稀释,可产生相对更强的信号条带。

附一　蛋白定量方法

蛋白定量方法可以用 Bradford 法、Lowry 法和 BCA 法进行检测，这三种方法均有商品化试剂盒可选择，均有小牛血清白蛋白（BSA）作为标准曲线，且操作简单，但需要分光光度计或酶标仪。如果裂解液中有 NP40 或其他表面活性剂，则推荐使用 BCA 法。三种方法各有所长。

（1）Folin-酚试剂法（Lowry 法）的原理：蛋白质在碱性溶液中肽键与 Cu^{2+} 螯合，形成的蛋白质-铜复合物，可以使还原酚磷钼酸产生蓝色化合物，蓝色深浅与蛋白质浓度呈线性关系。适用于脂类含量较高的样品测定，也能耐受相当浓度的去垢剂如 SDS。

优点：灵敏性较高，检测范围可在 1～1500μg/ml；

缺点：易受硫酸铵、Tris 缓冲液、甘氨酸和各种硫醇的干扰，且操作耗费时间较长，越 40～60min；操作要严格计时；颜色深浅随不同蛋白质而发生变化；标准曲线不是严格的直线形式，且专一性差（具体方法见后面）。

（2）Bradford 法的原理：考马斯亮蓝 G-250 与蛋白质结合呈蓝色，在波长 595nm 吸收峰，在一定的范围内与蛋白质的含量呈线性关系。

优点：灵敏度较高，约 1～5μg/ml，微孔法测定范围为 1～25μg/ml，试管法测定范围为 100～1500μg/ml，操作快速约 5～15min，颜色稳定。

缺点：易受强碱性缓冲液、TritonX-100、SDS 等去污剂的影响，显色深浅随不同蛋白质变化，标准曲线有轻微的非线性（具体方法见后面）。

（3）BCA 法的原理：BCA 法是基于双缩脲原理，碱性条件下蛋白质将 Cu^{2+} 还原成 Cu^{1+}，BCA（Bicinchoninic 酸）螯合 Cu^{1+} 作为显色剂，产生蓝紫色并在 562nm 有吸收峰单价 Cu^{1+} 与蛋白呈剂量相关性。

优点：是操作较快（40min 内即能完成），抗干扰能力强，且不易受一般浓度去污剂的干扰，灵敏度也很高，约在 0.5～20μg/ml 范围内，试管法可测范围 20～2,000μg/ml，微孔法为 0.5～10μg/ml。

缺点：是可受螯合剂及高浓度还原剂的影响（具体方法见后面）。

附二　Western Blot 方法常见问题分析与解决方案

问题	可能形成的原因	进一步验证或解决办法
背景较深或暗	封闭不充分	延长封闭时间，更换合适的封闭剂（脱脂奶粉，BSA，血清等）
	一抗浓度过高	增加一抗稀释倍数
	抗体孵育温度过高	4℃孵育
	二抗非特异性结合或与封闭剂交叉反应	设置二抗对照（不加一抗），降低二抗浓度
	一抗或二抗与封闭剂有交叉反应	在孵育和洗涤液中加入 Tween-20 以减少交叉反应
	洗膜不充分	增加洗涤次数
	膜不合适	NC 膜比 PVDF 膜背景低
	膜干燥	保证充分的反应液，避免出现干膜现象

续表

问题	可能形成的原因	进一步验证或解决办法
没有阳性条带或很弱	一抗、二抗不匹配	订购试剂时认真选取一抗与组织种属,一抗与二抗或/和底物与酶系统之间相匹配的抗体及底物。可通过设置内参可以验证二级检测系统的有效性
	一抗或/和二抗浓度低	增加抗体浓度,延长孵育时间
	封闭剂与一抗或二抗有交叉反应	封闭时使用温和的去污剂,如Tween-20,或更换封闭剂(常用脱脂奶、BSA、血清或明胶)
	一抗不识别目的物种的靶蛋白	检查说明书,设阳性对照
	样本中无靶蛋白或靶蛋白含量过低(抗原无效)	设置阳性对照,若阳性对照有结果,但标本没有则可能是标本中不含靶蛋白或靶蛋白含量太低。后者可增加标本上样量至少每孔20~30μg蛋白,样本制备时使用蛋白酶抑制剂,或分级提取目的蛋白
	转膜不充分,或洗膜过度	使用丽春红S检测转膜效果,PVDF膜需浸透,正确转膜操作,勿过度洗膜
	过度封闭	使用含0.5%脱脂奶或无脱脂奶的抗体稀释液,或更换封闭剂,减少封闭时间
	一抗失效	使用有效期内抗体,分装保存,避免反复冻融取用,工作液现配现用
	二抗受叠氮钠抑制	所用溶液和容器中避免含有叠氮钠(HRP的抑制剂)
	酶和底物失效	直接将酶和底物进行混合,如果不显色则说明酶失活了。选择在有效期内、有活性的酶联物,使用新鲜的底物
	曝光时间过短	延长曝光时间
多非特异性条带或条带位置不对	细胞传代次数过多,使其蛋白表达模式的分化	使用原始或传代少的细胞株,或平行实验
	体内表达的蛋白样本具有多种修饰形式:乙酰化、磷酸化、甲基化、烷基化、糖基化等	查文献,使用去修饰的试剂使蛋白恢复其正确的大小
	蛋白样本降解	使用新鲜制备的标本,并使用蛋白酶抑制剂
	新蛋白或同族蛋白的分享同种表位的不同剪接方式	查其他文献报导,或BLAST搜寻,使用说明书报导的细胞株或组织
	一抗浓度过高	降低抗体浓度,可以减少非特异性条带
	二抗浓度过高产生非特异性结合	降低抗体浓度,增加二抗对照选择特异性更强,只针对重链的二抗
	抗体未纯化	使用单克隆或亲和纯化的抗体,减少非特异条带
	蛋白存在二聚体或多聚体	SDS-PAGE电泳上样前,煮沸10min,以增强蛋白质解聚变性
背景有白色/黑色斑点	转膜时有气泡或抗体分布不均	尽量去除气泡,抗体孵育时保持摇动
	抗体与封闭剂结合	过滤封闭剂
暗片现白条带	一抗或二抗加入过多	稀释抗体的浓度
目的条带过低/过高	SDS-PAGE胶浓度选择不合适	调整胶浓度,分子量大的蛋白用低浓度胶,分子量小的蛋白用高浓度胶
'微笑'条带	迁移过快电泳温度过高	降低电泳速度,低温电泳(冷室)
转膜不充分	膜没有完全均匀湿透	使用100% methanol浸透膜
	靶蛋白分子量小于10 000	选择小孔径的膜,缩短转移时间

续表

问题	可能形成的原因	进一步验证或解决办法
转膜不充分	靶蛋白等电点等于或接近转移缓冲液 pH	可尝试使用其他缓冲液如 CAPS 缓冲液(pH 10.5)或使用低 pH 缓冲液如乙酸缓冲液
	甲醇浓度过高	过高甲醇浓度会导致蛋白质与 SDS 分离,从而沉淀在凝胶中,同时会使凝胶收缩或变硬,从而抑制高分子量蛋白的转移。降低甲醇浓度或者使用乙醇或异丙醇代替
	转移时间不够	对于厚的胶以及高分子量蛋白需要延长转移时间

(冯乐平　张海谋　乔　伟)

参 考 文 献

陈谋通,刘建军.2009.蛋白质相互作用的研究方法.生物技术通报,1:50~54

朱旭芬.2006.基因工程实验指导.北京:高等教育出版社

F 奥斯伯,R 布特伦,RE 金斯顿.1998.精编分子生物学.金由辛,包慧中,赵丽云译校.北京:科学出版社

J 萨姆布鲁克,DW 拉塞尔.2002.分子克隆实验指南.北京:科学出版社

J 萨姆布鲁克,DW 拉塞尔.2008.分子克隆实验指南.北京:科学出版社

参考网站:

www.bioon.com 生物谷

www.biooo.com 中国生物论坛

www.dnalc.org 冷泉港实验室

www.dxy.cn 丁香园

www.ncbi.nlm.nih.gov 美国国立生物信息中心

第二部分　细胞培养技术

第六章　细胞培养的一般操作过程

实验二十二　实验器械、器皿的清洗、包装和消毒

一、相关知识链接

细胞培养技术亦称细胞克隆技术，该操作技术不论对于整个生物工程技术，还是针对生物克隆技术，细胞培养都是一个必不可少的过程，细胞培养本身就是细胞的大规模克隆。细胞培养技术可以由一个细胞经过大量培养成为简单的单细胞或极少分化的多细胞，这是克隆技术必不可少的环节，而且细胞培养本身就是细胞的克隆。通过细胞培养得到大量的细胞或其代谢产物。因为生物产品都是从细胞得来，所以可以说细胞培养技术是生物技术中最核心、最基础的技术。

二、实验原理

在组织培养过程中，离体细胞对任何毒性物质都十分敏感。毒性物质包括解体的微生物及细胞残余物、非营养的化学物质以及附着于瓶壁表面的重金属离子，因此对新采用和重新使用的培养皿等培养用品都要严格清洗和消毒。包装的目的是防止消毒灭菌后再次遭受污染，所以经清洗烤干或晾干的器材，应严格包装后再行消毒灭菌处理。包装材料常用包装纸、牛皮纸、硫酸纸、棉布、铝饭盒、玻璃或金属制吸管筒、纸绳等。包装分为局部包装和全包装两类，前者用于较大瓶皿，一般用硫酸纸和牛皮纸将瓶口包扎好，后者适于较小培养瓶皿、吸管、注射器、金属器械和胶塞等，以下为常用瓶皿、吸管、无菌衣帽等的包装方法，其他物品可参照处理。

三、实验目的

掌握细胞培养所需器械、器皿的清洗、包装和消毒方法。

四、实验材料和配方

（一）器材与设备

1. 仪器：超净工作台，干燥箱，高压锅，烘箱。

2. 玻璃器皿：移液管，离心管，培养瓶，100ml 玻璃瓶，250ml 玻璃瓶，培养皿，大橡皮塞，培养瓶盖，过滤器。

3. 实验器械：眼科剪，眼科镊。

(二) 试剂与配方

75%乙醇,1‰新洁尔灭,高锰酸钾,重铬酸钾,浓硫酸。

五、实验方法

(一) 清洗

1. 玻璃器皿的清洗　一般玻璃器皿清洗的程序包括:浸泡、刷洗、浸酸和冲洗四个步骤。

(1) 浸泡:初次使用和培养用后的玻璃器皿都需先用清水浸泡,以使附着物软化或溶解,培养后的玻璃器皿往往粘有大量蛋白质,干燥后不易刷洗掉,故用后立即浸入清水中,注意让水完全进入瓶皿中,不应留有气泡。

新的玻璃器皿表面常附着灰尘,同时在生产过程中,玻璃表面常呈碱性并带有一些对细胞有毒的物质,如铅和砷等。新平皿使用前应先用自来水简单刷洗,然后用稀盐酸溶液(5%)浸泡过夜,以中和其中的碱性物质。

(2) 刷洗:浸泡后的玻璃器皿一般仍然要用毛刷沾取洗涤剂洗涤,以去除器皿表面附着较牢的杂质。刷洗玻璃器皿易用软毛刷和优质洗涤剂(如高级洗衣粉和洗洁精),绝对不能使用含沙粒的去污粉,要注意刷洗瓶角部位。

(3) 浸酸:重铬酸钾洗液的去污能力很强,是清洗过程中关键的一环。清洁液是由重铬酸钾、浓硫酸和蒸馏水按一定比例配制而成。刷洗不掉的微量杂质经过浓硫酸和重铬酸钾清洁液的强氧化作用后可被除掉,而且对玻璃器皿无腐蚀作用,浸泡时,器皿要充满清洁液,勿留气泡。浸泡时间不应<6h,一般应浸泡过夜。清洁液一般可配制三种强度,具体配方见表 6-1。

表 6-1　酸洗液的配制

组成	重铬酸钾(g)	浓硫酸(ml)	蒸馏水(ml)
弱液	100	100	1000
次强液	120	200	1000
强液	63	1000	200

配制清洁液时,千万要注意安全,须穿戴耐酸手套和围裙。注意保护好面部和身体裸露部分。配制过程中,可先使重铬酸钾溶于水中(有时不能完全溶解,可加热溶解重铬酸钾)。待重铬酸钾溶液冷却后,慢慢加入浓硫酸(工业用酸即可)。注意:只能将浓硫酸缓慢加入水溶液中,若注入过急产热量大,易发生危险,切忌反向操作!以免浓硫酸溅出伤人。配制容器应用陶瓷或耐酸塑料制品。配成后的清洁液呈棕红色,经长时间使用后,因有机溶剂和水分增多可使洗液渐变成绿色,表明已失效,应重新配制。旧清洁液仍有腐蚀作用,严禁乱倒,宜于土中深埋。

(4) 冲洗:刷洗和浸酸后都必须用水充分冲洗,使之不留任何残迹。冲洗宜用洗涤装置,亦可用手工操作,但每瓶都得用水灌满,再倒掉,重复 15 次以上,最后再用蒸馏水各冲洗 2 ~3 次,晾干备用。

2. 橡胶制品的清洗　组织细胞培养中所用橡胶制品主要是橡胶塞、圈以及滴管头等。新购置的橡胶制品带有大量滑石粉,应先用自来水冲洗干净后,再作常规清洗处理。常规处理方法是:每次使用后的橡胶制品都要置入水中浸泡,以便集中处理和避免附着物干涸,然后用2% NaOH液煮沸10~20min,以除去培养中的蛋白质。自来水冲洗后,再用1%稀盐酸浸泡30min,最后用自来水和蒸馏水各冲洗2~3次,晾干备用。

3. 塑料制品的清洗　目前组织细胞培养使用的塑料器皿主要是进口的,是一种经过消毒灭菌密封包装的商品。用时,打开包装即可,细胞培养用塑料制品多是一次性使用物品。有些用过的塑料制品在经过无菌处理后,尚可反复使用2~3次。再次应用时,需要清洗和灭菌处理。塑料器皿质地软,使用后应即刻浸入水中严防附着物干涸,不宜用毛刷刷洗,以防划痕出现,如残留有附着物可用脱脂棉轻轻擦拭,用流水冲洗干净,晾干,再用2% NaOH液浸泡过夜,用自来水充分冲洗,然后用5%盐酸溶液浸泡30min,随后用自来水冲洗干净,再用蒸馏水漂洗5~6次,晾干后备用。

4. 金属器具的清洗　组织细胞培养所用金属器具主要是一些手术刀、剪、镊子和注射针等,这些器具使用后应立即用乙醇溶液擦洗干净,晾干后备用。

(二) 清洗的注意事项和要求

1. 使用后的实验器材应立即投入清水中。

2. 浸泡、煮沸、泡酸的器皿内要充满液体,不应含有气泡。

3. 刷洗、泡酸后的器材要用流水振荡冲洗,不应残留有洗涤剂、清洁液。具体方法是:每瓶灌2/3容积的自来水,振荡后倒掉,重复15~20次(尖形滴管置量杯中冲洗)。

4. 软毛刷的刷端已掉毛的应该弃去,否则会损害玻璃。玻璃划痕处易残留洗涤剂,会改变培养液pH和毒害细胞,所以应该尽量避免。

5. 清洁物品应及时包装消毒,并做标记,应注意妥善保存,防止落入灰尘、蟑螂、蚂蚁等引起二次污染。

6. 使用后的胶塞与玻璃器材同时煮洗时,胶塞要放在煮锅的底部。

7. 浸泡器材的蒸馏水容器要专用,并做好标记,如"蒸馏水Ⅰ盆"、"蒸馏水Ⅱ盆"。

8. 器材清洗干燥后,在以后各步操作中。手指不可接触器材的使用瑞。清洗者可戴一次性薄膜手套进行操作,保证清洗质量。

9. 用超声波仪清洗器材时,清洗要求同上。

(三) 包装

包装的目的是防止器皿器具消毒灭菌后再次遭受污染,所以这些培养用品在消毒处理前要经严格的包装。清洗后的器皿可先放入鼓风干燥箱中烘干(注意:塑料和橡胶制品不能放入干燥箱),或置于通风无尘处自然晾干,包装后再做消毒处理。包装后的器皿应便于消毒和储存。包装材料常用不印字的皱纹纸、牛皮纸、硫酸纸、脱脂棉、棉布和鞋底线等,包装后的培养用品装入铝饭盒或不锈钢饭盒及金属制的消毒筒内,以便于进一步消毒。

1. 局部包装　较大的瓶皿、滤器、消毒筒等只需把瓶口部分用硫酸纸包裹后,再罩以牛皮纸或棉布密包起来用线绳扎紧即可。

2. 全包装　比较小的培养皿、注射器、金属器具和橡胶塞等,可采用全包装,即用牛皮纸全部包起来后装入金属盒或筒,盖好盖子再用牛皮纸包扎起来。用笔写上盒内所装物品的名称、数量、日期等。移液管包装时,要用脱脂棉将接胶头处堵塞,松紧适宜,然后装入筒中,筒底要垫软纸或棉花以防移液管装入时折断管尖。最后将筒口用纸包起用线绳扎紧即可。

（四）器皿器具及环境的消毒

对组织细胞培养实验最危险的是发生（包括细菌、真菌和病毒等）微生物的污染。污染主要是由于操作者的疏忽而引起的，如操作台表面或周围空气不洁、培养器皿、器具和培养液消毒灭菌不彻底或存放过久等。有时一、两件培养物发生污染，可能累及整个实验室。因此组织细胞培养的每个环节都应采取严格的消毒措施，以防止发生污染。消毒灭菌方法因物品材质及环境的不同而异。消毒方法通常可分为三类：物理消毒法、化学消毒法和抗生素抑菌法。

1. 物理消毒法

（1）湿热消毒：即高压蒸汽消毒是最有效的消毒方法之一。实验室一般采用手提式高压灭菌锅消毒，高压蒸汽消毒适合于玻璃器皿、金属器具、橡胶制品、布质类以及耐热的无机离子平衡液等的消毒。其具体方法是先将消毒锅洗净，放入适量的水（水面必须盖过电热管，以防电热管干裂！）。然后将所需消毒的物品放入消毒锅，消毒物品不能装的太满，以保证消毒器内气体的流通，消毒瓶装液体时，橡皮塞与瓶口之间要加一根通气管（如针头），防止瓶内气体受压将瓶塞蹦出。加上消毒锅盖，对称拧紧螺栓防止漏气。在加热升压之前，先要打开排气阀门，排出残留在锅内的冷空气，因此，导气管一定要插到锅底并不能堵塞。关闭排气阀门，继而开始升压，当达到所需的压力时，通过调节火力大小，使压力稳定在所需数值后开始计算时间。灭菌后不要立即打开气阀放气以免水汽喷出，造成不必要的伤害。要让其自然降温降压至0磅，才能打开气阀。消毒过程中，消毒者不能离开岗位，要经常检查压力是否恒定，如有偏离应及时调整。一般消毒锅都装有安全阀门，以不超安全限为好，以免影响消毒物品化学性质和发生其他意外。各种物品有效消毒压力和时间不同。一般要求如下：

培养用液、塑料器皿、橡胶制品，68kPa（115℃）10min；

布类、玻璃器皿、金属器具等，103kPa（121.3℃）15～20min。

（2）干热消毒：实验室一般采用干燥箱进行，适用于玻璃器皿的干燥消毒，由于干热传导慢，因此需要升温到160℃和保持90～120min，才能杀死细菌芽孢，达到消毒目的。消毒后不要立即打开箱门，以防冷空气骤然进入引起玻璃炸裂，及防止消毒用包装纸的自燃，影响消毒效果。

（3）过滤消毒：大多数培养用液，如人工合成培养液、血清、酶溶液等，在高温下会发生变性失去其生物学功能，因此必须采用过滤法除菌。实验室一般采用Zeiss滤器。Zeiss滤器为不锈钢结构，中间可夹一层纤维滤板或滤膜，纤维滤板现已很少使用，多用由纤维素制成的微孔滤膜，质地均匀，有0.60μm、0.45μm和0.22μm等几种规格，常用孔径0.22μm滤膜过滤一般培养用液而除菌。注意：过滤器必须经过湿热消毒，操作过程中，必须将过滤器放在超净工作台上进行，以免发生污染。

（4）紫外线消毒：紫外线直接法很方便，效果好，是实验室常用的消毒法，适用于消毒空气、操作台表面和一些不能使用其他方法进行消毒的培养器具（如少量的塑料培养皿、培养板等）。培养室的紫外线灯通常距地面2.5m，使得每平方厘米有0.06微瓦能量的照射，才能发生有效的消毒作用。消毒时物品要相互分开，避免遮挡紫外线的照射。注意：由于紫外线照射时会产生臭氧以及对细胞、培养液、包括人体都有一定的损伤作用，因此不要一边照射一边操作，以免受到紫外线灼伤。照射30min，即可达到灭菌效果。

（5）熏蒸消毒：当遇到细胞培养出现多次污染，或实验室两个月一次的常规消毒，可用高锰酸钾 5～7. 5g+甲醛(40%),10～15ml,混合后放入一开放容器内,立即可见白色甲醛烟雾,消毒房间需封闭 24h,至少也要在 4h 以上。

(6) 煮沸消毒:其优点是简便迅速,缺点是湿度大,消毒后物品不适于长时间保存,这种方法适宜于临时需要消毒的耐热物品,如金属器具和注射器等在水中煮沸 20～30min,趁热倒去水分即可使用。但金属器具煮沸后宜马上使用,以防器具生锈。

2. 化学消毒法　化学消毒剂,化学消毒法包括新洁尔灭、来苏儿、过氧乙酸和乙醇溶液等。主要适用于那些无法用其他方法消毒的物品,如操作者的皮肤、操作台面及无菌室内的桌椅、墙壁和空气等(可于紫外线配合消毒,互相取长补短)。实验室最常用的化学消毒剂是 0. 1%新洁尔灭和 70%的乙醇,这些消毒剂对皮肤和细胞毒性小,尤其对那些瓶皿开口部位的消毒,效果很好。过氧乙酸是一种新近推出的消毒剂,消毒能力极强,在 0. 5%浓度,10min 即可将芽孢杀灭,可以用作各种物品的表面消毒,使用时需用水稀释后用喷洒和擦拭的方法消毒。

3. 抗生素消毒法　抗生素消毒作用主要是抑制液体内的细菌繁殖,因此适用于细胞培养用液的消毒,延长培养用液的有效期。抗生素种类很多,实验室常用的是青、链霉素混合液也称"双抗"液,其抑菌效果很好。

(冯乐平　乔　伟　张海谋)

参考文献

大星章一,菅野晴夫.1978.人癌细胞培养.北京:科学出版社

冯乐平,蒋就喜,乔伟.2009.医学实验室建设与安全管理.长春:吉林大学出版社

张静波.1995.细胞生物学实用方法与技术.北京:北京医科大学中国协和医科大学联合出版社

张静波.2006.组织和细胞培养技术.北京:人民卫生出版社

Baxter MA, Wynn RF, Jowitt SN, et al.2004.Study of telomere length reveals rapid aging of human marrow stromal cells following in vitro expansion.STEM CELLS, 22:675～682

实验二十三　应用微孔滤膜过滤除菌

一、相关知识链接

生物学的很多实验中均要求无菌操作,应用过滤的方法除去溶液中的细菌和相应的微生物就是一种主要的除菌方法。过滤除菌是通过机械作用滤去液体或气体中的细菌,根据不同的实际需要选用不同的滤器和滤板材料。

过滤的方式包括正压和负压过滤,均是使溶剂和较小颗粒或分子的溶质能通过一定孔径的滤膜,大的颗粒或分子溶质则不能透过,从而使大颗粒或高分子物质脱水、脱盐和浓缩,使细菌、寄生虫截留而达到除菌、集菌、提高检出率的目的。按分离物质的大小,将滤膜过滤技术分为微滤(MF)、超滤(UF)、反渗透(RO)和纳滤(NF)等。

滤膜大部分由高分子材料制成,如纤维素酯、再生纤维素、聚酰胺、聚乙烯醇衍生物、聚丙烯腈、聚丙烯、聚乙烯、聚氯乙烯、丙烯腈/氯乙烯共聚体、聚碳酸酯、聚四氟乙烯、聚偏氟乙烯等。滤膜的孔径单位以微米(μm)表示,孔径规格主要包括 0. 025～5. 0μm 范围不等。滤膜的组件形式主要有:平膜、摺膜、管膜、卷式和中空纤维。按其用途可为亲水性和疏水

性。亲水性的,如醋酸纤维素膜(CAM),适合于水溶液中的微粒和细菌过滤及蛋白电泳等;疏水性的,如聚四氟乙烯膜(PTFE),适合于有机溶剂、酸和碱的过滤。

二、实验原理

微孔滤膜过滤器是由上下二个分别具有入口和出口的塑料连接装置组合而成,入口处可连接注射针筒部分,出口处可连接针头部分,使用时将滤膜平整地组装入两个塑料盖盒之间,之后高压灭菌,用时旋紧盖盒。过滤时将溶液从针筒注入滤器,滤器即可将各种微生物阻留在微孔滤膜上面,从而达到除菌的目的。根据待除菌溶液量的多少,可选用不同大小的滤器。此法除菌的最大优点是可以不破坏溶液中各种物质的化学成分,但由于滤量有限,所以一般只适用于实验室中小量溶液的过滤除菌。

三、实验目的

了解过滤除菌的原理;掌握微孔滤膜过滤除菌的方法。

四、实验材料和配方

(一) 器材与设备

1. 玻璃器皿(无菌)　移液管,离心管,注射器,培养瓶,100ml 玻璃瓶,250ml 玻璃瓶,培养皿,橡皮塞,培养瓶盖,微孔滤膜过滤器,0. 22μm 或 0. 24μm 的滤膜及过滤器。

2. 实验器械　剪刀,镊子。

(二) 试剂与配方

试剂或培养基:平衡盐溶液,RPMI-1640 培养基,胰蛋白酶等。

五、操作步骤

1. 滤膜的组装及灭菌　将微孔滤膜平整地装入清洗干净的干燥塑料滤器中,但不要旋紧以免高压时滤膜破裂,包装、灭菌后待用。

2. 过滤除菌　在无菌条件下,以无菌操作方式将灭菌滤器的入口处连接在装有待滤溶液的注射器针筒部分,将出口处紧紧结合到无菌的试剂瓶或试管瓶口,之后通过注射器将待滤的溶液加压缓缓过滤到无菌容器中,以达到过滤除菌的目的,压滤时,用力不可过猛过快,以免滤膜被挤破不能达到除菌的目的。

3. 无菌检查　取少量过滤除菌的滤液放入细胞培养瓶中(或涂在含营养琼脂的培养皿中),置 37℃温室中培养 24h 后,观察培养瓶中是否发生浑浊或培养皿中是否有菌落生长,以判断滤液是否达到无菌状态。

附:不锈钢圆筒式过滤器的使用方法

(1) 将过滤器(以绍兴卫星医疗设备制造有限公司 YG 系列产品为例,图 6-1)及 0. 22μm 滤膜预先高压灭菌处理。

(2) 在超净工作台或无菌室内将三只长柱脚支撑在滤器下体。如高度不够,将三只短柱脚接上。

(3) 将滤膜挡板放置在滤器下体的硅胶圈上,有众多小孔的面朝下,环圈面朝上;将洗刷好的微孔滤膜放在滤膜挡板的环圈面上。

(4) 将滤器上体的四个小孔对准滤器下体四个螺栓合拢,分别将四只螺帽对称旋紧。为防止漏气,可用扳手或特大号一字螺丝刀将四只螺帽扳紧,使滤器上体、微孔滤膜、滤膜挡板、滤器下体连接处不漏气。

(5) 将出液口处下的保护罩盖旋出取掉,并在出液口下放上适用的器皿。

(6) 将需过滤的液体用漏斗从滤器上口灌入滤器内,然后旋紧封口螺塞。

(7) 将空气压缩机(或其他充气设备如血压计充气球)的压力输出口用气管与过滤器进气口连接,进行充气加压。过滤时的压力选择视滤液稀黏程度及微孔滤膜孔径决定,一般宜在 0.05～0.3MPa,过高会使微孔滤膜冲破,最好≤0.4MPa。

图 6-1 不锈钢圆筒式过滤器

(8) 随着过滤器内液体减少,如压力发生变化,应及时调整压力(空气压缩机如气压能自动控制的,不用调整压力)。封好培养基瓶口,置 4℃贮存。

六、注意事项

过滤器使用前或使用完毕后,需立即清洗洁净、烘干,消毒后用干净纱布包妥存放,严防碰撞。

(张海谋 冯乐平 乔 伟)

参考文献

大星章一,菅野晴夫.1978.人癌细胞培养.北京:科学出版社

冯乐平,蒋就喜,乔伟.2009.医学实验室建设与安全管理.长春:吉林大学出版社

张静波.1995.细胞生物学实用方法与技术.北京:北京医科大学中国协和医科大学联合出版社

张静波.2006.组织和细胞培养技术.北京:人民卫生出版社

Dimarakis I, Levicar N. 2006. Cell culture medium composition and translational adult bone marrow-derived stem cell research. STEM CELLS, 24:1407～1408

参考网站:

www.baidu.com 百度

www.bioon.com 生物谷

实验二十四 细胞培养用液的配制

一、相关知识链接

细胞培养过程中经常会应用到平衡盐溶液,然而常用的两种平衡盐溶液如 Hanks 平衡盐溶液(HBS)和 Earles 平衡盐溶液(EBS)。HBS 和 EBS 的主要差别在于碳酸氢钠的含量,碳酸氢钠的含量在 Earles(2.2g/L)中比在 Hanks(0.35g/L)中高。碳酸氢钠需用高水平的 CO_2 平衡,以维持溶液的 pH。Earles 液在空气 CO_2 含量中,溶液易变碱性,Hanks 液在 CO_2 培养箱中易变酸性。若在 CO_2 培养箱中保存组织,则最好用 Earles 液。但如果仅是清洗将要在细胞培养基中储存的组织,最好使用 Hanks 液。

二、实验目的

熟练掌握各种细胞培养用液的配制方法。

三、实验材料和配方

(一) 器材与设备

微量移液器(1000μl、100μl),加样枪头(1000μl、100μl),1.5ml 加样离心管,100ml 量筒,1000ml 量筒,100ml 烧杯,1000ml 烧杯。

(二) 试剂与配方

RPMI-1640 培养基,DMEM,$NaHCO_3$,胰蛋白酶液,D-Hanks 液,小牛血清,双蒸水,三蒸水等。

四、实验方法

(一) D-Hanks 液配制

1. D-Hanks 原液

NaCl	8.0g
$Na_2HPO_4 \cdot 2H_2O$	0.06g
KCl	0.4g
KH_2PO_4	0.06g
蒸馏水	100ml

配制时,按配方顺序逐一用水彻底溶解,必须在前一药品完全溶解之后,才能加入下一种药品,原液暂时不用可置 4℃ 冰箱保存。

2. D-Hanks 使用液

D-Hanks 原液	10ml
蒸馏水	90ml

加 5% $NaHCO_3$,调整 pH 至 7.2。将配好的 D-Hanks 使用液进行分装,包扎瓶口,并经 103kPa(121.3℃)15~20min 灭菌后,置 4℃ 冰箱备用。使用前加双抗于 D-Hanks 使用液中浓度为 1%。

(二) 0.25% 胰蛋白酶液配制

胰蛋白酶	0.25g
D-Hanks 使用液	100ml

先用少量 D-Hanks 液把胰蛋白酶粉末调成糊状,再加 D-Hanks 液溶解,用 5% $NaHCO_3$ 调 pH7.6~7.8,用 D-Hanks 液定容至 100ml。过滤除菌后分装小瓶,置冰箱中于-18℃ 冰冻保存。

(三) RPMI-1640 培养基配制

将干粉型 RPMI-1640 培养基溶于总量 1/3 的三蒸水中,再用 1/3 水冲洗包装内 2 次后倒入培养基中,以保证所有干粉都溶解成培养液,搅拌使其溶解。根据产品说明的要求和实验补加谷氨酰胺和 $NaHCO_3$,过滤除菌,分装后置 4℃ 冰箱保存备用。在培养液配置过程中建议添加羟乙基哌嗪乙硫黄酸{2-[4-(2-Hydroxyethyl)-1-piperazinyl]ethanesulfonic acid, HEPES},分子式:$C_8H_{18}N_2O_4S$ 分子量 238.31,配制时每升培养基中含终浓度为 10mmol/L 的 HEPES。

使用前调 pH7.0~7.2,加双抗于培养液中浓度为 1%(终浓度:青霉素和链霉素各 100u/ml)。使用时加小牛血清。

(四) DMEM 培养基配制

将干粉型 DMEM 培养基溶于总量 1/3 的三蒸水中,再用 1/3 水冲洗包装内 2 次,倒入培养基中,以保证所有干粉都溶解成培养液,搅拌使其溶解。根据产品说明和实验的要求补加谷氨酰胺和 $NaHCO_3$,过滤除菌,分装后置 4℃ 冰箱保存备用。

同样,使用前调 pH7.0~7.2,加双抗于培养液中浓度为 1%(终浓度:青霉素和链霉素各 100U/ml)。使用时加小牛血清。

(五) 小牛血清处理方法

市场上出售的小牛血清通常已经过灭菌处理,但在使用前还应做热灭活补体处理,即将小牛血清放入 56℃ 水浴中 30min,其间不时轻轻晃动,使受热均匀,防止沉淀析出。

(六) 5%$NaHCO_3$溶液的配制

$NaHCO_3$	5g
蒸馏水	100ml

$NaHCO_3$溶于水后分装,经高压灭菌后置 4℃ 冰箱保存备用。

(七) 双抗溶液配制

1. 青霉素 1 瓶(80 万 U)加 4ml 灭菌的 D-Hanks 液,即成 20 万 U/ml 溶液。
2. 链霉素 1 瓶(100 万 U)加 5ml 灭菌的 D-Hanks 液,即成 20 万 U/ml 溶液。

取 1 和 2 溶液各 0.5ml 混合,加入 9ml 灭菌的 D-Hanks 液,则成含青、链霉素各 1 万 U/ml,分装后置 4℃ 冰箱保存备用。

(张海谋 冯乐平 乔 伟)

参考文献

大星章一,菅野晴夫.1978.人癌细胞培养.北京:科学出版社
冯乐平,蒋就喜,乔伟.2009.医学实验室建设与安全管理.长春:吉林大学出版社
张静波.1995.细胞生物学实用方法与技术.北京:北京医科大学中国协和医科大学联合出版社
张静波.2006.组织和细胞培养技术.北京:人民卫生出版社
Banfi A, Bianchi G, Notaro R, et al.2002.Replicative aging and gene expression in long-term cultures of human bone marrow stromal cells.Tissue Eng, 8:901~910

实验二十五 小鼠肾脏细胞原代培养

一、相关知识链接

从生物体中取出某种组织或细胞,在模拟体内生理条件、人工培养状态下,使细胞生存、生长、繁殖或传代,这一过程称为细胞培养。细胞培养的优点是使我们得以直接观察活

细胞,并在可控制的条件下进行实验,从而避免了体内实验时的许多复杂因素影响,还可以与体内实验互为补充,同时提供大量生物性状相同的细胞作为研究对象,细胞培养可分为原代培养和传代(继代)培养。

二、实验原理

原代培养是直接从体内获取的组织细胞进行初次培养的过程,根据具体实验,对动物进行解剖处理,并取出相应的组织和细胞,按着细胞培养程序进行细胞培养和传代。

三、实验目的

掌握动物细胞原代培养的基本方法和培养过程,熟悉消化法培养和组织块培养法的基本操作方法,掌握细胞无菌培养的操作技术。

四、实验材料和配方

(一) 实验器材与设备

倒置显微镜,普通显微镜,离心机,水浴锅,天平,微量移液器(1000μl、100μl),吸头(1000μl、100μl),离心管(1.5ml、10ml、50ml,带盖或胶塞),量筒(100ml、1000ml),烧杯(100ml、1000ml),不锈钢筛网(100目),细胞计数板、载玻片、盖玻片、移液管、试管架、橡皮塞,废液缸等。

(二) 试剂与实验动物

1. 试剂与培养液　10%小牛血清的RPMI-1640培养液、D-Hanks液、0.25%胰蛋白酶液、酒精棉球、碘酒棉球、0.4%的台盼蓝染液。

2. 实验动物　胎鼠或新生鼠。

五、实验方法

(一) 消化培养法操作

1. 进入无菌室前先用肥皂洗净双手,并用75%乙醇消毒。临时带进无菌室的物品、工具可用1‰新洁尔灭浸泡消毒2min。

2. 将动物处死,用75%乙醇浸泡消毒。

3. 将动物置超净工作台上,使其背部朝上,然后再用碘酒及酒精棉球擦拭背部皮肤部位。

4. 在腰部的后缘,用解剖镊提起皮肤,用解剖剪剪开皮肤,用镊子将剪开的皮肤拉向两侧。用解剖剪剪开背部的肌肉时,即可见蚕豆状的肾脏,用镊子取出肾脏,放于无菌的D-hanks液的培养皿中。

5. 用D-Hanks液洗涤肾脏,剪破肾外膜,并去肾外膜及脂肪和肾盂部分,用D-Hanks液洗涤肾脏,用眼科剪将肾脏剪成1mm^{3}的小块,再用无菌D-Hanks液漂洗二次至液体澄清。

6. 将D-Hanks液吸掉,按组织块体积的5~6倍量加入0.25%的胰蛋白酶溶液,将其吸入无菌的离心管中,于37℃进行消化30min左右。每隔5分钟摇动一次,以便组织块分散开,直至组织块变的松散。

7. 从水浴中取出离心管,将组织块连同胰蛋白酶液倒入一无菌培养皿中,加入一定量的含10%小牛血清的培养基,用吸管反复吹打,直到大部分组织块均分散成细胞悬液为止。

8. 通过100目的尼龙网或不锈钢筛网,用吸管小心吸取悬液入离心管,1000*g* 离心5min。弃去上清液,在离心管中加入一定量的培养液,打匀后吸取少量的细胞悬液进行稀释(根据细胞悬液的浓度决定)、计数。

9. 取细胞计数板进行细胞计数(利用虹吸现象将悬液滴入计数池,待细胞下沉后,在低倍镜下观察计数)。

10. 将细胞悬液用培养液稀释,使细胞浓度为5×10^5/ml,按每个培养瓶装4ml培养液,拧好瓶盖,于37℃、5% CO_2培养箱中培养,直至细胞长满。

(二)组织块培养法的基本操作

1. 进入无菌室前先用肥皂洗净双手,并用75%乙醇消毒。临时带进无菌室的物品、工具可用1‰新洁尔灭浸泡消毒2min。

2. 将动物处死,用75%乙醇浸泡消毒。

3. 将动物置超净工作台上,使其背部朝上,然后再用碘酒及酒精棉球擦拭背部皮肤部位。

4. 用解剖镊提起腹部皮肤,用解剖剪剪开皮肤,用镊子将剪开的皮肤拉向两侧,剪开腹腔。用解剖剪剪取肝脏一片,放于无菌的D-Hanks液培养皿中。

5. 用D-Hanks液洗涤肝脏三次,用眼科剪将肝脏剪成1mm^{3}的小块后,再用无菌D-Hanks液漂洗三次。

6. 用镊子将组织块移入培养瓶中,并均匀地分布在培养瓶内壁表面,倾斜将多余的D-Hanks液吸出,翻转培养瓶,并在培养瓶内加入3ml培养液,盖上培养瓶盖,放入37℃、5% CO_2培养箱中培养。

7. 4h后再次翻转培养瓶,将组织块浸入培养液中继续静止培养。

8. 待组织块周围长出生长晕,相邻组织块的生长晕相互接触时,即可将组织块去除,余下的贴壁细胞继续培养,视情况进行换液和传代培养。

六、注意事项

1. 组织细胞、培养液等不能在超净工作台中暴露过久,以免溶液蒸发。

2. 凡在超净工作台以外进行操作时,各器皿需用盖子或橡皮塞拧紧,以防止细菌落入。

3. 耐热物品要经常在火焰上烧灼,金属器械烧灼后要等冷却后才能夹取组织,吸过营养液的用具不能长时间烧灼,以免烧焦形成碳膜。

4. 吸管根据具体情况适当更换,原则上不能混用。

(冯乐平 张海谋 乔 伟)

参 考 文 献

大星章一,菅野晴夫.1978.人癌细胞培养.北京:科学出版社

冯乐平,蒋就喜,乔伟.2009.医学实验室建设与安全管理.长春:吉林大学出版社

张静波.1995.细胞生物学实用方法与技术.北京:北京医科大学中国协和医科大学联合出版社
张静波.2006.组织和细胞培养技术.北京:人民卫生出版社
Kobayashi T, Watanabe H, Yanagawa T.et al.2005.Motility and growth of human bone-marrow mesenchymal stem cells during ex vivo expansion in autologous serum.J Bone Joint Surg, 8:1426~1433
Mizuno N, Shiba H, Ozeki Y, et al.2006.Human autologous serum obtained using a completely closed bag system as a substitute for foetal calf serum in human mesenchymal stem cell cultures.Cell Biol Int, 30:521~524
Shahdadfar A, Tronsdal K, Haug T, et al.2005.In vitro expansion of human mesenchymal stem cells: choice of serum is a determinant of cell proliferation, differentiation, gene expression, and transcriptome stability.STEM CELLS, 23:1357~1366

实验二十六　动物细胞的传代培养

一、相关知识链接

当原代培养成功以后，随着培养时间的延长和细胞不断分裂，一是细胞之间相互接触而发生接触性抑制，生长速度减慢甚至停止；二是细胞在培养过程中会因营养物不足和代谢物积累而不利于生长或发生中毒。此时就需要将培养物分割成小的部分，重新接种到另外的培养器皿（瓶）内，再进行培养。这个过程就称为传代（passage）或者再培养（subculture）。通常对单层细胞培养而言，80%汇合或刚汇合的细胞是较理想的传代阶段。

二、实验原理

传代培养是组织培养的常规保种方法之一，也是细胞生物学实验的基本步骤的重要环节。。当细胞在培养瓶中培养时，细胞不断生长增殖。对于贴壁生长的细胞，单层细胞互相汇合，整个瓶底逐渐会被细胞覆盖；对于悬浮生长的细胞，细胞相互汇集成团。这时需要进行分离培养，否则细胞会因生存空间不足，营养障碍而死亡。细胞由原培养瓶内分离稀释后传到新的培养瓶中的过程称为传代。传代后可获得大量供实验所需的细胞。

三、实验目的

掌握传代细胞培养的基本原理及常规操作方法。

四、实验材料和配方

（一）实验器材与设备

倒置显微镜，滴管，离心管，培养瓶，橡皮头，橡皮塞，酒精棉球，酒精灯等。

（二）试剂与细胞

RPMI-1640培养液，D-Hanks液，0.25%胰蛋白酶液，相应的传代细胞或肿瘤细胞。

五、实验方法

1. 在传代前，先在倒置下显微镜观察细胞生长状况，如细胞已长成致密单层或呈现拥挤状态生长，则需要进行细胞传代培养。

2. 将培养液、胰酶、D-Hanks放在37℃水浴中预热，然后用70%乙醇擦拭消毒。

3. 取将传代的细胞，弃去原培养液，加入0.25%胰蛋白酶1ml，置室温下作用2~3min

后翻转培养瓶，肉眼观察细胞单层，待细胞层出现缝隙时，即可停止消化，然后弃去消化液。也可在显微镜下观察，当单层细胞变成圆形时，即刻停止消化，并弃去消化液。

4. 加入3ml培养液，稀释剩余消化液中胰蛋白酶，用滴管轻轻吹打瓶壁上细胞，移至离心管后再重新添加细胞培养液，进行分瓶培养，也可以经过吹打匀后加培养液再行分瓶培养。

5. 补加培养液，使每瓶中培养液仍为3～5ml，置37℃、5% CO_2培养箱中继续培养。

六、注意事项

1. 实验前应先将实验用到的培养液及其他溶液先于37℃温育一段时间。

2. 向培养有细胞的培养瓶中加入液体时，一般沿着生长细胞的对面瓶壁注入，然后慢慢转动培养瓶。

3. 操作过程中要尽量轻拿轻放，按着无菌操作原则进行严格操作。

4. 酶解消化过程中要实时观察，以免消化过度对细胞造成损害。

（冯乐平　张海谋）

参考文献

大星章一，菅野晴夫.1978.人癌细胞培养.北京：科学出版社

冯乐平，蒋就喜，乔伟.2009.医学实验室建设与安全管理.长春：吉林大学出版社

张静波.1995.细胞生物学实用方法与技术.北京：北京医科大学中国协和医科大学联合出版社

张静波.2006.组织和细胞培养技术.北京：人民卫生出版社

Abdallah BM，Haack-Sorensen M，Fink T，et al.2006.Inhibition of osteoblast differentiation but not adipocyte differentiation of mesenchymal stem cells by sera obtained from aged females.Bone，39：181～188

Dimarakis I，Levicar N.2006.Cell culture medium composition and translational adult bone marrow-derived stem cell research. STEM CELLS，24：1407～1408

Parsch D，Fellenberg J，Brummendorf TH，et al.2004.Telomere length and telomerase activity during expansion and differentiation of human mesenchymal stem cells and chondrocytes.J Mol Med，82：49～55

Pochampally RR，Smith JR，Ylostalo J，et al.2004.Serum deprivation of human marrow stromal cells (hMSCs) selects for a subpopulation of early progenitor cells with enhanced expression of OCT-4 and other embryonic genes.Blood，103：1647～1652

实验二十七　烟草叶片愈伤组织诱导和器官发生

一、相关知识链接

愈伤组织(callus)是指植物体受伤时产生于伤口周围的组织。现多指切取植物体的一部分，置于含有生长素和细胞分裂素的培养液中培养，诱导产生的无定形的组织团块。在植物体的创伤部分，愈伤组织可帮助伤口愈合；在嫁接中，可促使砧木与接穗愈合，并由新生的维管组织使砧木和接穗沟通；在扦插中，从伤口愈伤组织可分化出不定根或不定芽，进而形成完整植株。在植物器官、组织、细胞离体培养时，条件适宜也可以长出愈伤组织。从植物器官、组织、细胞离体培养所产生的愈伤组织，在一定条件下可进一步诱导器官再生或胚状体而形成植株。在单倍体育种中，也可由花粉产生的愈伤组织或胚状体分化成单倍体植株。甚至可由原生质体培养诱导植株或器官再生。故愈伤组织的概念不仅仅局限于植

物体创伤部分的新生组织。

二、实验原理

根据Skoog和Miller提出的生长素和细胞分裂素相对浓度调节器官分化的原理,一定高的生长素浓度有利于细胞增殖和不定根的分化同样一定高的细胞分裂素浓度有利于不定芽的分化。因此通过改变激素的种类和浓度,可以有效地调节培养组织的器官分化,大量实验已在许多植物的组织培养中得到证实。

三、实验目的

通过诱导烟草叶片愈伤组织和器官发生,分析生长素和细胞分裂素对烟草叶片离体培养的作用,熟练掌握植物组织离体培养培养基的配制及特点,了解植物组织在离体培养条件下的脱分化和再分化特点。

四、实验材料和配方

(一) 实验器材与设备

1. 实验设备 超净工作台,高压灭菌锅,光照培养箱或细胞培养室。

2. 实验器材

(1) 镊子,解剖刀,剪刀,铝饭盒,玻璃铅笔或记号笔,橡皮筋,牛皮纸,托盘天平,电炉,石棉网,加样枪(200ul),精密pH试纸(pH5.8),洗耳球。

(2) 三角瓶(50ml),棕色瓶(100ml、500ml、1000ml),镊子,玻璃烧杯(100ml、500ml、1000ml),培养皿(Φ100mm),解剖刀,试剂瓶(50ml、100ml、1000ml),移液管(1ml、5ml、10ml),量筒(100ml),罐头瓶(带铁盖),烧杯(500ml、20ml),滤纸,玻璃棒,广口瓶。

3. 实验材料 实验用植株为烟草幼苗。

(二) 试剂与配方

1. 实验试剂 萘乙酸(naphthalene acetic acid,NAA);苄基氨基嘌呤(6-Benzylamino purine,6-BA);2,4-二氯苯氧乙酸(2,4-Dichlorophenoxyacetic acid,2,4-D);硝酸铵(NH_4NO_3);硝酸钾(KNO_3);氯化钙($CaCl_2 \cdot 2H_2O$);硫酸镁($MgSO_4 \cdot 7H_2O$);磷酸二氢钾(KH_2PO_4);碘化钾(KI);硼酸(H_3BO_3);硫酸锰($MnSO_4 \cdot 4H_2O$);硫酸锌($ZnSO_4 \cdot 7H_2O$);钼酸钠($Na_2MoO_4 \cdot 2H_2O$);氯化钴($CoCl_2 \cdot 6H_2O$);硫酸铜($CuSO_4 \cdot 5H_2O$);硫酸亚铁($FeSO_4 \cdot 7H_2O$);乙二胺四乙酸二钠($EDTANa_2$);甘氨酸(Glycine);烟酸(Nicotinic acid,Vitamin PP);盐酸吡哆醇(Pyridoxine-HCl,Vitamin B6);盐酸硫胺素(Thiamine-HCl,Vitamin B1);肌醇(Inositol);蔗糖(Sucrose);琼脂(Agar);氯化汞($HgCl_2$);次氯酸钠(Sodium hypochlorite);二乙酸荧光素(Fluorescein diacetate,FDA);伊凡蓝(Evans blue);醋酸(Acetic acid);甲醇(Methanol);磷酸氢氨[$(NH_4)_2HPO_4$];酒精(无水乙醇)。

2. 试剂配制

(1) MS基本培养基贮液:配制培养基前要配制母液。母液分大量元素、微量元素、铁盐及有机物质四类(各类成分、浓度、用量见表6-2)。

表 6-2 植物细胞培养液

类别	成分	规定量(mg/L)	称取量(mg)	母液体积(ml)	扩大倍数	配 1 升培养基的吸取量(ml)
大量元素	KNO_3	1900	19 000	1000	10	100
	NH_4NO_3	1650	16 500			
	$MgSO_4 \cdot 7H_2O$	370	3700			
	KH_2PO_4	170	1700			
	$CaCl_2 \cdot 2H_2O$	440	4400			
微量元素	$MnSO_4 \cdot 4H_2O$	22. 30	2230	1000	100	10
	$ZnSO_4 \cdot 2H_2O$	8. 6	860			
	H_3BO_3	6. 2	620			
	KI	0. 83	83			
	$NaMoO_4 \cdot 2H_2O$	0. 25	25			
	$CuSO_4 \cdot 5H_2O$	0. 025	2. 5			
	$CoCl_2 \cdot 6H_2O$	0. 025	2. 5			
铁盐	Na_2-EDTA	37. 25	3725	1000	100	10
	$FeSO_4 \cdot 7H_2O$	27. 85	2785			
有机物质	甘氨酸	2. 0	100	500	100	10
	盐酸硫胺素	0. 4	20			
	盐酸吡哆素	0. 5	25			
	烟酸	0. 5	25			
	肌醇	100	5000			

(2) 1mol/L NaOH:将 40g NaOH 溶解在 1L 超纯水中,搅拌均匀。

(3) 1mol/L HCl:12mol/L 的浓硫酸稀释 12 倍。

(4) 生长调节剂贮存液 1:(即 10^{-3}mol/L 的萘乙酸溶液)称取 18. 6mg 的萘乙酸,用少量 1mol/L NaOH 溶解后,用水稀释并定容至 100ml。

(5) 生长调节剂贮存液 2:(即 10^{-3}mol/L 的 6-苄氨基嘌呤溶液)称取 22. 5mg 6-苄基氨基嘌呤,用少量 1mol/L 的 HCl 溶解后,用水稀释并定容到 100ml。

(6) 75%的消毒乙醇:将 75ml 无水乙醇溶于 100ml 超纯水中。

(7) 0. 1%升汞。

五、实验步骤

1. 培养基配制的操作方法

(1) 将各种贮液按比例混合,配制成 MS 培养基。

(2) 分别加入一定浓度的 NAA 和 BA(在 10^{-7}~10^{-6}mol/L 范围内)。

(3) 培养基中加入 3%蔗糖,0. 7%琼脂,加去离子水到一定体积。

(4) 用 1mol/L 的 NaOH 调 pH5. 8。

(5) 将培养基煮沸,分装到 50ml 三角瓶中,每瓶 15~20ml,用封口膜或棉塞包扎瓶口。

(6) 将三角瓶放入高压灭菌锅,在 120℃、120kPa 下灭菌 15min。待温度下降后,打开放气阀排气后,取出三角瓶、平放冷却备用。

(7) 按上述方法高压灭菌去离子水，烧杯，培养皿和相关用具。

2. 外植体的表面消毒与接种培养

(1) 取自烟草完全展开的幼叶，用自来水洗净晾干。

(2) 在超净工作台上将叶片浸于70%乙醇溶液的无菌玻璃烧杯中30s，然后移入0.1% HgCl的溶液中3~5min或10%的次氯酸钠溶液中5~10min（消除外植体表面的微生物）。无菌水至少洗涤3次（消毒液对外植体有很大伤害，必须清洗干净），每次停留3~5min。

(3) 将灭菌后的叶片置于无菌培养皿内，用解剖刀将无菌叶片切成5mm×5mm大小。

(4) 将适宜大小的外植体接种到培养基上，每个三角瓶中接入4~5块叶外植体。

(5) 将三角瓶置于生长箱或培养室内的培养架上。

培养条件为：温度25~27℃，光周期为：光照16h和黑暗8h，光照强度约1500流明(lx)左右。

（冯乐平　张海谋　乔　伟）

参考文献

大星章一，菅野晴夫.1978.人癌细胞培养.北京：科学出版社

冯乐平，蒋就喜，乔伟.2009.医学实验室建设与安全管理.长春：吉林大学出版社

张静波.1995.细胞生物学实用方法与技术.北京：北京医科大学中国协和医科大学联合出版社

张静波.2006.组织和细胞培养技术.北京：人民卫生出版社

Dimarakis I, Levicar N. 2006. Cell culture medium composition and translational adult bone marrow-derived stem cell research. STEM CELLS, 24: 1407~1408

参考网站：

www.baidu.com 百度

www.bioon.com 生物谷

实验二十八　培养细胞的冻存与复苏

一、相关知识链接

细胞低温冻存是细胞培养的常规工作，然而，在不加任何条件下直接冻存细胞时，细胞内和外环境中的水都会形成冰晶，导致细胞内发生机械损伤、电解质升高、渗透压改变、脱水、pH改变、蛋白变性等，进而引起细胞死亡。如向培养液加入保护剂，可使冰点降低。目前常用的细胞冻存保护剂为二甲亚砜（DMSO）和甘油。保护剂的用量可以根据细胞而定，较敏感的细胞如胚脑神经原和原代细胞用10% DMSO较好，成纤维细胞可以考虑应用20%~30%甘油中较合适。目前很多实验室在冻存液配制时多采用10%的DMSO。

原则上细胞在液氮中可保存多年，但为妥善起见，冻存一年后，应再复苏培养一次，然后再继续冻存。细胞复苏时速度要快，使之迅速通过细胞最易受损的-5~0℃，原则上最大限度地减低细胞损伤，保持细胞生长活力。

二、实验原理

细胞冻存常用的保护剂为二甲亚砜（DMSO）和甘油，这两种物质在低温下通常对细胞

无毒性,且分子量小,溶解度大,易穿透细胞。在冻存细胞时,缓慢的冻结可以使细胞内水分在冻结前透出细胞。标准的冷冻速度为:-2~-1℃/min。当温度降到-80℃时,则可迅速进入液氮中。过快的降温能影响细胞内水分透出,降温太慢则促进冰晶形成。各种细胞对冷冻速度要求不尽一样,如上皮细胞和成纤维细胞,耐受性相对大些,然而骨髓干细胞和胚胎细胞则耐受性相对较小。一般开始下降速度不能超过-1℃/min。

在细胞复苏时,则是将细胞从液氮罐中取出之后,迅速放入37℃水浴箱中解冻,之后迅速放入平衡盐溶液或细胞培养液中,并进行离心,以免除在常温下DMSO对细胞造成的危害。

三、实验目的

掌握细胞冻存与复苏的基本原理,熟悉细胞冻存与复苏的基本操作。

四、实验材料和配方

1. 器械与设备 液氮罐,低温冰箱,水浴锅,塑料冻存管,玻璃吸管,加样枪头,离心管,酒精灯,移液管,纱布,棉线,剪刀,手套。

2. 试剂和细胞 细胞培养液,胰蛋白酶,细胞冻存液,待冻存(复苏)的细胞。

五、实验方法

(一) 细胞冻存

1. 选择已培养的对数生长期细胞,在收集细胞前一天换新鲜培养液,第二天收集细胞。

2. 按传代方法把培养细胞制备成悬液,收集到离心管中,1000*g*/min离心10min后,弃上清液。加入适量冻存液(10%甘油+20%胎牛血清+70%培养基,或者10% DMSO+20%胎牛血清+70%培养基)制成细胞悬液。细胞浓度宜大,调整至5×10^6个细胞/ml左右。并可适量增加胎牛血清浓度至30%。

3. 混匀后将细胞悬液按照0.8ml左右分装至冻存管中。

4. 将冻存管用胶布封裹严密,标签上写明细胞种类,冻存日期,贴到冻存管上。

5. 如没有程控降温仪的情况下,可参考下列降温顺序:冻存管在4℃下存放10min,转放-20℃、2h,再转入-80℃、16~24h后即可转移到液氮内(-196℃),同时要做好标记(写上细胞种类、时间及冻存条件等),并进行登记。

(二) 细胞复苏

1. 取一搪瓷杯盛上适量自来水加热至37~40℃左右(或应用恒温水浴箱调温度至37℃)。

2. 从低温冰箱或液氮中取出塑料冻存管,迅速放入37~40℃水浴中,并不断摇动,使其急速融化,0.5~1min内完成。

3. 冻存管用75%乙醇棉球擦拭消毒后,迅速打开上盖,用吸管将细胞悬液吸到离心管中,低速离心1000*g* 10min,弃去上清液。

4. 沉淀物加10ml培养液吹打均匀后再离心10min,弃上清液后。加3ml新鲜培养基,于细胞培养瓶中,置37℃、5% CO_2培养箱中培养,第二天观察细胞生长情况。

5. 复苏次日细胞应更换培养液,待细胞长满后可进行传代培养。

六、注意事项

1. 实验过程中一定要掌握慢冻快融原则。

2. 注意冻存过程中的细菌污染问题，DMSO 液体有细菌时，不能用微孔滤膜除菌，因 DMSO 会破坏滤膜。

3. 复苏细胞时，应防止操作者冻伤，不可用手直接从细胞袋中取出细胞，应用镊子镊出。

4. 冷冻细胞体积最好占冻存管体积的 1/2～2/3，否则溶液可能因为冷冻使体积膨胀，导致冻存管裂开。

（冯乐平　乔　伟）

参考文献

大星章一，菅野晴夫.1978.人癌细胞培养.北京：科学出版社

冯乐平，蒋就喜，乔伟.2009.医学实验室建设与安全管理.长春：吉林大学出版社

张静波.1995.细胞生物学实用方法与技术.北京：北京医科大学中国协和医科大学联合出版社

张静波.2006.组织和细胞培养技术.北京：人民卫生出版社

Babkova H，Starek M.1979.A method for testing the growth activity of tissue culture media using suspension lymphoblastoid cells.J Biodl Stand，7(4)：275～284

Pye D.1975.Simple and rapid evaluation of serum for cell culture.J Biol Stand，3(1)：83～87

Ryan J.1994.Understanding and Managing Cell Culture Contamination.New York：Corning Inc

参考网站：

www.baidu.com 百度

www.bioon.com 生物谷

实验二十九　细胞计数

一、相关知识链接

培养的细胞一定密度条件下才能生长良好，所以细胞在培养前要进行细胞计数。计数结果以每毫升细胞数表示。细胞计数的原理和方法与血细胞计数相同。

在细胞群体中总有一些因各种原因而死亡的细胞，总细胞中活细胞所占的百分比叫做细胞活力，由组织中分离细胞一般也要检查活力，以了解分离的过程对细胞是否有损伤作用。复苏后的细胞也要检查活力，了解冻存和复苏的效果。

二、实验原理

在细胞计数时，通常应用台盼蓝染细胞，死细胞着色，活细胞不着色，从而可以区分死细胞与活细胞。利用细胞内某些酶与特定的试剂发生显色反应，也可测定细胞相对数和相对活力。

三、实验目的

掌握细胞计数的意义和操作方法。

四、实验材料

普通显微镜，血球计数板，载玻片，盖玻片，玻璃吸管，试管架，Eppendorf 管，加样枪头，

细胞悬液。

五、实验方法

1. 取一副血球计数板(图 6-2),将计数板载玻片、盖玻片请洗干净擦干,将盖玻片盖在计数板上。

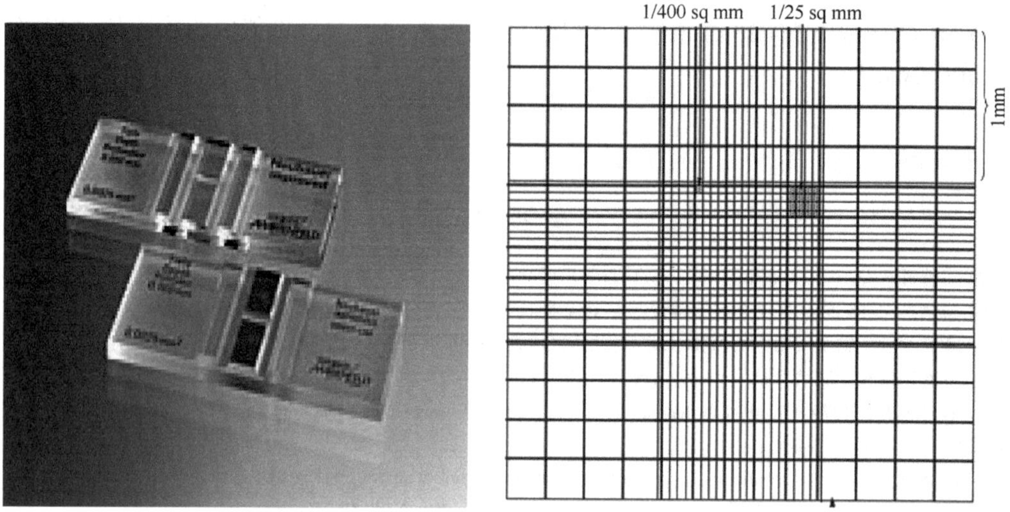

图 6-2 细胞计数板

2. 轻轻用移液管将细胞悬液混匀(反复吸放移液管橡胶头),然后吸取少量悬液滴一滴于盖玻片与计数板载玻片的边缘上,利用溶液的虹吸现象,使其自动流入细胞计数池内。亦可用微量移液器取 10μl 悬液注入,计数池内不应有气泡。滴液不当和产生大量气泡时,则须重新洗净计数板,擦干后再次滴入细胞悬液,以免影响细胞计数。

3. 待悬液滴入计数池后,静置 2~3min,待细胞在计数室中下沉后,用低倍镜下观察计数。依照白细胞计数法,数计数板四角的大方格内的细胞总数,计数时应遵循一定的原则,以免遗漏或重复计数,如对压在格子线上的细胞,根据“数上不数下,数左不数右”的原则进行计数。然后按下式计算出每毫升细胞悬液中的细胞数。

$$\text{细胞数/ml} = \frac{\text{四大格细胞总数}}{4} \times 10^4 \times \text{稀释倍数}$$

4. 每份样本重复计数 2~3 次,取其平均数。如细胞原液经过稀释,则稀释液的细胞数乘以稀释倍数,即为细胞原液的细胞数。

六、注意事项

1. 若在镜下看到有两个以上细胞组成的细胞团,应按单个细胞计算。
2. 若细胞团占 10% 以上,说明消化分散不好,需要重新制备细胞悬液。

(冯乐平 张海谋)

参考文献

大星章一,菅野晴夫.1978.人癌细胞培养.北京:科学出版社

冯乐平,蒋就喜,乔伟.2009.医学实验室建设与安全管理.长春:吉林大学出版社
张静波.1995.细胞生物学实用方法与技术.北京:北京医科大学中国协和医科大学联合出版社
张静波.2002.组织和细胞培养技术.北京:人民卫生出版社:11~13
张静波.2006.组织和细胞培养技术.北京:人民卫生出版社
Dimarakis I,Levicar N.2006.Cell culture medium composition and translational adult bone marrow-derived stem cell research. STEM CELLS,24:1407~1408
Sotiropoulou PA,Perez SA,Salagianni M,et al.2006.Cell culture medium composition and translational adult bone marrow-derived stem cell research.STEM CELLS,24:1409~1410
参考网站:
www.baidu.com 百度
www.bioon.com 生物谷

实验三十　细胞活力的测定方法

一、相关知识链接

活体染色是指一个获得动物或植物的细胞活组织被染色。体外活体染色是指将待染色的动物或植物组织分离出来,并使其中部分细胞或组织活体染色剂进行染色,染色过程不影响活细胞的生命。活体染色与体外活体染色的主要区别在于:活体染色是在有机体内部,也就是在还原的环境中进行的,而至于体外活体染色是在空气中,也就是说是在氧化的环境中进行的。所以活体染色剂是在一种生物的活细胞的某种结构上存在的染料,而对于细胞和组织的生命活动本身并不发生任何有害的作用。通常情况下,生物材料不能穿透细胞膜,只有当细胞被固定后,细胞膜被破坏,染料才能进入细胞内部。但是,有一些染料(称"活体染料")却能进入活细胞,它们是一些无毒或毒性很小的染色剂,能使细胞中某些特定结构着色。所以在一些特殊的实验中,我们可以通过活体染色方法观察生命的活动。

二、实验原理

活细胞能阻止阻止染料进入细胞内,但当细胞损伤或死亡时,台盼蓝可穿透变性的细胞膜,与解体的DNA结合,并使其着色,通过显微镜很容易就能识别出死亡的被台盼蓝染色的细胞,并可使用细胞计数器进行计数。我们通常认为细胞膜丧失完整性,即可认为细胞已经死亡。严格来说,台盼蓝染色检测的是细胞膜的完整性,这被称为染料排除测试。需要强调的是,台盼蓝可以通过死细胞膜而使死细胞着色,活细胞一般不易着色,但若染色时间过长,活细胞亦可能因受损而着色,所以染色后要及时控制观察时间。

三、实验目的

掌握应用台盼蓝染色测定细胞活力的方法。

四、实验材料和配方

1. 实验材料　普通显微镜,血球计数板,载玻片,盖玻片,吸管,试管架,Eppendorf 管,加样枪头。

2. 试剂及配方　0.4%台盼蓝。

3. 实验用相关的细胞悬液。

五、实验方法

1. 将细胞悬液以 0. 5ml 加入试管中。

2. 加入 0. 5ml 0. 4% 台盼蓝染液，染色 2～3min。

3. 吸取少许悬液涂于载玻片上，盖上盖玻片。

4. 在低倍镜下观察细胞着色情况，任意取几个视野分别计数死细胞和活细胞数。

5. 计算细胞成活率：在低倍镜下任意数 100 个以上细胞，计算细胞成活率：在低倍镜下任意数 100 个以上细胞，按以下公式计算：

$$细胞成活率=\frac{细胞总数-死细胞数}{细胞总数}\times 100\%$$

六、注意事项

1. 计数　在 3～10min 内，用血球计数板分别计数活细胞和死细胞（死细胞被染成淡蓝色，活细胞则拒染）。

2. 台盼蓝染色时，时间不宜太长，否则活细胞也会着色，从而干扰计数。

（冯乐平　张海谋）

参考文献

大星章一，菅野晴夫.1978.人癌细胞培养.北京：科学出版社

冯乐平，蒋就喜，乔伟.2009.医学实验室建设与安全管理.长春：吉林大学出版社

张静波.1995.细胞生物学实用方法与技术.北京：北京医科大学中国协和医科大学联合出版社

张静波.2006.组织和细胞培养技术.北京：人民卫生出版社

Horwitz EM，Gordon PL，Koo WK，et al.2002.Isolated allogeneic bone marrow-derived mesenchymal cells engraft and stimulate growth in children with osteogenesis imperfecta：Implications for cell therapy of bone.Proc Natl Acad Sci USA，99：8932～8937

Koc ON，Gerson SL，Cooper BW，et al.2000.Rapid hematopoietic recovery after coinfusion of autologous-blood stem cells and culture-expanded marrow mesenchymal stem cells in advanced breast cancer patients receiving high-dose chemotherapy.J Clin Oncol，18：307～316

Le Blanc K，Ramusson I，Sundberg B，et al.2004.Treatment of severe acute graft-versus-host disease with third party haploidentical mesenchymal stem cells.Lancet，363：1439～1441

参考网站：

www.baidu.com 百度

www.bioon.com 生物谷

实验三十一　动物细胞融合

一、相关知识链接

为了获得单克隆抗体，首先需要用特定的抗原免疫纯系动物，已获得分泌预定抗体的 B 淋巴细胞，将分泌预定抗体的 B 淋巴细胞和具有无限繁殖能力的骨髓瘤细胞在聚乙二醇作用下进行融合，从而获得杂交瘤细胞。杂交瘤细胞获得了双亲本细胞的特性，既有分泌抗体的能力，又有无限繁殖的能力。

筛选杂交瘤细胞，在细胞融合的过程中，未融合的骨髓瘤细胞或其自身融合物，由于生

长快,会抑制杂交瘤细胞的生长。因此必须进行选择培养,通常应用 HAT 培养基筛选杂交瘤细胞。HAT 培养基是在一般的培养基内添加了叶酸拮抗物——氨基蝶呤,用以阻断嘌呤和嘧啶的内源性生物合成途径,并提供了核苷酸的前体——胸腺嘧啶核苷、次黄嘌呤等,供细胞外源性生物合成用。细胞 DNA 合成有主要通路和旁路两条途径,当细胞 DNA 合成主要通路被氨基蝶呤阻断时,细胞可利用旁路进行 DNA 的合成。在杂交瘤技术中应用的骨髓瘤细胞是经过用嘌呤类似物 8-氮鸟嘌呤或 6-巯基鸟嘌呤筛选而得到的遗传基因缺陷型细胞系,它们缺少次黄嘌呤-鸟嘌呤磷酸核糖转移酶或胸腺嘧啶核苷激酶,无法利用补充的次黄嘌呤和胸腺嘧啶核苷旁路合成 DNA,从而导致骨髓瘤细胞死亡,杂交瘤细胞在染色体杂交后,经旁路合成 DNA,使杂交瘤细胞得以繁殖生存,从而获得单一的杂交瘤细胞。

二、实验原理

杂交瘤技术主要是由免疫动物、细胞融合、筛选杂交瘤细胞、克隆化培养、单克隆抗体的制备与鉴定等组成的实验系统,其核心是细胞融合。细胞融合,即两个或两个以上细胞合并形成一个细胞的过程,在合成过程中首先是细胞质的融合,然后通过有丝分裂细胞核合二为一,形成新的杂种细胞。在通常情况下,两个细胞并不发生融合现象,因为各自存在完整的细胞膜。但在特殊诱导物作用下,细胞膜可发生一定变化使两个或多个细胞发生融合现象,形成双核或多核。

克隆化培养:生长繁殖的杂交瘤细胞并非每个都能分泌预定的抗体。因此,必须利用免疫荧光检测技术,免疫酶测定技术等手段,筛选出稳定分泌预定抗体的杂交瘤细胞。为了保证分泌抗体的单一性,还必须通过有限稀释法或软琼脂克隆培养法进行多克隆化培养,这样就可以用来大量制备单克隆抗体。

单克隆抗体的大量制备与鉴定:制备单克隆抗体的方法有两种:一是动物体内诱生法,即将杂交瘤细胞接种于同系小鼠或裸鼠腹腔内,经过一定时间,动物腹腔内产生含单克隆抗体的腹水;另一类是体外培养法,如悬浮培养系统,即采用转瓶发酵罐式的生物反应器中空纤维细胞和微囊化细胞培养系统等。

三、实验目的

1. 掌握杂交瘤技术的原理和细胞融合的基本方法。
2. 了解杂交瘤细胞筛选原理,克隆化培养,单克隆抗体的制备与鉴定方法。

四、实验材料和配方

1. 仪器设备　超净工作台,倒置相差显微镜,CO_2 培养箱,台式离心机,恒温水浴箱,离心机,电子分析天平,酸度计等。

2. 实验器械　大钩镊,眼科剪,显微镜,离心管,载玻片,盖玻片,酒精灯,滤纸,玻璃平皿,吸量管,离心管(50ml),尼龙纱网(孔径 45μm),96 孔培养板。

3. 实验试剂　碘酒,75% 乙醇,HAT 选择培养基,聚乙二醇(PEG,MW1000),0.25% 的胰蛋白酶,D-Hanks 液,0.2% 次甲基蓝染液,含 10% 的小牛血清和无血清 RPMI-1640 培养基。

HAT 培养液:在含 10% 小牛血清的 RPMI-1640 溶液中,加次黄嘌呤 136μg/ml,氨基蝶呤 0.19μg/ml,胸腺嘧啶 3.88μg/ml,冷冻避光保存(氨基蝶呤对光敏感)。聚乙二醇

(PEG1000)溶液(50%):取 25ml,PEG1000 溶液加入 25ml 无小牛血清的 RPMI-1640 溶液,常温保存。

4. 实验动物及细胞 7~12 周龄 BALB/C 小鼠,骨髓瘤细胞 MOPC-21,成纤维细胞。

五、实验步骤

1. 骨髓瘤细胞的培养 骨髓瘤细胞以悬浮或半贴壁形式生长,用吸管吹打使细胞分散,传代培养,通常使细胞处于对数生长期。用于融合实验的骨髓瘤细胞还必须对 HAT 培养液敏感。在融合实验前两周,细胞要培养在筛选建株时应用的碱基类似物致死剂 8-鸟嘌呤培养基中。融合前一天传代一次,接种浓度可为 4×10^5~5×10^5/ml,并换为常规培养液。

2. 制备饲养层细胞(小鼠腹腔渗出细胞) 为使融合后的杂交瘤细胞获得最佳的生长条件以及增加杂交瘤的产量,常需制备饲养层。制备方法如下:

BALB/C 小鼠脱颈处死后,75% 乙醇浸泡 5min,无菌暴露腹腔,腹腔内注射 10ml RPMI-1640 培养液,吸出腹腔渗出细胞调整浓度到 1×10^5/ml,接种 96 孔板,每孔 100μl。

3. 免疫脾细胞制备

(1) 免疫动物:根据骨髓瘤细胞株的来源选择脾细胞的供体。通常应用的最普遍的是 BALB/C 小鼠,免疫动物所用的抗原剂量取决于免疫原性。一般细菌、病毒颗粒性抗原具有较强的免疫原性,用这类抗原免疫动物可不用佐剂,而可溶性抗原常需加佐剂。在小鼠颈背部皮下多点注射或腹腔注射,每隔 2~4 周,取同量的抗原加不完全佐剂追加免疫一次,再间隔 4 周后,取同量的抗原不加佐剂经静脉或腹腔追加免疫一次。

(2) 制备免疫脾细胞悬液:BALB/C 小鼠脱颈处死后,经 75% 乙醇浸泡 5min,无菌暴露腹腔取脾,放入无血清 RPMI-1640 培养基进行研磨,尼龙纱网过滤,吸取脾细胞悬液进行离心(1500*g*,5min),弃上清,加少量培养液重悬细胞并计数,通常一个脾脏平均可以得到 1×10^8 个脾淋巴细胞。

4. 细胞融合

(1) 细胞融合前一天将 PEG-1000 放入 CO_2 培养箱中调整 pH7.2~7.4。

(2) 将 PEG-1000 和培养液置 37℃ 水浴箱中温热。

(3) 再将骨髓瘤细胞和免疫脾细胞以 1∶5 的比例(2×10^7 个骨髓瘤细胞和 1×10^8 个脾细胞混合),用小玻璃棒轻轻地混合无血清培养液中的细胞,避免用吸管强烈地吹吸以免损伤细胞,混合后离心 1500*g*,5min。

(4) 弃掉所用上清(PEG 的浓度要求是严格规定的,若遗留上清液将影响 PEG 浓度),不要旋动或敲打试管,保持细胞团完整。

(5) 将试管放在恒温条件中,保持 37℃ 温热,用 1ml 吸管慢慢地将 37℃ 预温的 50% PEG-1000 溶液 0.8ml 加至密集的细胞团中,用吸管尖端慢慢搅动,使 PEG 与细胞混合,但不要吹吸,用吸管尖端继续缓缓搅动 1min。

(6) 在 1min 内加完 1ml 预温的培养液,试管仍于恒温中保持温度,重复此操作数次。

(7) 于 2min 内加入 10ml 37℃ 预温的培养液后,1500*g* 离心 10min。

(8) 去除上清液,重新将细胞悬浮于培养液中,使最后浓度为 1×10^6 细胞/0.12ml(相当于 5ml 吸管的 2 滴)。

(9) 用无菌的 5ml 吸管,将细胞悬液加于已在前一天接种了饲养细胞(每孔含 1×10^4 饲养细胞/0.1ml)的 96 孔培养板中,每孔 2 滴。

附:简易同种细胞融合的实验步骤

(1) 取贴壁培养的对数生长期细胞,用 0.25% 的胰蛋白酶消化细胞,并应用 D-Hanks 液制成细胞悬液。

(2) 将上述细胞悬液移入 10ml 离心管中,1500*g* 离心 5min,弃去上清液,再次加入 10ml D-Hanks 液离心重复洗涤一次。

(3) 吸出上清液后将离心管倒置于无菌的滤纸上,待剩余的液体流尽(本步骤对于细胞的进一步融合非常重要,因为管壁内的残余液体可能会改变 PEG 的浓度)。

(4) 将离心管正立过来后,用手指轻弹离心管底部,使沉淀的细胞呈松散状态。然后吸取制备好的 50% PEG 0.4ml,在 37℃水浴环境条件下,于 1min 内逐滴将 50% PEG 加入到离心管中,使之与细胞充分混合。

(5) 再缓慢加入 8~10ml D-Hanks 液,轻轻吹打混匀后,在 37℃ 水浴中静置 5min。1500*g* 离心 10min 后弃去上清液,然后加入含 10% 小牛血清的 RPMI-1640 培养液 2ml,在 37℃水浴中继续温育 30min。

(6) 分别在 5、10、20、30min 的时间间隔内,吸取细胞悬液一滴制成临时细胞涂片,分别以 0.2% 次甲基蓝进行染色,在显微镜下观察以下不同阶段的细胞融合情况:

1) 两个细胞的细胞膜之间相互接触、粘连。

2) 接触部位的细胞膜破溃。

3) 两细胞之间的细胞质相通,形成细胞质通道。

4) 通道扩大,两细胞连成一体。

5) 细胞合并完成,形成一个含两个或多个核的圆形细胞。

(冯乐平)

参 考 文 献

大星章一,菅野晴夫.1978.人癌细胞培养.北京:科学出版社

冯乐平,蒋就喜,乔伟.2009.医学实验室建设与安全管理.长春:吉林大学出版社

张静波.1995.细胞生物学实用方法与技术.北京:北京医科大学中国协和医科大学联合出版社

张静波.2006.组织和细胞培养技术.北京:人民卫生出版社

Dimarakis I,Levicar N.2006.Cell culture medium composition and translational adult bone marrow-derived stem cell research. STEM CELLS,24:1407~1408

参考网站:

www.baidu.com 百度

www.bioon.com 生物谷

实验三十二　MTT 法检测细胞相对数和相对活力

一、相关知识链接

细胞生长曲线是测定细胞绝对生长数的常用方法,也是判定细胞活力的重要指标,是培养细胞生物学特性的基本参数之一。一般细胞传代之后,经过短暂的悬浮然后贴壁,随后经过长短不同的潜伏期,即进入大量分裂的指数生长期。在细胞达到饱和密度后,停止生长,进入平顶期,然后退化衰亡。为了准确描述整个过程中细胞数目的动态变化,典型的

生长曲线可分为生长缓慢的潜伏期，斜率较大的指数生长期，呈平台状的平台期及退化衰亡期 4 个阶段。以存活细胞数（万个细胞/ml）对培养时间（h 或 d）作图，即得到细胞生长曲线。

二、实验原理

四唑盐（简称 MTT）是一种能接受氢原子的染料。活细胞的线粒体中的琥珀脱氢酶能使外源性的 MTT 还原为难溶性的蓝紫色结晶物并沉积在细胞中，而死细胞无此功能。二甲基亚砜能溶解细胞中的紫色结晶物，用酶联免疫检测仪在 490nm 波长处测定其光吸收值，可间接反映细胞数量。在一定细胞数范围内，MTT 结晶物形成的量与细胞数成正比。MTT 法测定细胞生长曲线及生长速度：MTT 法绘制 3 组细胞生长曲线，分别将细胞用无血清培养液配制成单细胞悬液，计数后接种于 96 孔板（1×10^4）/孔，设立空白组培养 7d，每天每组细胞各取 6 孔，每孔加入 MTT 溶液 0.5g/L，37℃继续培养 4h，弃去培养上清液，每孔加入二甲基亚砜（DMSO）150μl，振荡使结晶物充分溶解，选择 492nm 波长，在酶联免疫检测仪上测定各孔波长吸光度（A）值的差值，以时间为横轴，A 值为纵轴绘制生长曲线。

三、实验目的

掌握学习四唑盐比色的实验原理，学会应用 MTT 检测细胞存活和生长的操作方法。

四、实验材料和配方

（一）仪器设备

净化工作台，离心机，恒温水浴箱，冰箱（4℃），倒置相差显微镜，CO_2 培养箱，振荡混合仪，酶联免疫检测仪，移液枪，电磁力搅拌机，微孔滤器，玻璃吸管，小烧杯（100ml），废液缸，塑料器皿，玻璃吸管，加样枪头，96 孔培养板，离心管（15ml、50ml），微量加样枪，红细胞计数板，胶塞。

（二）试剂

D-Hanks 液，小牛血清，RPMI-1640，双抗（青霉素、链霉素），0.08% 胰酶，二甲基亚砜（DMSO）。

MTT 溶液：称取 250mg MTT，放入小烧杯中，加 50ml 培养液或平衡盐溶液在电磁力搅拌机上搅拌 30min，用 0.22μm 的微孔滤器除菌，分装，4℃保存备用，两周内有效。

五、操作步骤

1. 接种细胞　用 0.25% 胰蛋白酶消化单层培养细胞，用含 10% 胎牛血清的 RPMI-1640 培养液配成单个细胞悬液，以每孔 $10^3\sim10^4$ 个细胞接种于 96 孔培养板中，每孔体积 200μl。

2. 培养细胞　将培养板移入 CO_2 孵箱中，在 37℃、5% CO_2 及饱和湿度条件下培养，具体培养时间取决于实验目的和要求。

3. 呈色　每孔加入 MTT 溶液（5mg/ml）20μl，37℃孵箱中继续孵育 4h，终止培养，小心吸弃孔内培养上清液。对于悬浮生长的细胞，需离心（1000*g*，5min），然后弃去孔内培养液。每孔加入 150μl DMSO，振荡 10min，使结晶物充分溶解。

4. 比色　在酶联免疫检测仪上选择 490nm 波长测定各孔光吸收值，并记录结果。以时间为横轴,光吸收值为终轴绘制细胞生长曲线。

六、注意事项

1. 选择适当的细胞接种浓度。在进行 MTT 试验前,对每一种细胞都应测其贴壁率、倍增时间以及不同接种细胞数条件下的生长曲线,然后确定每孔接种的细胞数和培养时间。

2. 避免血清干扰,一般选小于 10% 的胎牛血清培养液进行实验。

3. 同时设空白对照,与实验平行设不加细胞只加培养液的空白对照孔。最后比色时,以空白孔调零。

(冯乐平　乔　伟)

参考文献

大星章一,菅野晴夫.1978.人癌细胞培养.北京:科学出版社

冯乐平,蒋就喜,乔伟.2009.医学实验室建设与安全管理.长春:吉林大学出版社

李淑云,刘瑜宜,黄浩,等.应用 MTT 比色法检测小牛血清支持细胞生长的能力[J].中国生物制品杂志,1997,10(2):94~97.

张静波.1995.细胞生物学实用方法与技术.北京:北京医科大学中国协和医科大学联合出版社

张静波.2006.组织和细胞培养技术.北京:人民卫生出版社

Denizot F, Lang R.1986.Rapid colorimetric assay for cell growth and survival: Modification to the tetrazolium dye procedure giving improved sensitivity and reliability.J Immunol Methods, 89(2):271~277

Dvorakova M, Starek M.1980.A method for testing the growth promoting of tissue culture media using radionuclides.J Biol Stand, 8(2):107~113

Mosmann T.1983.Rapid colorimetric assay for cellular growth and survival: Application to proliferation and cytotoxicity assays.J Immunol Methods, 65(1-2):55~63

参考网站:

www.baidu.com 百度

www.bioon.com 生物谷

实验三十三　细胞的基因转染实验——脂质体法

一、相关知识链接

基因转染是指:将具生物功能的核酸(包括质粒 DNA 和线性双链 DNA、反义寡核苷酸及核糖核酸干扰 cRNA interfere, RNAi 等)转移或运送到细胞内并使核酸在细胞内维持其生物功能,改变生物细胞的特性或表达新的蛋白的过程。基因转染技术已广泛应用于基因组功能研究(基因表达调控、基因功能、信号转导和药物筛选研究)和基因治疗研究。

外源基因进入细胞主要有四种方法:电击法、磷酸钙法、脂质体介导法和病毒介导法。实验室常用的基因转染方法是应用转染剂将带有目的基因的载体运送到细胞内。目前,最常用的转染试剂是阳离子脂质体和阳离子聚合物,它们在克服细胞屏障方面跟病毒有很相像的特征,容易透过细胞膜。其中阳离子脂质体在体外基因转染中有很高的效率。在体内进行基因转染则多应用病毒介导方法。

二、实验原理

供细胞转染用的脂质体分中性和带正电荷的两种。中性脂质体是利用脂质膜包裹

DNA,借助脂质膜将 DNA 导入细胞膜内。带正电的阳离子脂质体则是通过与带负电的 DNA 结合形成 DNA-阳离子脂质体复合物,然后再吸附到带负电荷的细胞膜表面,经过内吞被导入细胞。脂质体介导的细胞转染具有效率高,稳定性和重复性好的优点,是目前最常用的将外源基因导入哺乳细胞的方法。

利用脂质体转染法时要注意防止其毒性。因此,实验前要综合考虑好脂质体与质粒的比例,细胞密度、转染时间以及培养基中血清的含量等因素,通过预实验摸索合适的转染条件。

三、实验目的

学习和掌握外源基因导入真核细胞的主要方法——脂质体介导的转染。了解外源基因进入的一般性方法,观测外源蛋白的表达(绿色荧光蛋白),为细胞的免疫化学实验奠定基础。

四、实验材料和配方

(一) 实验器械与仪器

1. 仪器　倒置显微镜和荧光显微镜,CO_2培养箱涡旋振荡器,恒温水浴箱,台式离心机。

2. 实验器械　微量移液器和 Tip 头,酒精灯,血球计数板,35mm 或 6 孔培养皿(板),Eppendorf 管,离心管(15ml)。

(二) 实验材料与细胞

1. 实验材料　DMEM 培养基,链霉素/青霉素(双抗),FCS(小牛血清),PBS(磷酸盐缓冲溶液),胰酶/EDTA 消化液,pEGFP(C1)表达质粒,脂质体 2000(美国 Invitrogen)。

2. 细胞 HEK293 或 Hela 细胞。

五、实验方法

1. 细胞培养　细胞传代步骤(1)~(4)(参见实验二十六),用培养液重悬细胞。

细胞计数后选择 5.0×10^6 个细胞加入到 35mm 培养皿或 6 孔细胞培养板中,加入 2ml 无双抗培养液,混匀,于 37℃,5% CO_2 培养箱中,当第二天细胞长到 40%~60% 汇合时,待转染。

2. 细胞转染

(1) 转染试剂的制备:在 Eppendorf 管中制备以下两种液体。

A 液:用不含血清的培养基稀释 DNA,使终浓度为 1~10μg(总量 100μl)。

B 液:用不含血清的培养基稀释脂质体,使终浓度为 2~50μg(总量 100μl)。

轻轻混合 A 液和 B 液,室温中静止放置 10~15min,待转染。

(2) 将稀释的 pEGFP 质粒和脂质体 2000 溶液混合(总体积 100μl),室温放置 20min。

(3) 转染准备:用 2ml 不含血清的培养基漂洗 2 次后,再加入 1ml 不含血清的培养基。

(4) 转染:把 A/B 两种复合物缓缓地加入到培养基中,轻轻摇匀,置于 37℃,5% CO_2 培养箱中培养 6~12h,吸除无血清的转染液,换入正常的培养基继续培养。

(5) 第二天,观察、筛选和检测等方法与其他转染方法相同,如是用 pEGFP 质粒进行转染的话,在荧光显微镜下的特定波长下看到荧光蛋白的表达(图 6-3)。

附:有关细胞培养的相关问题

(1) 血清为什么要进行热灭活:血清中含有补体,激活的补体可以参与细胞溶解,促使细胞和血小板释放组胺，激活淋巴细胞和巨噬细胞，以及刺激平滑肌收缩等效应。所以在进行免疫学实验、进行细胞培养之前，通常要应用加热的方法使血清灭活。

（2）*L*-谷氨酰胺在细胞培养中有什么作用：*L*-谷氨酰胺除参与细胞的蛋白质合成和核酸代谢外，在脱掉氨基后的 *L*-谷氨酰胺还可作为培养细胞的能量来源之一。*L*-谷氨酰胺在溶液中经过一段时间后会降解，其降解后可以导致氨的形成，而氨对于一些细胞具有毒性，因此，在进行细胞培养时，通常要考虑 *L*-谷氨酰胺的存在，并做特殊处理。

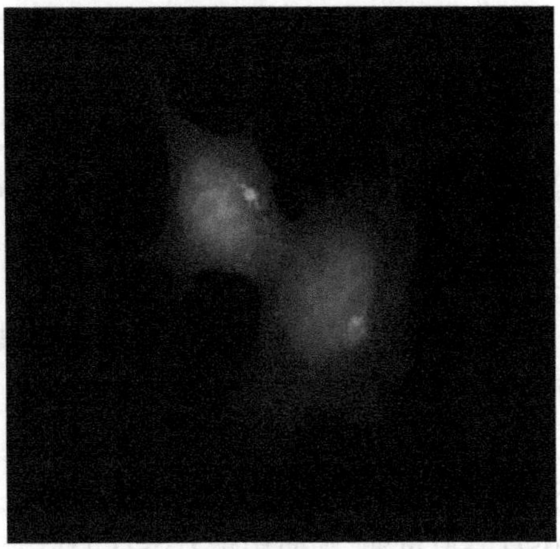

图 6-3　pEGFP（C1）质粒转染 HEK293 细胞绿色荧光蛋白表达

（3）为什么培养基中可以省去加酚红：酚红在培养基中被用来作为 pH 的指示剂，中性时为红色，酸性时为黄色，碱性时为紫色。研究表明，酚红可以模拟固醇类激素的作用（特别是雌激素）。为避免固醇类反应，在培养细胞（尤其是哺乳类细胞）时，通常用不加酚红的培养基。由于酚红干扰仪器的检测效果，一些研究人员在做流式细胞检测时，也不使用加有酚红的培养基。

（4）冷冻管如何解冻效果最好：原则上在取出冷冻管后，需立即放入 37℃ 水槽中进行快速解冻，在水浴箱内，轻轻摇动冷冻管，尽量使其在 1min 内全部融化，并注意水面不可超过冷冻管盖沿，否则容易导致污染的发生。另外，冷冻管由液氮桶中取出解冻时，必须注意安全，预防冷冻管之爆裂。除少数特别注明对 DMSO 敏感之细胞外，绝大部分细胞株（包括悬浮性细胞），在解冻之后应该直接放入含有 10～15ml 新鲜培养基的离心管中进行离心处理，弃除 DMSO 之后，再置于含血清的鲜培养基中进行培养，如此可避免解冻后细胞无法生长或贴附等问题。

（5）更换不同培养基进行培养时需要注意的事情：由于每一细胞株均有与其相适应的培养基，若骤然使用和原先提供之培养条件不同之培养基，细胞大都无法立即适应，造成细胞无法存活。因此，在需要进行更换不同培养基时，需要逐步进行适应性更换。

（6）FBS、FCS、CS、HS 的含义：FBS（fetal bovine serum）和 FCS（fetal calf serum）是相同的意思，两者都是指胎牛血清，FCS 乃错误的使用字眼，请不要再使用。CS（calf serum）则是指小牛血清。HS（horse serum）则是指马血清。

（7）更换培养基时的注意事项；何时更换培养基，通常根据细胞生长密度而定，或遵照细胞株的基本数据更换时间及时更换培养基，此外还有一种情况就是，由于细胞生长过快，培养液明显变成黄色的时候，说明培养也已经变酸，为防止细胞酸中毒，此时要及时更换细胞培养液。

（8）悬浮性细胞应如何继代处理：一般仅需持续加入新鲜培养基于原培养角瓶中，稀释细胞浓度即可，若培养液太多时，可将培养角瓶口端稍微抬高，直到无法容纳为止。分瓶时取出一部分含细胞之培养液至另一新的培养角瓶，加入新鲜培养基稀释至适当浓度，重复前述步骤即可。

（9）回收动物细胞时，通常应用的离心速率问题：在回收动物细胞时，通常离心速率一般为 300*g* 左右（约 1000rpm），5～10min，转速过高，将造成细胞死亡。

（10）在接种细胞时选择的密度应问题：依照细胞株基本数据上之接种密度或稀释分盘之比例接种即可。细胞数太少或稀释的太多均是造成细胞无法生长的原因之一。

（11）在细胞冷冻时需要的培养基成分问题：动物细胞冷冻保存时最常使用的冷冻培养基是含 5%～10% DMSO（dimethyl sulfoxide）和 90%～95%原细胞生长用的新鲜培养基的混合体。由于 DMSO 稀释时会放出大量热能，故不可将 DMSO 直接加入细胞液中，必须使用前先行配制完成。

（12）应用的 DMSO 等级和过滤除菌的方式问题：细胞冷冻保存所使用的 DMSO 等级，通常应该为适合组织培养等级的 DMSO（如 Sigma D2650），由于其本身即为无菌状况，第一次开瓶后应立即少量分装于无菌试管中，并保存于 4℃，这样可以避免由于反复冷冻解冻而造成 DMSO 自身的分解而释出有害物质，同时还可以减少造成污染的机会。如果所应用的 DMSO 需要过滤，则使用耐 DMSO 的尼龙滤膜。

（13）常用的细胞冷冻保存的方法问题：

1）冷冻方法 1：冷冻管置于 4℃ 30～60min→（-20℃，30min）→-80℃ 16～18h（或隔夜）→液氮中长期储存。

2）冷冻方法 2：冷冻管置于已设定程序之可程序降温机中每分钟降 1～3℃至-80℃以下，再放入液氮中 vapor phase 长期储存。-20℃不可超过 1h，以防止冰晶过大，造成细胞大量死亡，亦可跳过此步骤直接放入-80℃冰箱中，惟存活率稍微降低一些。

（14）细胞在冷冻保存时，细胞冷冻管内通常应所含有的细胞浓度是多少：冷冻管内细胞数目一般为 1×10^6 细胞/ml，融合瘤细胞则以 5×10^6 细胞/ml 为宜。

（15）在细胞培养时，应如何才能最大限度地防止细胞污染：细胞污染的种类可分成细菌、霉菌、病毒和支原体。主要的污染原因为无菌操作技术不当、操作室环境不佳、污染之血清和污染之细胞等。严格之无菌操作技术、清洁的环境、与品质良好之细胞来源和培养基配制是减低污染之最好方法。

（冯乐平）

参考文献

Chachques JC，Herreros J，Trainini J，et al.2004.Autologous human serum for cell culture avoids the implantation of cardioverter-defibrillators in cellular cardiomyoplasty.Int J Cardiol，95（suppl 1）：S29～S33

Hansen MB，Nielsa SE，Berg K.1989.Reexamination and further development of a precise and rapid dye method for measuring cell growth /cell kill.J Immunol Methods，119（2）：203～210

Oreffo RO，Virdi AS，Triffitt JT.1997.Modulation of osteogenesis and adipogenesis by human serum in human bone marrow cultures. European Journal of Cell Biology，74：251～261

Stute N，Holtz K，Bubenheim M，et al.2004.Autologous serum for isolation and expansion of human mesenchymal stem cells for clinical use.Exp Hematol，32：1212～1225

Twentyman PR，Luscombe M.1987.A study of some variables in a tetrazolium dye based assay for cell growth and chemosensitivity. Br J Cancer，56（3）：279～285

Zhou W，Kornegay ET，Storrie B.1994.A microplate-based bioassay system for measuring porcine serum mitogenic activity.J Amin Sci，72（9）：2378～2384

第三部分　生物信息学

第七章　生物信息学实验

实验三十四　生物信息学数据库

一、生物信息学数据库概要

近年来,随着分子生物学的迅猛发展,导致了大量实验数据的积累,为了有效地利用这些信息,研究人员建成了数以百计的生物信息数据库。每个数据库均按着照各自的目标收集和整理生物信息,并提供数据查询和处理等服务。

根据实验数据的来源,生物信息数据库可以大致分为一级数据库和二级数据库。一级数据库通常只经过简单的归类整理和注释,大都收集直接的实验数据,主要包括如核酸和蛋白质序列数据库(如 GenBank、EMBL、DDBJ、SWISS-PROT、PIR)、蛋白质三维空间结构数据库(PDB)等。二级数据库是从一级数据库的数据衍生而来,是对生物信息的进一步整理,如人类基因组图谱库 GDB、转录因子和结合位点库 TRANSFAC、蛋白质结构家族分类库 SCOP 等。

国际上权威的核酸序列数据库主要有三个:美国生物信息中心 NCBI 的 GenBank (http://www.ncbi.nlm.nih.gov/GenBank/)、欧洲分子生物学实验室的 EMBL-Bank(http://www.ebi.ac.uk/embl/)、日本国立遗传学研究所的 DDBJ(http://ddbj.sakura.ne.jp/)。本章中主要介绍美国 NCBI 的 GenBank。

GenBank 由位于马里兰州 Bethesda 的美国国立卫生研究院下属国立生物技术信息中心建立,是美国国立卫生研究院维护的基因序列数据库,汇集并注释了所有公开的核酸以及蛋白质序列。每个记录代表了一个单独的、连续的、带有注释的 DNA 或 RNA 片段。目前 GenBank 中的所有记录均来自于最初作者向 DNA 序列数据库的直接提交。这些作者通常将序列数据作为论文的一部分用来发表或将数据直接公开。

GenBank Flat File(GBFF)是 GenBank 数据库的基本信息单位,也是最广泛表示生物序列的格式之一。GenBank、EMBL-Bank、DDBJ 三大核酸数据库交换数据时均采用这种格式。GBFF 可以分成三个部分,第一部分是头部包含关于整个记录的信息(描述符),图 7-1;第二部分为特征表,详细描述这一记录的特性,图 7-2;第三部分是核苷酸序列自身。所有的核酸数据库记录(DDBJ/EMBL/GenBank)都在最后一行以//结尾,图 7-3。

下面通过一个序列条目实例说明各部分的具体含义。

1. 头部　图 7-1。

```
LOCUS       DQ871217                2036 bp    DNA     linear   BCT 15-SEP-2009
DEFINITION  Streptococcus thermophilus glutamate decarboxylase (gadB) gene,
            complete cds.
ACCESSION   DQ871217
VERSION     DQ871217.2  GI:148540515
KEYWORDS    .
SOURCE      Streptococcus thermophilus
  ORGANISM  Streptococcus thermophilus
            Bacteria; Firmicutes; Lactobacillales; Streptococcaceae;
            Streptococcus.
REFERENCE   1  (bases 1 to 2036)
  AUTHORS   Lin,Q., Yang,S., Lu,F., Lu,Z., Bie,X., Jiao,Y. and Zou,X.
  TITLE     Cloning and expression of glutamate decarboxylase gene from
            Streptococcus thermophilus Y2
  JOURNAL   J. Gen. Appl. Microbiol. 55 (4), 305-310 (2009)
   PUBMED   19700926
REFERENCE   2  (bases 1 to 2036)
  AUTHORS   Lin,Q. and Lu,Z.
  TITLE     Direct Submission
  JOURNAL   Submitted (28-JUL-2006) College of Food Science and Technology,
            Nanjing Agricultural University, Weigang, Nanjing, Jiangsu 210095,
            P.R. China
REFERENCE   3  (bases 1 to 2036)
  AUTHORS   Lin,Q. and Lu,Z.
  TITLE     Direct Submission
  JOURNAL   Submitted (22-MAY-2007) College of Food Science and Technology,
            Nanjing Agricultural University, Weigang, Nanjing, Jiangsu 210095,
            P.R. China
  REMARK    Sequence update by submitter
COMMENT     On Jun 4, 2007 this sequence version replaced gi:113196588.
```

图 7-1　生物序列格式——头部

LOCUS(基因座)包括序列登录号,序列碱基数目,核酸类型(如 DNA、mRNA),形状(如环状、线状),GenBank 子库名称(如 PRI 灵长类、BCT 细菌),序列提交或修正日期。

DEFINITION 为定义行,准确描述序列特征,本例中为嗜热链球菌谷氨酸脱羧酶的完整编码区。

ACCESSION 是序列登录号。VERSION 为序列版本号,GI 号是 NCBI 赋予每个记录的标识符,当本记录被修改后 GI 号也会变化,但登录号不变。KEYWORDS 是关键词。

SOURCE 为生物的物种名称,有时也包括其他来源信息。

ORGANISM 为物种名称及其分类学地位。从 REFERENCE 到 REMARK 包含了该序列的提交者及其机构、正式发表论文的作者、期刊、题目及相应的 PUBMED 数据库编号。COMMENT 为序列的评注。

2. 特征表　图 7-2。

特征表是 GBFF 记录的中间部分,详细描述该序列的各种特性,也是记录中最重要的一部分。

source 包含物种名称及其来源、亚株名称等。

gene 包含基因在本序列中所处的位置以及该基因的名称。

```
FEATURES             Location/Qualifiers
     source          1..2036
                     /organism="Streptococcus thermophilus"
                     /mol_type="genomic DNA"
                     /strain="Y2"
                     /db_xref="taxon:1308"
     gene            294..1673
                     /gene="gadB"
     CDS             294..1673
                     /gene="gadB"
                     /codon_start=1
                     /transl_table=11
                     /product="glutamate decarboxylase"
                     /protein_id="ABI31651.2"
                     /db_xref="GI:148540516"
                     /translation="MNEKLFREIMEINPIYARPGENTEAPRFKMPTDAMLPETAYQIV
                     HDESMMDGNARLNLATFVSTWMDERADKLYREAFDKNAIDKDEYPETARIETYCWTML
                     ADLWHAPKPKETIGCSTTGSSEACMLGGLALKRRWQEKRKAEGKPIDKPNLVMSSAVQ
                     VCWKKFCNYFDVEPRYVPISLEHKVLDGYELEKYVDENTIGVVAIMGVTYTGMYEPVD
                     KIAKVLDGIQEKTGLDIQIHVDAASGGMIAPFLQPDNVWDFRLERVASINTSGHKYGL
                     VYPGLGWVVWRDCQSLPDSLIFKVSYLGGTMPTFALNFSRPGAQILLQYWAFLRYGFE
                     GYKKVQGATSDVARYLANEIKKIGPFELWNDASDIPVFAWMMKKDQKHNWGLYDLSDR
                     LRMKGWLIPAYPMPTNLTDLTVQRIVVRNGLGMDLADQLINDMKTEVAYLEKLDQPLP
                     ENHRSGFHH"
```

图 7-2 生物序列格式——特征表

CDS(编码区)包含编码序列的信息、蛋白质序列登录号、蛋白质序列等。

3. 核酸序列本身 从 ORIGIN 开始直到末尾是核酸序列,在序列末尾以"//"结尾(图 7-3)。

```
ORIGIN
        1 caccctgcct caaccacgat taaaggcatg gaagccattc gaggactata taagaagaat
       61 cgaaaagaag gcactctctt cgggtcttca gtctgcacgg aaatgaagat attattaggt
      121 atacctgcat aaactatagc tagtgttaga ctagtattgt tcattttgga actttgcaac
      181 agaacccttt gaaaaacttt gcaatagagc cgtccatttt aagaaaggca tatcttttga
      241 ttaaaaattc gagtagtgat atagttgcag tgtaataaaa aggaggtttt tttatgaatg
      301 agaagctatt cagagagatt atggagatta atccaatcta tgctcgcccc ggagaaaaca
      361 ctgaggcacc aaggtttaaa atgccaacag atgcgatgtt accagagact gcttaccaaa
      421 ttgttcatga cgaatcaatg atggatggta atgcccgttt gaatttggca acatttgttt
      481 ccacttggat ggatgaacga gcagataaat tgtatcggga agcttttgac aaaaatgcta
      541 ttgataaaga cgagtatcca gagactgctc gtatcgagac ctattgttgg acaatgttgg
      601 ctgatttgtg gcatgcaccg aaaccaaaag aaactatcgg ctgttctacc actggttctt
      661 cagaagcgtg tatgttaggt ggtttggctt tgaaacgccg atggcaagaa aaacgtaaag
      721 cagaaggtaa gcctattgac aagccaaatt tggtaatgag ctcggcagtt caagtttgtt
      781 ggaaaaagtt ttgcaattat ttcgatgtgg agccacgtta tgtaccaatc agtttagaac
      841 acaaagtttt agatggatat gaattagaaa aatacgtgga tgagaatacc attggtgtgg
      901 ttgccatcat gggtgtgact tacactggga tgtatgaacc ggtagacaag attgctaaag
      961 ttttggatgg gatccaagaa aaaactggac tggatatcca aatccatgtg gatgctgctt
     1021 ccggtggaat gatcgcacct tttttacaac cggataatgt atgggatttt cgtttagaac
     1081 gcgtagcttc tatcaatact tcaggtcata agtatgggtt ggtttatcct ggattaggct
     1141 gggtagtgtg gcgtgattgt cagtcactgc ctgacagttt gatttttaaa gtaagttatc
     1201 tgggaggaac gatgccgacg ttcgctttga atttctcacg tccgggggcg cagattctgt
     1261 tgcaatattg ggcgtttttg cgttacggtt ttgaaggtta taaaaaagta caaggtgcca
     1321 caagtgatgt ggcgcgttat ttggctaatg agattaaaaa gattggcccc tttgagttgt
```

图 7-3 生物序列格式——核酸序列本身

```
1381 ggaatgatgc ttcggatatt ccggtgtttg cttggatgat gaaaaaagat caaaaacaca
1441 attgggggct ttatgatcta tctgatcggt tacggatgaa aggctggttg ataccagcgt
1501 atccgatgcc aaccaattta acagatttga ctgttcaacg aatcgttgtg cgaaacggtt
1561 tggggatgga tctagcggat caattgatta acgatatgaa aaccgaagtc gcttatcttg
1621 aaaaattgga tcagccacta ccggaaaatc atcgcagtgg cttccatcat taatcagccg
1681 tgagtaaagc ttgaaggaag tggatttata tgcagaaaaa aaagagttat ctgtctgtct
1741 ttcaaatgac caacatgacc acaattaccg tggcttcatt acgtggtttg ccagcgatgc
1801 cattgaaggc aaagcctcaa ccatcatgta tttggttccg gcaattttat ttttagtgcc
1861 gactgcgttg gtagggggcgg aactagcttc cacctaccaa ggtgggattt atgtttgggt
1921 aaaagaagcc tttggcaata aatgggggtt tctggcgatt tggttgcaat ggattcaaaa
1981 tgtcgtgtgg tatccgattc aattggcatt cgtagcagca gctttggcat cggggt
//
```

图 7-3(续)

GenBank 是基因工程研究中最重要的数据库。理解了 GenBank 中序列条目各个部分的含义,知道如何从记录中获取生物学知识,将给基因工程研究带来极大的帮助。在接下来的实验中,我们将学习如何利用 GenBank 开展基因工程研究。

(林 谦)

实验三十五 核酸序列检索

一、相关知识链接

基因工程研究常常需要分析大量的核酸和蛋白质序列,这些序列可以从互联网上的国际生物信息学网站获得。国际上权威的核酸序列数据库有三个:美国生物信息中心 NCBI 的 GenBank(http://www.ncbi.nlm.nih.gov/GenBank/)、欧洲分子生物学实验室的 EMBL-Bank(http://www.ebi.ac.uk/embl/)、日本国立遗传学研究所的 DDBJ(http://ddbj.sakura.ne.jp/)。三大网站每天互相交换数据,保证三个网站存储的序列相同。网站中的序列免费向全球研究者开放,而且几乎所有的国际生物学期刊都要求作者在投稿前先将相关序列提交给其中一个数据库并获得登录号。

二、实验原理

由于分子生物学和生物信息学的迅猛发展,人们已经获得了大量的核酸序列,这些序列储存在大型数据库中。如果要从某个物种的基因组中克隆一个目的基因,研究者可以直接从数据库中获得该物种中目的基因的序列信息,进而设计引物通过 PCR 来扩增出感兴趣的基因。无论是直接的 PCR 扩增还是通过简并 PCR 来扩增,研究人员都首先要从数据库中检索相关序列,这也是开展基因工程研究工作的前提和条件。

三、实验目的

掌握从 GenBank 中检索目的基因序列(以嗜热链球菌的谷氨酸脱羧酶基因为例)的方法。

四、实验方法

1. 假设要从一株嗜热链球菌(*Streptococcus thermophilus*)中克隆谷氨酸脱羧酶基因,那么在浏览器中输入 NCBI 网址:http://www.ncbi.nlm.nih.gov/。如果知道基因序列的登录号,则在搜索栏中输入登录号;在不知道目的基因登录号时,则输入目的基因或酶的名称,此处输入"glutamate decarboxylase gene",从左边的下拉菜单中选择"Nucleotide"(核酸)。点击"Search"(图 7-4)。

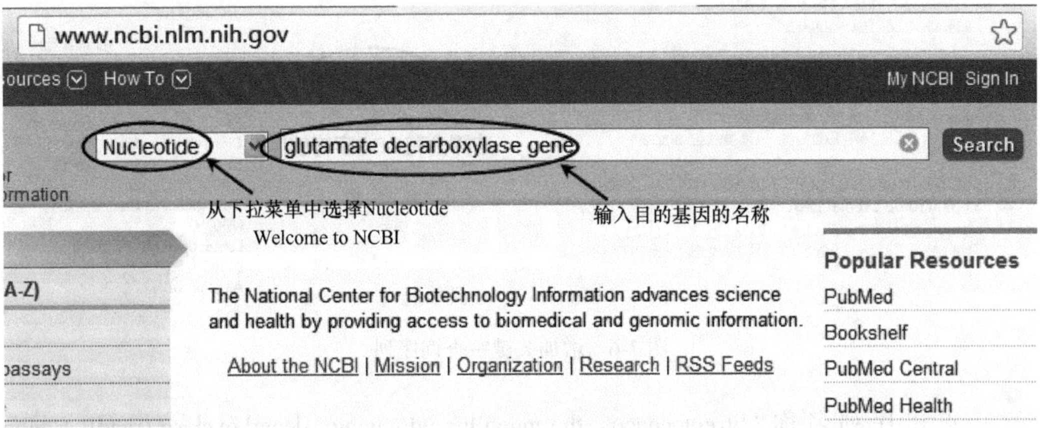

图 7-4 关键字查询序列

由于符合"glutamate decarboxylase gene"搜索条件的序列太多,得到的搜索结果有 5099 条(图 7-5),要从中找出目的基因仍然较困难。

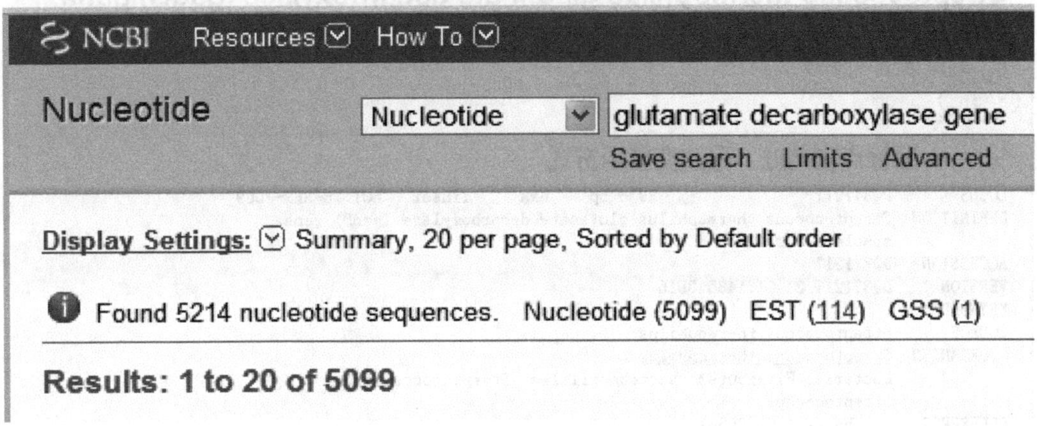

图 7-5 查询核酸序列结果列表

2. 为了缩小搜索范围,再在"glutamate decarboxylase gene"后面加上"Streptococcus thermophilus",即在目的蛋白或基因后面列出物种名。搜索结果由 5099 条变为 23 条(图 7-6),大大降低了工作量。

在这 23 条结果中,有很多是全基因组序列,分析起来较麻烦,一般要根据目的基因的大小,选择某几个长度合适的片段来详细分析,特别是含有"complete cds"这样的片段,因为它们长度不长但包含了完整的编码区。此处选择第 22 条片段作为目的基因序列。

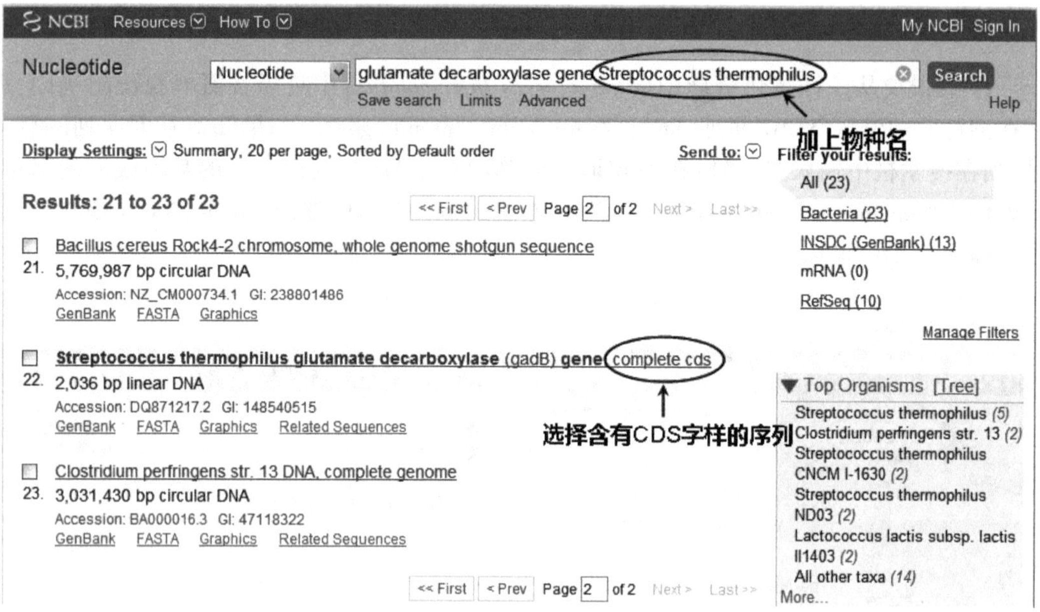

图 7-6 增加关键字查询序列

3. 点击序列名称"Streptococcus thermophilus glutamate decarboxylase (gadB) gene, complete cds"后,则得到如下界面(图 7-7)。

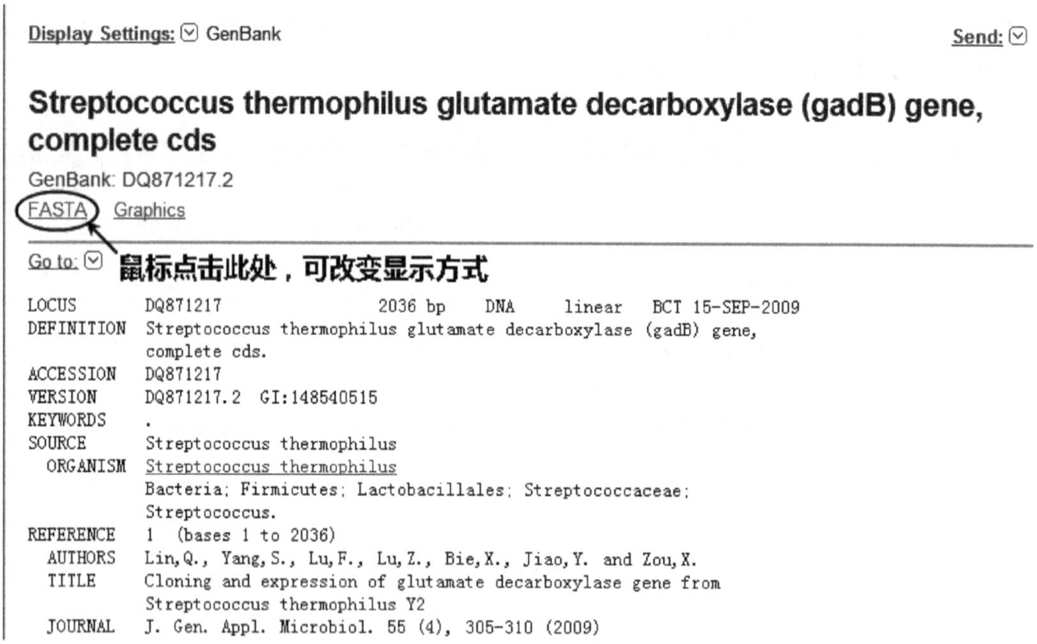

图 7-7 序列格式转换

"DQ871217"即为该序列在 GenBank 中的登录号。页面给出了该基因序列的提交人、对应的论文、发表的刊物,以及基因编码区(coding sequence,CDS)、对应的蛋白质产物登录号的详细信息。

检索得到基因序列后,便可进行下一步的详细分析,如同源序列比对、限制酶切割位点分析、引物设计等,这些分析需要使用专门的核酸序列分析软件来完成。

有一些生物信息学软件要求待分析的核酸序列使用 FASTA 格式,此时可以将“DQ871217”的显示模式更改为 FASTA(图 7-8),得到的序列就是 FASTA 格式(图 7-8)。FASTA 格式是一种基于文本用于表示核苷酸序列或氨基酸序列的格式。在这种格式中碱基或氨基酸用单个字母来编码,且允许在序列前添加序列名及注释。序列文件的第一行通常是对该序列的任意文字说明(习惯常用“>”作为起始),作为序列注释。注释后才是序列本身,只允许使用既定的核苷酸或氨基酸编码符号。

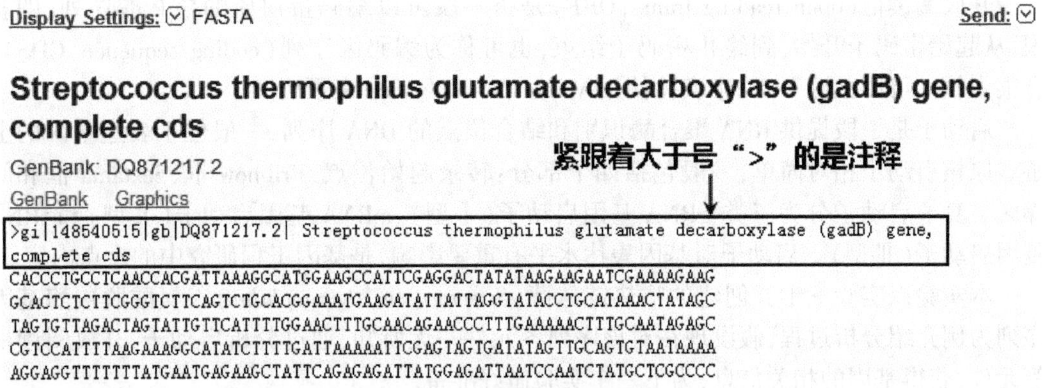

图 7-8　序列格式示意图

将该序列从“>”到最后一个核苷酸字母全部复制,存盘在一个空的 txt 文件中,文件名命名为“DQ871217. txt”,留待下一步分析。

五、注意事项

如果搜索不到目的基因序列或者搜索结果太多,可能是搜索条件设置得不合适,更改搜索条件或目的基因名称可能会使搜索结果改善。

(林　谦)

实验三十六　原核与真核生物核酸序列分析

一、相关知识链接

核酸分子是由 dATP、dTTP、dGTP、dCTP 四种核苷酸连成的多聚体,基因工程研究中的目的基因短则几百个核苷酸,长的则有数千至数万个核苷酸,而各种生物的全基因组序列甚至达到几亿,这么长的序列只能用计算机来分析。由于分子生物学、生物信息学的迅猛发展,人们已经开发出了大量的分析软件。目前流行的综合序列分析软件包括 Lasergene、Vector NTI Advance、BioEdit、DNAssist 等,而对于各种表达元件,则有专门的分析软件,如预测启动子的 NNPP。

本实验介绍的综合分析软件是由 Invitrogen 公司开发的 Vector NTI Advance 软件包,这是一个功能强大的分子生物学综合分析工具,可以对 DNA、RNA 和蛋白质序列进行各种分析。此外还介绍一个在线启动子预测软件 NNPP(Neural Network for Promoter Prediction)。这个分析软件由加州大学伯克利分校的 Martin G. Reese 博士开发,通过神经网络算法来预测原核生物或真核生物 DNA 序列中的启动子。NNPP 程序界面友好,使用方法极其简单。

二、实验原理

基因工程的第一步是要克隆目的基因,克隆目的基因的基本方法包括构建基因组文库(真核生物的是 cDNA 文库)和 PCR 扩增。PCR 扩增目的基因是目前最简单有效的方法,在扩增前首先要对目的基因详细分析,得到相关信息。

开放阅读框(open reading frame,ORF)是指一段可以编码蛋白质的核苷酸序列,即基因,从起始密码子开始,到终止密码子结束,也可称为编码区序列(coding sequence,CDS)。有很多软件可以预测 ORF,本实验使用 Vector NTI Advance 来预测。

启动子是一段提供 RNA 聚合酶识别和结合位点的 DNA 序列,一般位于表达基因的上游。原核启动子相对简单,一般包括四个部分:转录起始位点、Pribnow 框、Sextama 框和间隔区。真核启动子分为三类:rRNA 基因启动子(Ⅰ型)、mRNA 基因启动子(Ⅱ型)和 tRNA 基因启动子(Ⅲ型)。启动子对基因表达水平有重要影响,是基因工程研究中的重点内容。

本实验以实验三十五创建的嗜热链球菌(*Streptococcus thermophilus*)谷氨酸脱羧酶基因序列为例介绍分析过程,假设现在对该序列各元件一无所知,通过分析启动子、开放阅读框等元件,获得基因的相关信息,为下一个实验做好准备。

三、实验目的

掌握使用 Vector NTI Advance 11.5 分析核酸序列的方法,掌握启动子、开放阅读框的分析方法;掌握在线预测开放阅读框的方法;了解真核基因结构。

四、实验方法

(一) 建立序列数据文件

实验三十五已经搜索到嗜热链球菌(*Streptococcus thermophilus*)谷氨酸脱羧酶基因序列 DQ871217,要在 Vector NTI Advance 中建立这个基因序列的数据文件有两种方法。下面分别介绍。

1. 第一个方法 从所有程序菜单中打开"Invitrogen→Vector NTI Advance 11→Vector NTI Explorer",从程序窗口上方菜单选择"Tools→Open→Retrieve DNA-RNA by GenBank NID",在弹出窗口输入"DQ871217",点击"OK"。程序自动从 NCBI 网站找到该序列,建立一个名为"DNA/RNA Molecule from URL ncbi:dnarna/148540515"的数据文件,文件中的序列就是嗜热链球菌(*Streptococcus thermophilus*)谷氨酸脱羧酶基因序列(图 7-9)。

Vector NTI Advance 的序列分析界面分为三部分,左上角的为序列特征描述,右上角的为序列的示意图,最下方的为 DNA 双链的核苷酸序列。由于本方法是直接从 NCBI 导入序列的,序列文件除了序列本身,还包含了序列提交者对序列中各元件(如 ORF)的标注。在序列示意图中,Vector NTI Advance 程序自动标上了常见限制酶的切割位点。

2. 第二个方法 打开实验三十五创建的文件"DQ871217. txt",复制由 A、G、C、T 四种字母组成的核苷酸序列,长度为 2036 bp,拷贝到剪贴板。

从程序菜单中打开"Invitrogen→Vector NTI Advance 11→Vector NTI",在 Vector NTI 程

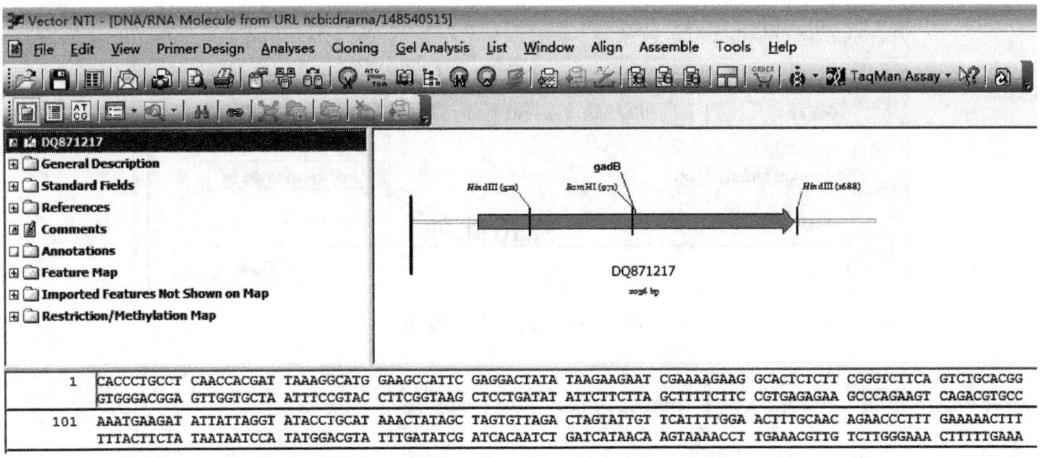

图 7-9　程序打开 NCBI 核酸序列示意图

序界面的左上角点击“File→Create New Sequence→Using Sequence Editor(DNA/RNA)”(图 7-10),在弹出的窗口中输入序列名称“S thermophilus glutamate decarboxylase”。

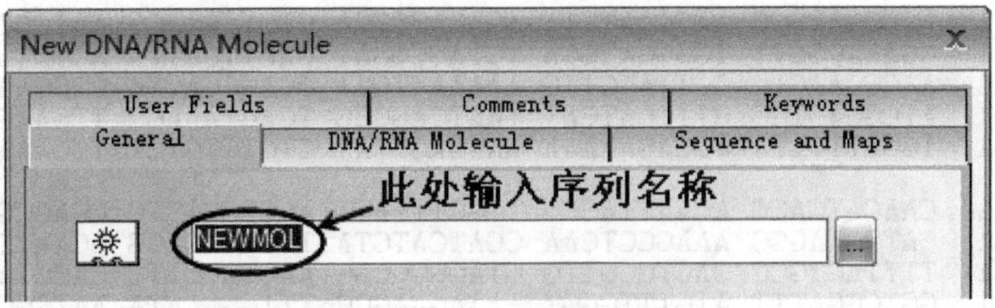

图 7-10　命名并编辑序列

点击 DNA/RNA Molecule,选择“DNA”和“Linear”(图 7-11)。因为这里要分析的序列是线状的基因序列,不是环状的质粒 DNA。

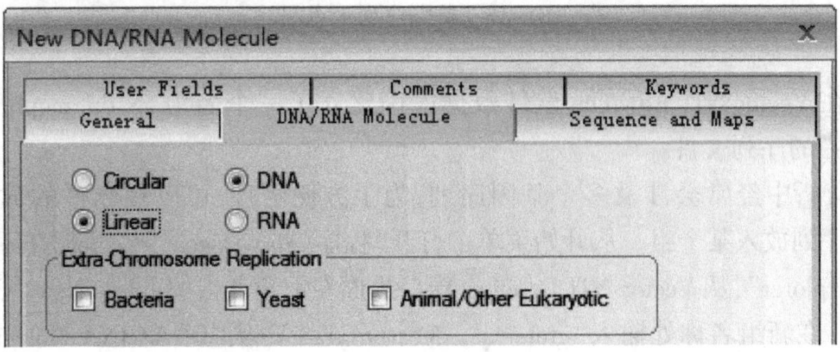

图 7-11　设定核酸属性

点击“Sequence and Maps”、“Edit Sequence”(图 7-12),以便编辑序列。

在弹出的序列编辑窗口中点击“Paste”,将第一步复制的 2036 bp 序列粘贴到窗口中,再点击“OK”(图 7-13)。

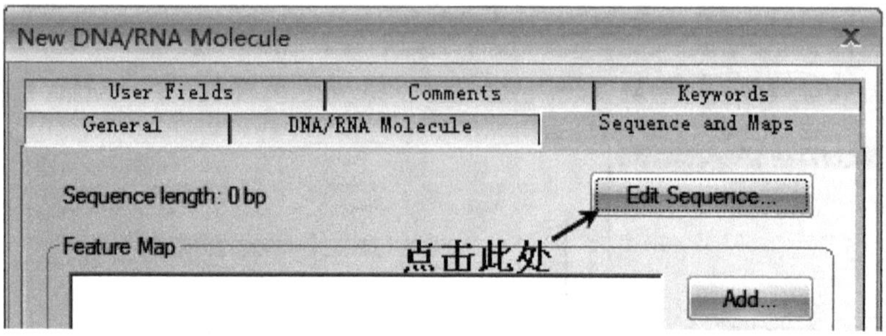

图 7-12　结果序列按钮

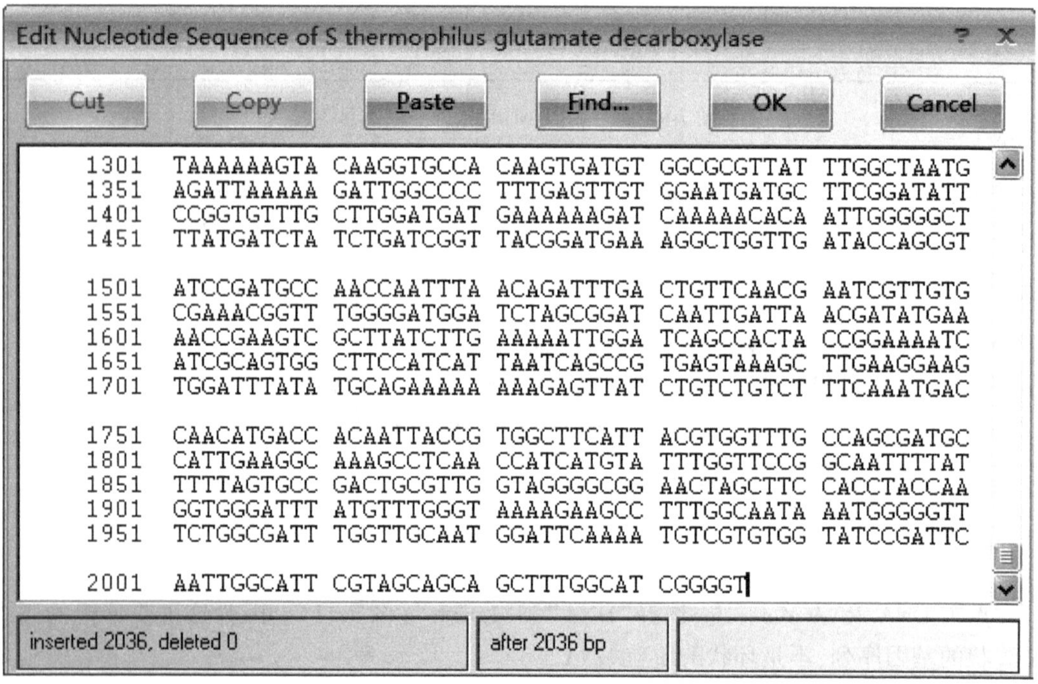

图 7-13　粘贴序列示意图

此时就在 Vector NTI Advance 软件数据库中建立了一个名为“S thermophilus glutamate decarboxylase”的序列文件。

在实际分析中经常会涉及多个基因序列，为了方便管理，可以在软件的数据库中分组（subset），把序列放入某个组。从开始菜单中打开“程序→Invitrogen→Vector NTI Advance 11→Vector NTI Explorer”，从 Vector NTI Explorer 窗口界面左上角点击“Table→New→Subset”，即增加一个新组。在新组名称处输入“glutamate decarboxylase”，从“DNA/RNA Molecule（MAIN）”中挑出“S thermophilus glutamate decarboxylase”序列拖入该组中（图 7-14）。

第二种方法建立的序列文件并没有对序列中各元件做标注，假设此时不清楚序列中有什么元件，接下来介绍该序列的分析过程。

（二）预测开放阅读框

在 Vector NTI Explorer 中打开刚刚建立的“S thermophilus glutamate decarboxylase”序列文件，可以看到软件已经自动标上了几个常见的限制酶切割位点。从界面上方菜单中

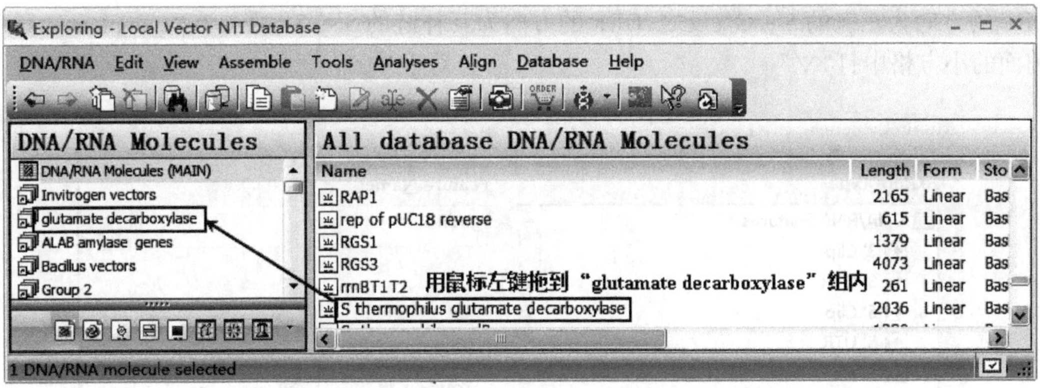

图 7-14　将序列贴入新组设定开放阅读框属性

打开“Analyses→Find ORF”，在弹出的窗口中给“Include Stop Codon in ORF”前面打“√”（图 7-15）。

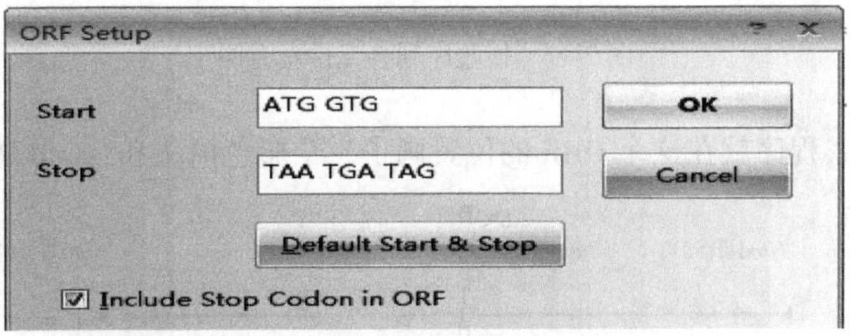

图 7-15　设定开放读码框属性

点击“OK”后，软件的序列示意图中出现了几个箭头，它们代表可能存在的 ORF（图 7-16）。哪个 ORF 是真正的编码基因，往往要参照其他相近物种的相同基因或纯化的蛋白质产物分子量来判断。

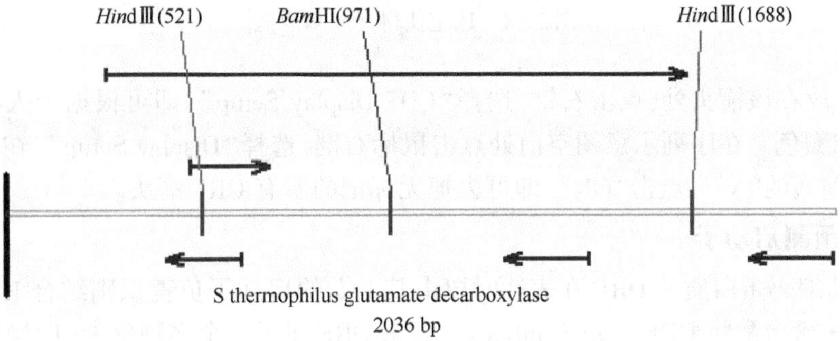

图 7-16　预测可能的开放读码框

此处选择最长的 ORF 作为目的基因，把鼠标放在该箭头上，点击右键，选择“Add ORF to FMap”。弹出窗口的左半部分表示核酸序列的各个元件种类（图 7-17），此处“CDS”的意思是编码区，意即这个 ORF 是编码序列。在“Feature Name”下面可以根据自己的喜好来命名输入嗜热链球菌谷氨酸脱羧酶基因的名称，这里根据相关文献命名为“gadB”。“Simple Format”下方的数字表示 ORF 在整个 2036 bp 序列中的具体位置。若箭头指向右方，则表示

ORF 的方向为正链的 5′→3′;反之,ORF 的方向为互补链的 5′→3′,需要在"Complementary"前面的小方格中打"√"。

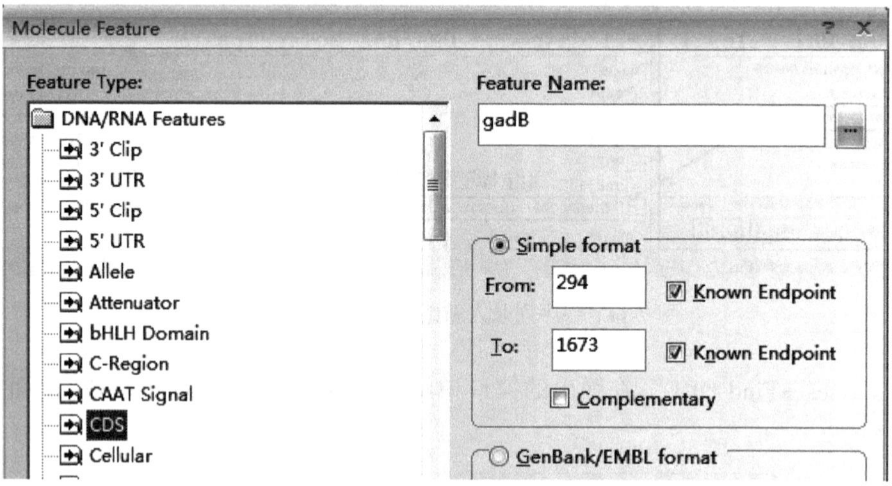

图 7-17 核酸序列各元件示意图

点击"OK"后,程序就在这个 ORF 的位置画了一个彩色箭头和"gadB"标记(图 7-18)。

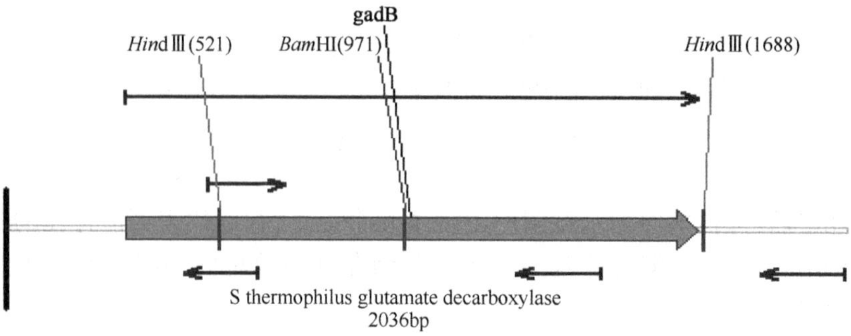

图 7-18 选定使得开放阅读框

把鼠标放在该箭头处,点击右键,选择"CDS Display Setup",即可根据个人喜好改变箭头的形状和颜色。在序列示意图空白处点击鼠标右键,选择"Display Setup",在弹出窗口去掉"ORFs"前面的"√",点击"OK",即可去掉无标记的所有 ORF 箭头。

(三) 预测启动子

1. 细菌编码蛋白质的 ORF 在表达时要由其上游的启动子负责识别结合 RNA 聚合酶,然后由 RNA 聚合酶将 ORF 转录为 mRNA。如果 ORF 属于一个多顺反子(即操纵子),那么其上游还可能会有其他的 ORF;如果 ORF 属于单顺反子,那么其上游就应该有启动子。上一步实验预测了一个位于 294→1673 的 ORF,接下来通过 NNPP 软件来分析这个 ORF 上游有没有启动子。

打开"S thermophilus glutamate decarboxylase"序列文件,在上方菜单中选择"Edit→Set Selection Range",在弹出窗口中填入"1""293"(图 7-19),即 ORF 的上游序列,点击"OK"。然后再在菜单中选择"Edit→Copy Sequence 1bp to 293bp"。

2. 把刚才复制的 293bp 序列粘贴到 NNPP 程序页面:(http://www.fruitfly.org/seq_tools/

promoter. html/)。由于待分析的核酸序列来自细菌,需要在网站上将程序默认的真核生物(eukaryote)改为原核生物(prokaryote)。因为启动子方向和 ORF 的转录方向都是正链的 5′→3′,所以在"Include reverse strand?"后面选择"no"(图 7-20)。最小分值设定在 0.8。

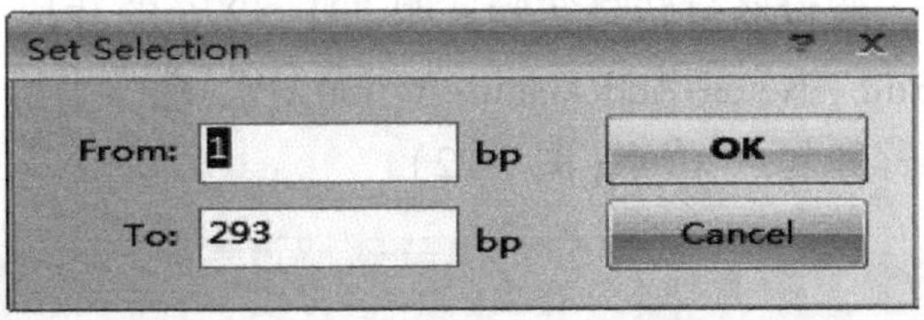

图 7-19　序列选择对话框

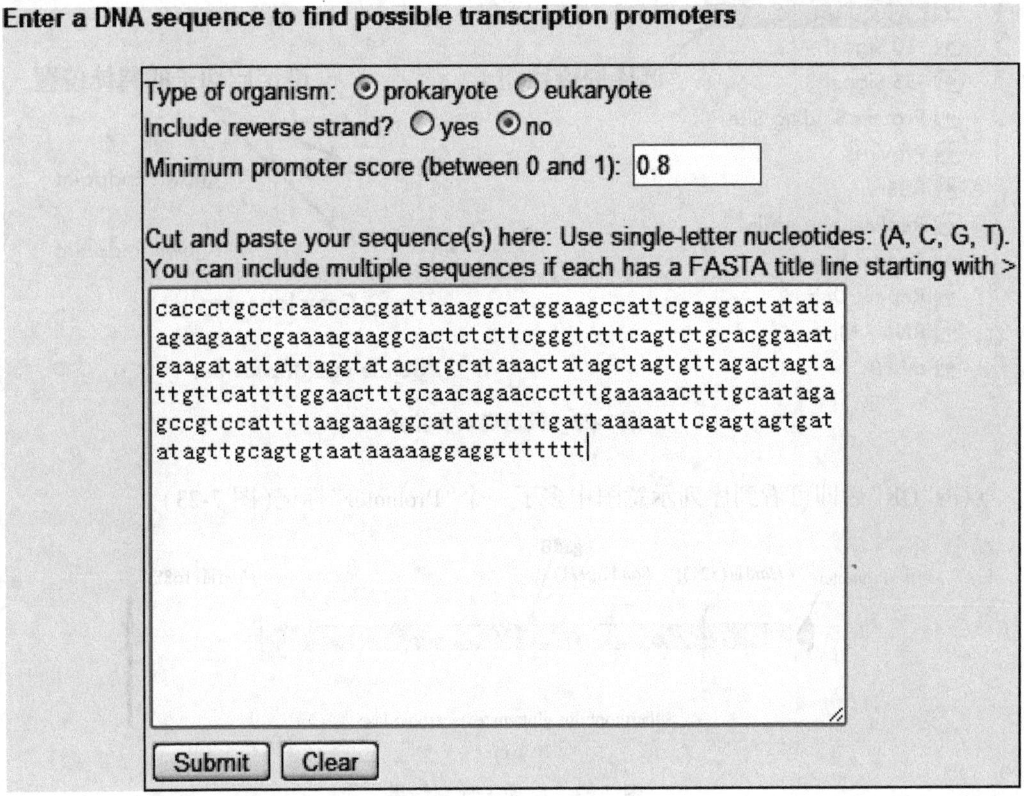

图 7-20　启动子分析结果

点击"Submit"后,程序即给出大于 0.8 分的计算结果(图 7-21)。分值越高越有可能是启动子,214→259、231→276 的片段得分达到 0.99,极有可能为启动子。

Promoter predictions for seq0 :

Start	End	Score	Promoter Sequence
101	146	0.81	aaatgaagatattattaggtatacctgcataaactatagctagtgttaga
214	259	0.99	ccattttaagaaaggcatatcttttgattaaaaattcgagtagtgatata
231	276	0.99	tatcttttgattaaaaattcgagtagtgatatagttgcagtgtaataaaa
242	287	0.84	taaaaattcgagtagtgatatagttgcagtgtaataaaaaggaggttttt

图 7-21　启动子预测

假设经过转录实验证明 231→276 的片段为启动子，那么在 Vector NTI 的菜单中选择"Edit→New→Add Feature to FMAP"，在弹出窗口中选择"Promoter Prokaryotic"，输入启动子名称和起点、终点(图 7-22)。

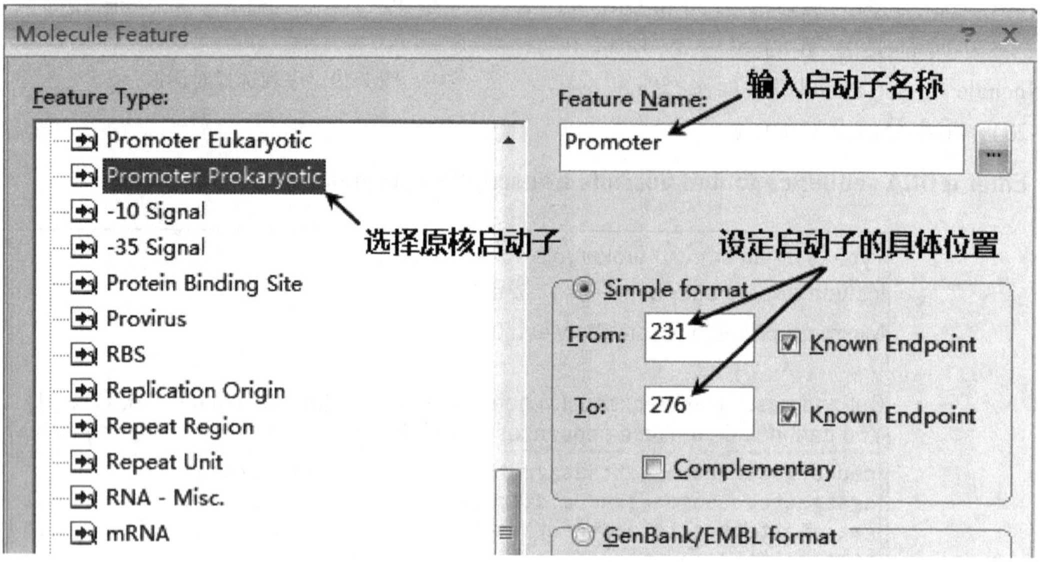

图 7-22 设定启动子位点

点击"OK"后即可看到序列示意图中多了一个"Promoter"标记(图 7-23)。

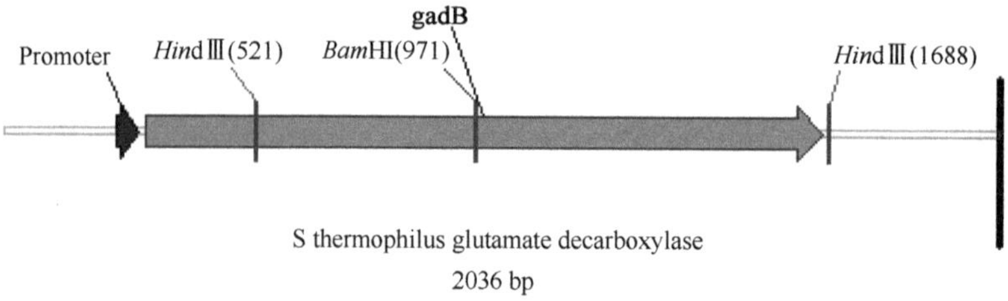

图 7-23 启动子预测结果

(四) 使用在线软件分析可读框架

ORF Finder 对人瘦素(leptin)的 mRNA 序列进行分析(图 7-24)；人瘦素(leptin)的 mRNA 序列可根据实验三十四的方法检索到。

点击 OrfFind，再点击 Frame+1，运用 ORF Finder 程序，找到可能的开放阅读框(图 7-25)。

(五) 了解真核基因结构

基因定位信息查找人瘦素的基因组 DNA 的序列，显示序列详细信息；对人类瘦素(leptin)mRNA 序列与其外显子或基因组序列并分析。

1. 检索人瘦素(leptin)的基因组 DNA(图 7-26)。

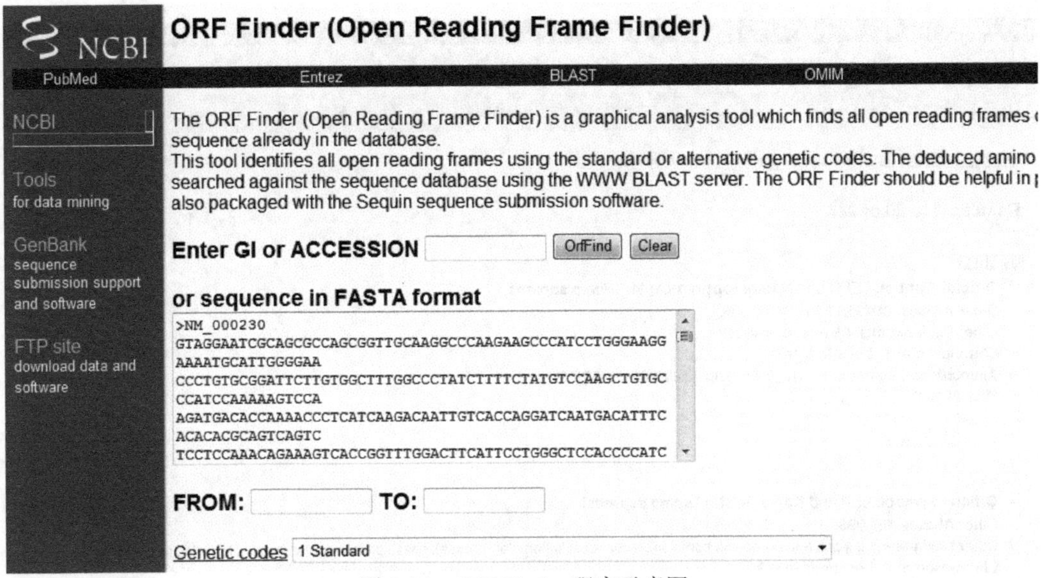

图 7-24　ORF Finder 程序示意图

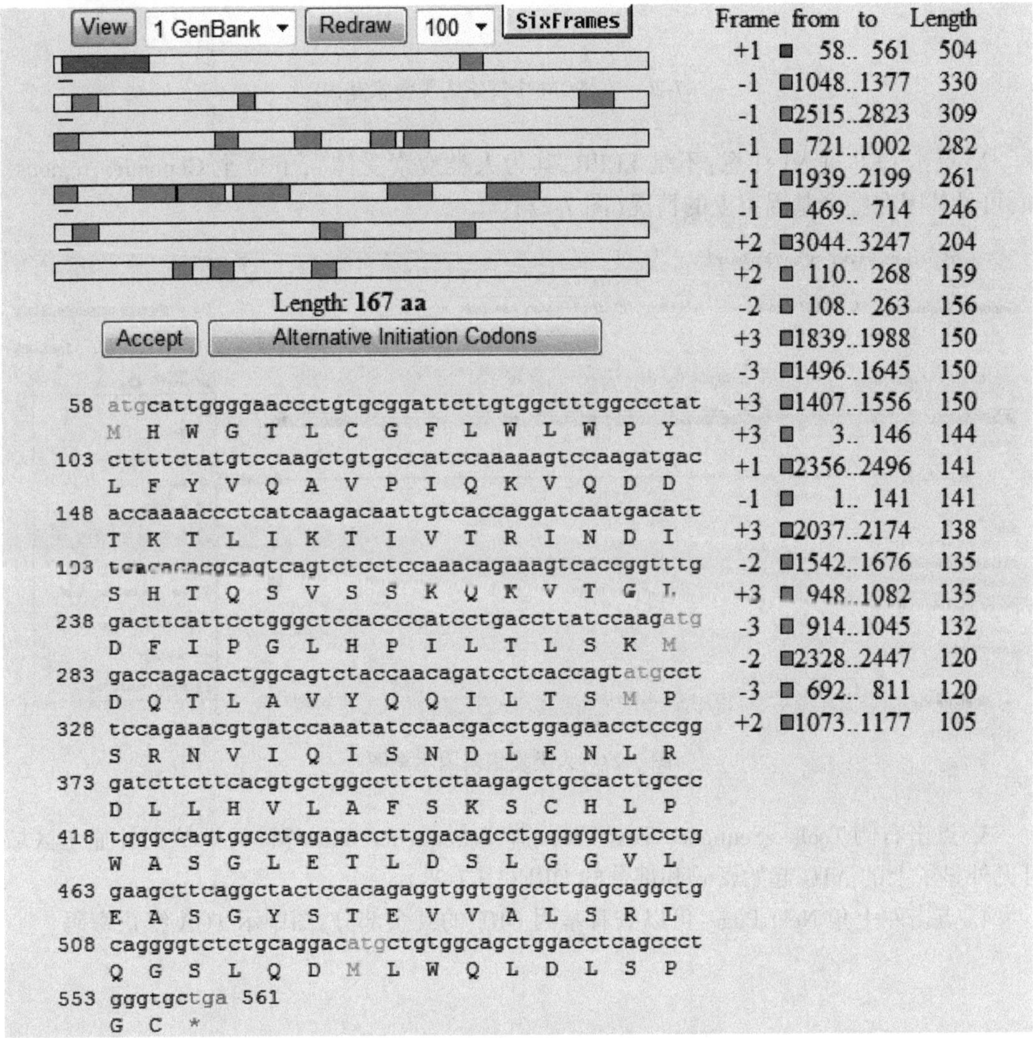

图 7-25　瘦素可能的开放读框示意图

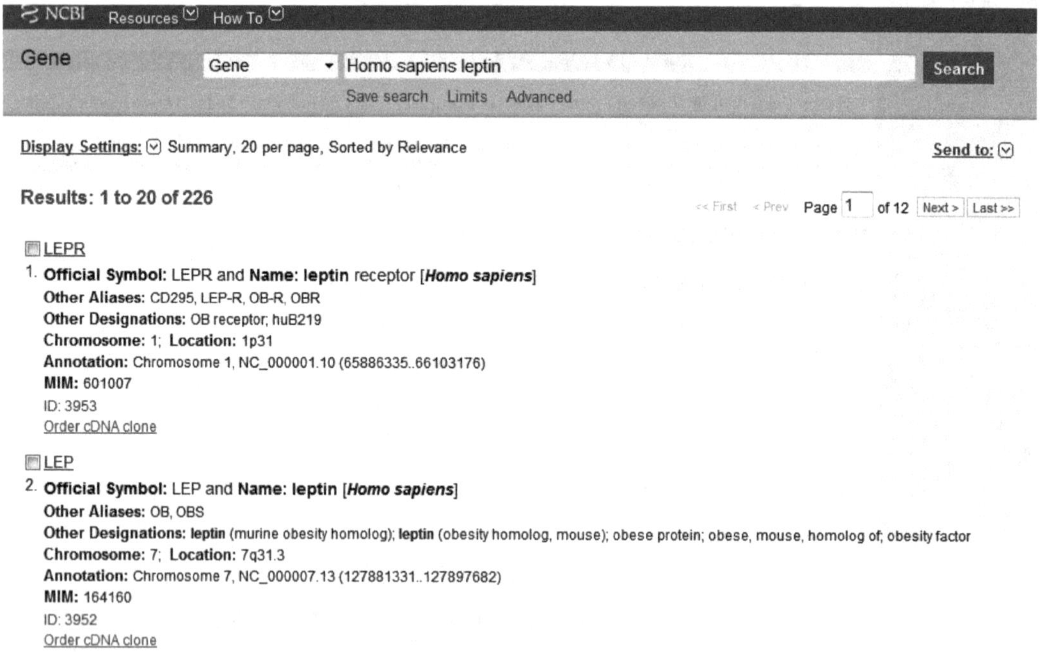

图 7-26 在 NCBI 中搜索人类瘦素基因

2. 点击 LEP 进入(注意:不是 LEPR,其为人类瘦素受体),下拉至 Genomics regions…项,可见基因在整个基因组上的情况(图 7-27)。

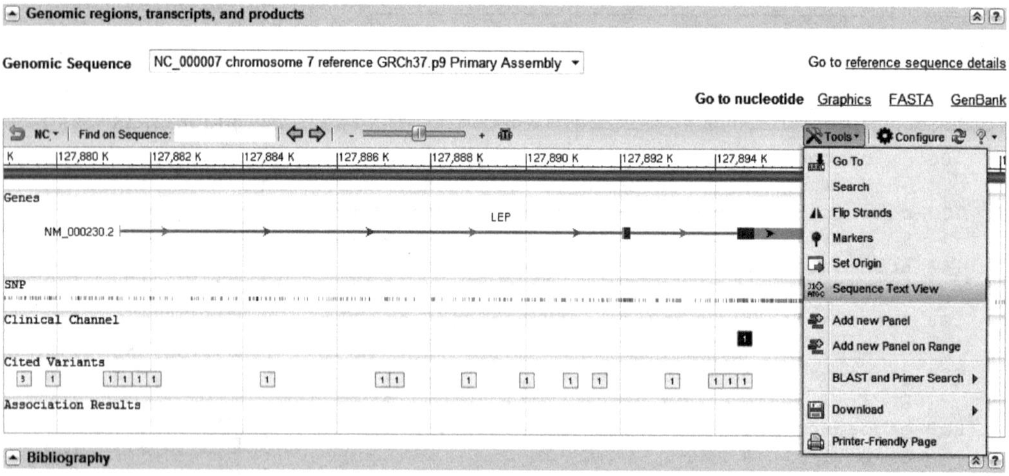

图 7-27 人类瘦素基因示意图

3. 点击右侧 Tools->Sequence Text View,弹出 Sequence View 窗口,下拉到外显子区域,可见外显子上的 ATG 起始密码和部分的 ORF(图 7-28)。

4. 点击左上角 Next Page,可以查看基因 ORF 的其余部分,图中示 TGA 终止密码。

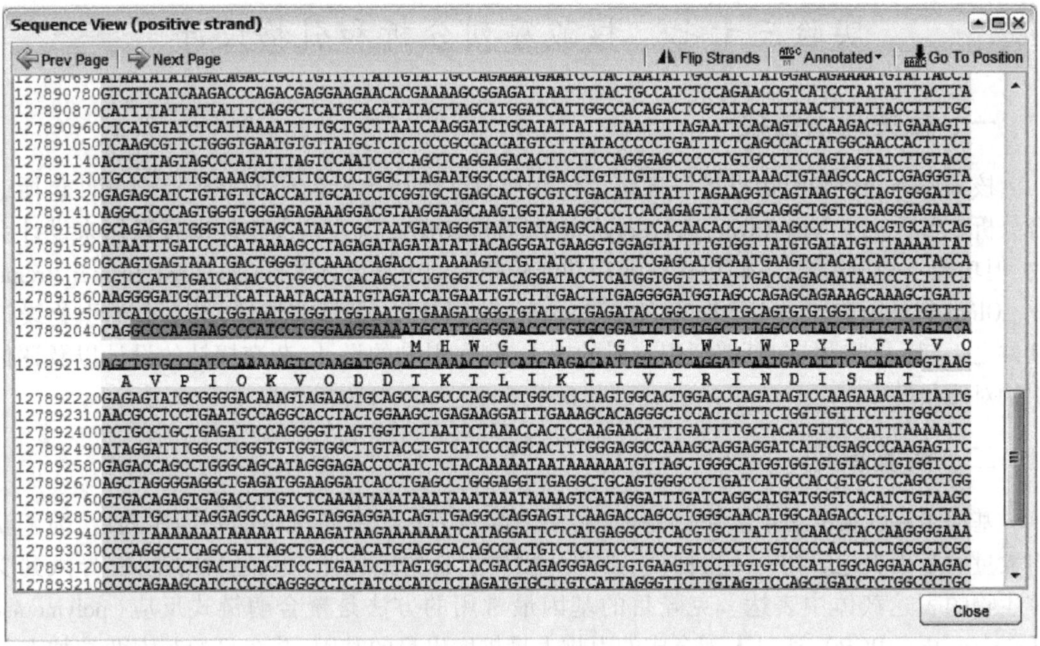

图 7-28　人类瘦素基因在基因组上编码示意图(1)

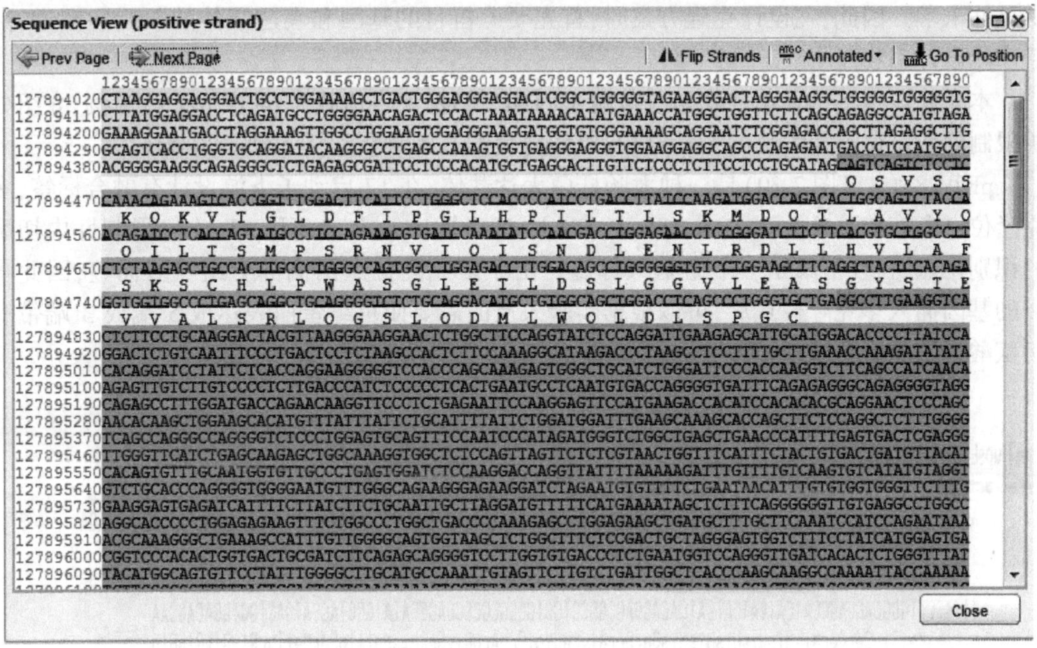

图 7-29　人类瘦素基因在基因组上编码示意图(2)

五、注意事项

虽然已有大量的计算机软件可以用于各种表达元件(如启动子、ORF)的预测,但是计算机程序并不能保证预测完全准确。理论上的推测都要通过分子生物学实验来证实。

(林　谦　林　军)

实验三十七　核酸序列分析和引物设计

一、相关知识链接

核酸序列分析和引物设计一般都要使用软件。比较流行的序列分析综合软件包括综合分析软件 Vector NTI Advance、Lasergene、BioEdit、DNAssist。综合软件也可以用来设计引物,但功能不是很理想,人们更喜欢使用功能较完善的引物设计软件,如 Oligo、Primer Premier。Oligo 软件由美国 Molecular Biology Insights 公司开发,是目前最好、最专业的引物设计软件之一,其主要功能包括普通引物对的搜索、测序引物的设计、杂交探针的设计以及评估引物对质量等。

二、实验原理

基因工程的目的是克隆目的基因,并使之高效表达。在获得目的基因序列后,为了获得大量的基因表达产物——蛋白质,必须从供体生物的染色体中克隆目的基因,导入到受体生物的表达载体中表达。克隆目的基因最常用的方法是聚合酶链式反应(polymerase chain reaction,PCR),通过人工合成的引物大量扩增出目的基因,并在目的基因两端加上与载体多克隆位点(multiple cloning site,MCS)匹配的限制酶识别序列,为后续的连接反应提供黏性末端。因此,在设计克隆方案时,首先要分析目的基因和表达载体的限制性图谱,然后才能设计引物。

本实验以嗜热链球菌谷氨酸脱羧酶基因和大肠杆菌表达载体 pET-28a(+)为例,介绍分析限制酶切割位点及引物的设计过程,以便将目的基因顺利地插入到表达载体中。

pET-28a(+)(图 7-30)是一种大肠杆菌表达载体,在 T7 启动子下游设计有融合标签,多克隆位点含有 *Bam*H Ⅰ、*Eco*R Ⅰ、*Sac* Ⅰ、*Sal* Ⅰ、*Hind* Ⅲ、*Eag* Ⅰ、*Not* Ⅰ、*Xho* Ⅰ等限制性内切酶的识别位点,再往下又是一个组氨酸标签。由于多克隆位点两侧都有组氨酸标签,因此将目的基因插入多克隆位点后,可以根据实验人员的需要使重组蛋白表达成 5′端或 3′端带有组氨酸标签的融合蛋白。

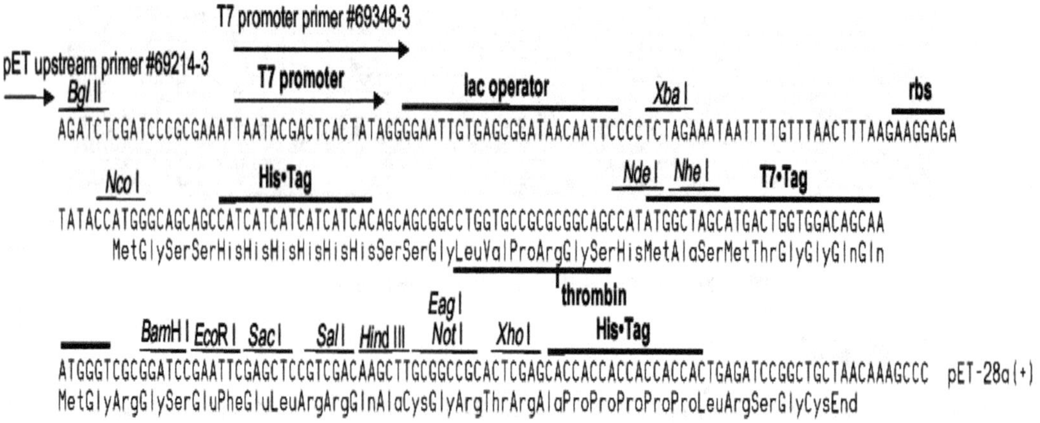

图 7-30　限制性核酸内切酶识别位点示意图

本实验采用 5′端携带组氨酸标签的融合表达策略。为此要确定在表达载体的多克隆位点中，目的基因含有哪些限制酶切割位点，设计引物时必须选择那些在目的基因序列内不存在切割位点的限制酶，这样才能使目的基因顺利地插入表达载体多克隆位点而不被切断。选择限制酶时一般首选两种不同的酶，因为双酶切可以实现定向克隆，同时它们的反应缓冲液要兼容，免去更换缓冲液的麻烦。PCR 扩增出来的产物除了含有目的基因序列外，还会在两端加上原来没有的限制酶识别位点。需要注意的是，限制酶在切割识别位点时结合的 DNA 长度要大于识别位点本身，因此对裸露的识别位点不能切断，必须在其旁边加上几个保护碱基，才能有效地切割。

三、实验目的

掌握核酸序列中限制酶切割位点的分析方法，学会制订克隆方案，以及利用 Oligo 软件设计引物的方法。

四、实验方法

（一）分析限制酶切割位点

打开程序"Invitrogen→Vector NTI Advance 11→Vector NTI Explorer"，打开"glutamate decarboxylase"组内的"S thermophilus glutamate decarboxylase"序列文件。点击程序界面左栏的"Restriction/Methylation Map"，查看目的基因序列中存在哪些限制酶识别位点(图 7-31)。

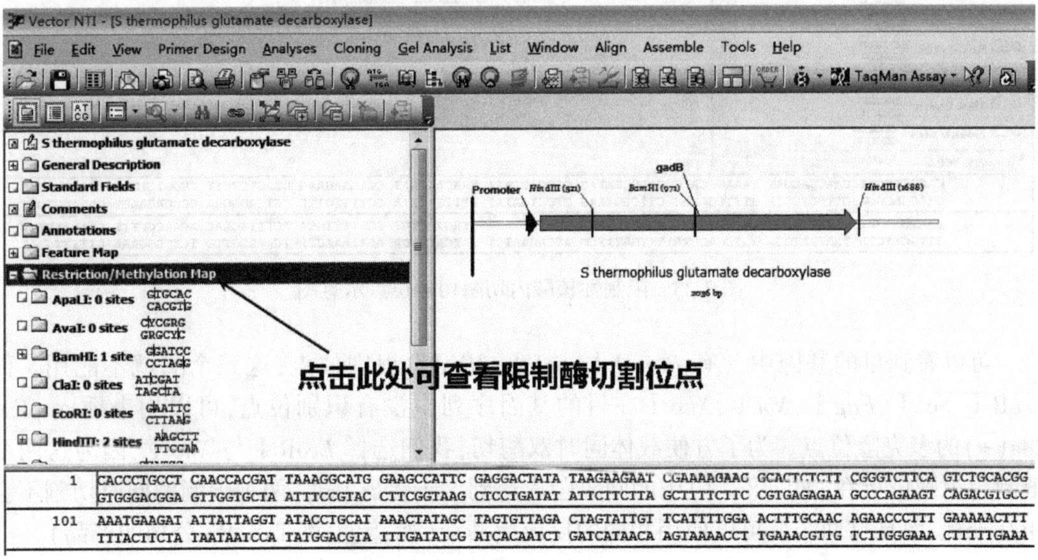

图 7-31 查看限制性核酸内切酶切割位点示意图

根据 pET-28a(+)质粒的图谱，*Bam*H Ⅰ、*Eco*R Ⅰ、*Sac* Ⅰ、*Sal* Ⅰ、*Hind* Ⅲ、*Eag* Ⅰ、*Not* Ⅰ、*Xho* Ⅰ可以作为外源片段插入的位点。此时 Vector NTI Advance 程序列出了其中几种限制酶切割位点，为了增加限制酶的种类，可在程序上方菜单中选择"Analyses→Restriction Analyses→Restriction Sites"，在弹出窗口中点击"<Add"。在需要增加的限制酶名字上点击鼠标左键，同时按住键盘的"Ctrl"键可以一次增加多种酶(图 7-32)。

点击"OK"后程序给出分析结果(图 7-33)。

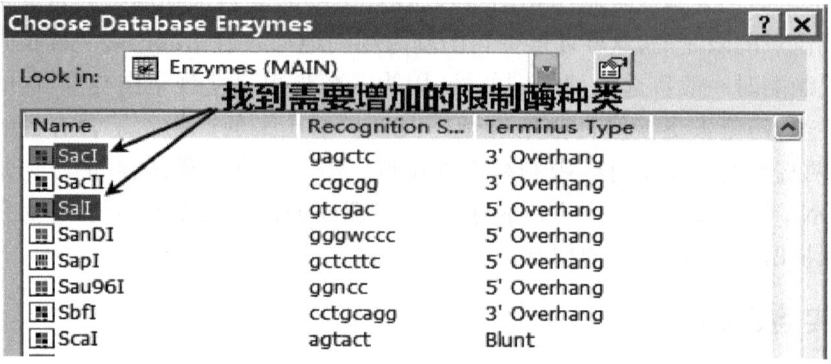

图 7-32　选择限制性内切酶种类的对话框

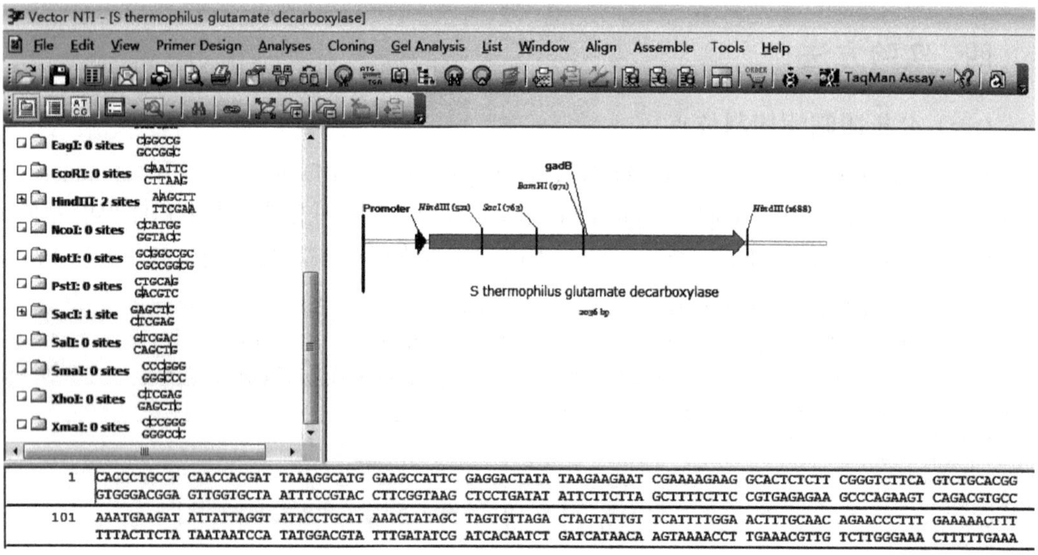

图 7-33　限制性核酸内切酶切割位点示意图

可以看到目的基因中含有 *Bam*H Ⅰ、*Sac* Ⅰ、*Hind* Ⅲ 识别位点，这三个酶就不能用。而 *Eco*R Ⅰ、*Sal* Ⅰ、*Eag* Ⅰ、*Not* Ⅰ、*Xho* Ⅰ 在目的基因序列中没有识别位点，可以用来插入 pET-28a(+)的多克隆位点。为了方便载体同时双酶切，我们选择 *Eco*R Ⅰ 与 *Xho* Ⅰ，因为这两个限制酶识别位点在 pET-28a(+)中的间隔距离达到二十多碱基对，两种限制酶同时切割不会相互干扰，而且这两个酶可以使用相同的反应缓冲液(如，宝生物 TaKaRa 公司的产品)。

(二) 设计引物

Vector NTI Advance 自带引物设计功能，但比不上专门的引物设计软件 Oligo。本实验介绍用 Oligo 7 软件设计引物的过程。

用 Vector NTI Advance 11.5 打开"S thermophilus glutamate decarboxylase"，用鼠标左键点击序列示意图中的"gadB"(图 7-34)，谷氨酸脱羧酶基因的 ORF 即被选中，然后在程序窗口上方菜单中选择"Edit→Copy Sequence 294bp—1673bp"。

打开 Oligo 7 程序文件，在菜单上选择"File→New Sequence"，在打开的窗口中同时按"Ctrl"和"V"键把刚才的 ORF 序列粘贴进去(图 7-35)。

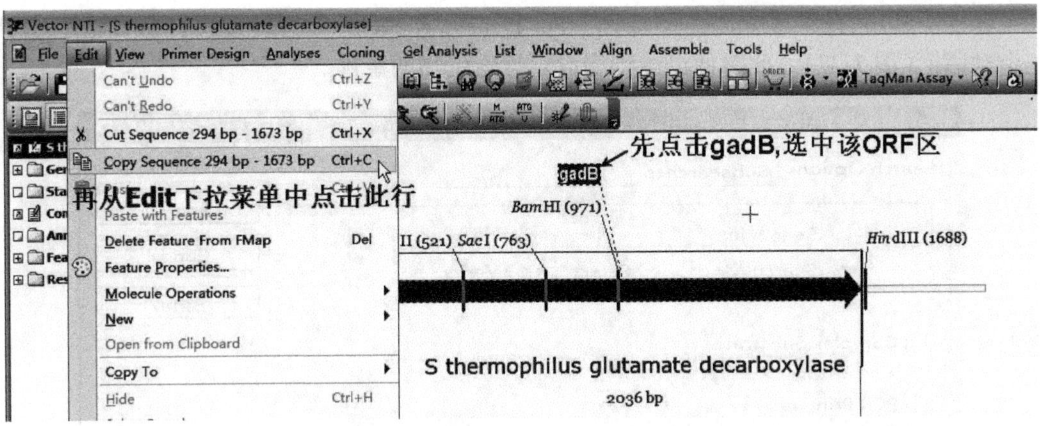

图 7-34　选择待分析的开放阅读框

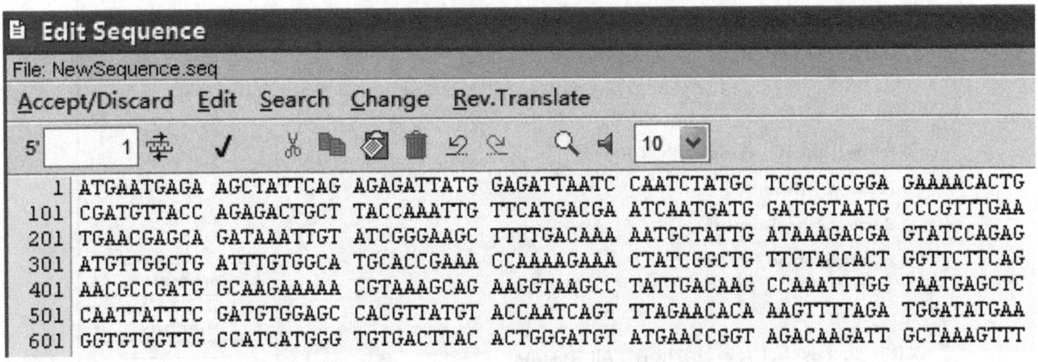

图 7-35　序列编辑对话框(可粘贴入序列)

在这个窗口的菜单中选择“Accept/Discard→Accept”,便会出现一个“Sequence”窗口(图 7-36),此时可在 Oligo 的总菜单中选择“File→Save→Sequence as”,输入序列文件名“gadB. seq”,存盘。

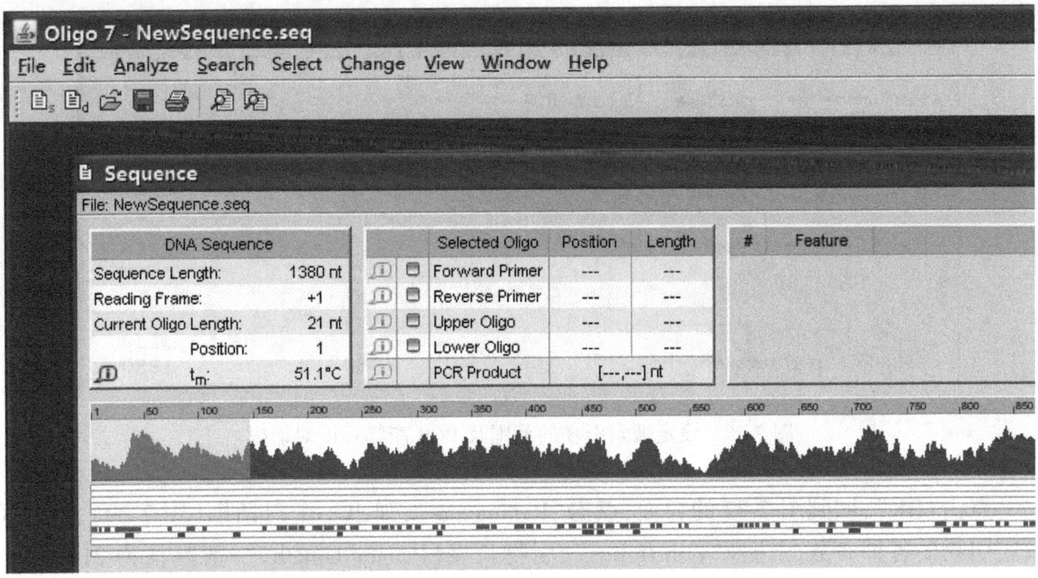

图 7-36　序列对话框(可保存序列)

保存序列后,在菜单中选择“Search→For Primers & Probes”,意即搜索引物和探针,弹出一个对话框(图 7-37)。此时便可给程序设定搜索引物的条件。

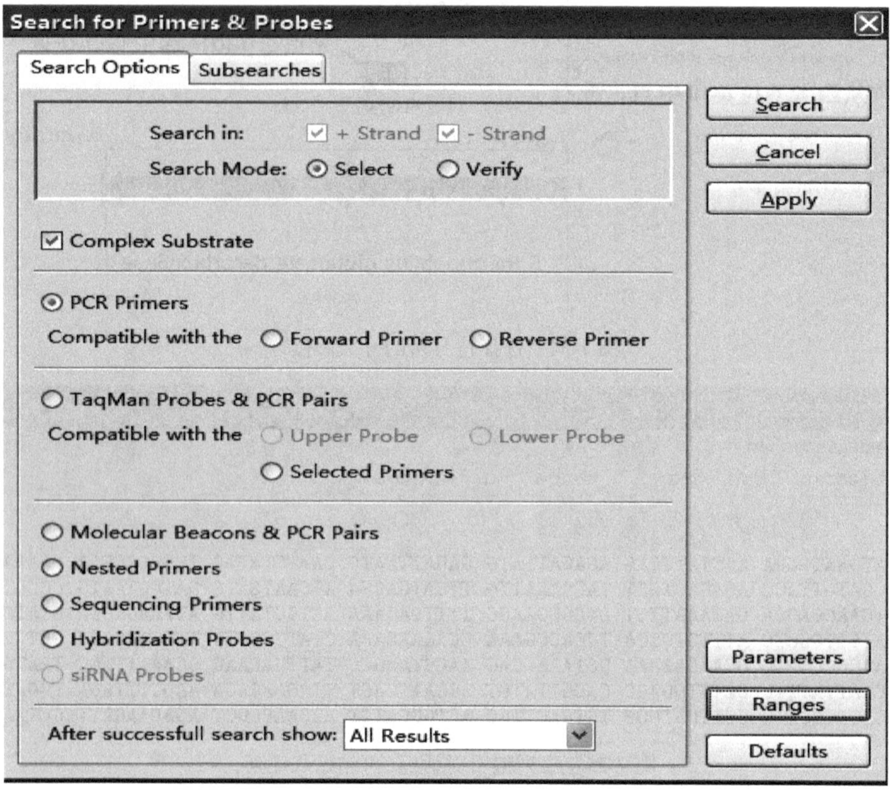

图 7-37 搜索引物和探针对话框

点击“Ranges”,可以设定搜索引物的范围、PCR 产物的长度。此处将 PCR 产物设定为 1380bp(图 7-38),因为我们要扩增的是完整的 ORF。

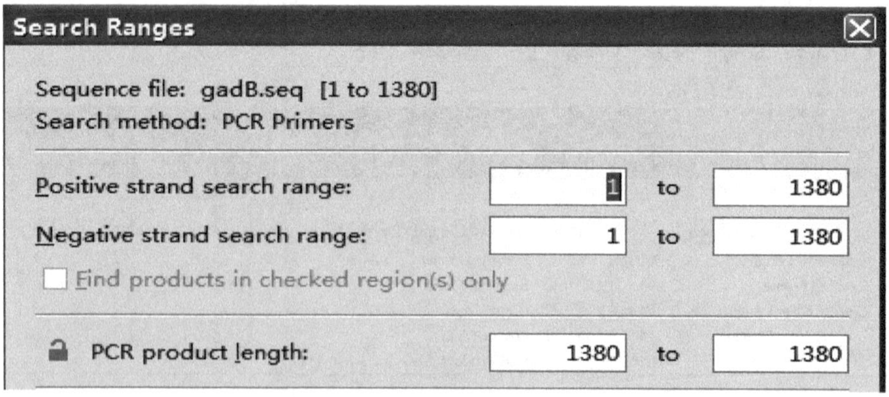

图 7-38 设定搜索引物的范围及 PCR 产物长度对话框

点击“OK”,回到图 7-37 的界面,点击“Parameters”,弹出一个对话框(图 7-39),此时可设定引物的各种参数。选择“Constraints”,引物长度(Primer Length)一般默认为 21nt±2nt,可以根据目的基因的具体性质调整。由于本实验的目的基因 gadB 含有较高的 AT%,为提高引物的 Tm 值,可以将引物长度提高。此处设定为 30nt±5nt。

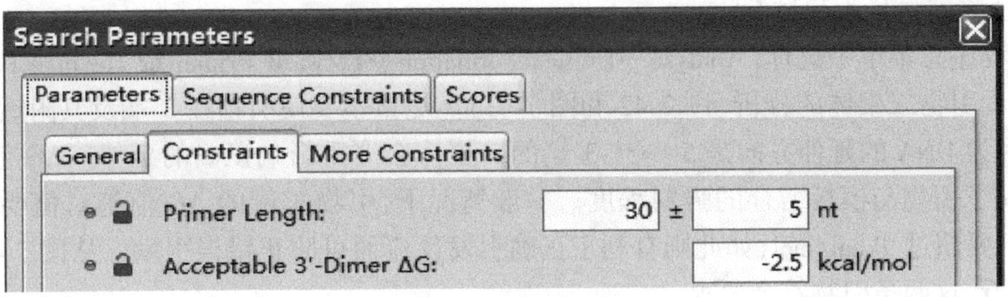

图 7-39　搜索参数对话框

点击“OK”,完成设定,回到图 7-37 的窗口,点击“Search”,程序便开始按照用户设定的条件搜索引物。搜索完成后,弹出“Oligonucleotide Sets”和“Selected Oligonucleotides”两个窗口,其中列出程序找到的引物。

本例中程序只找到了一对引物(图 7-40),“Oligonucleotide Sets”分别给出了引物的位置、PCR 产物的评分、PCR 产物长度、最佳退火温度、PCR 产物的 GC% 等信息。双击这对引物,便会弹出一个“PCR”框(图 7-41)。

图 7-40　搜索到的引物结果

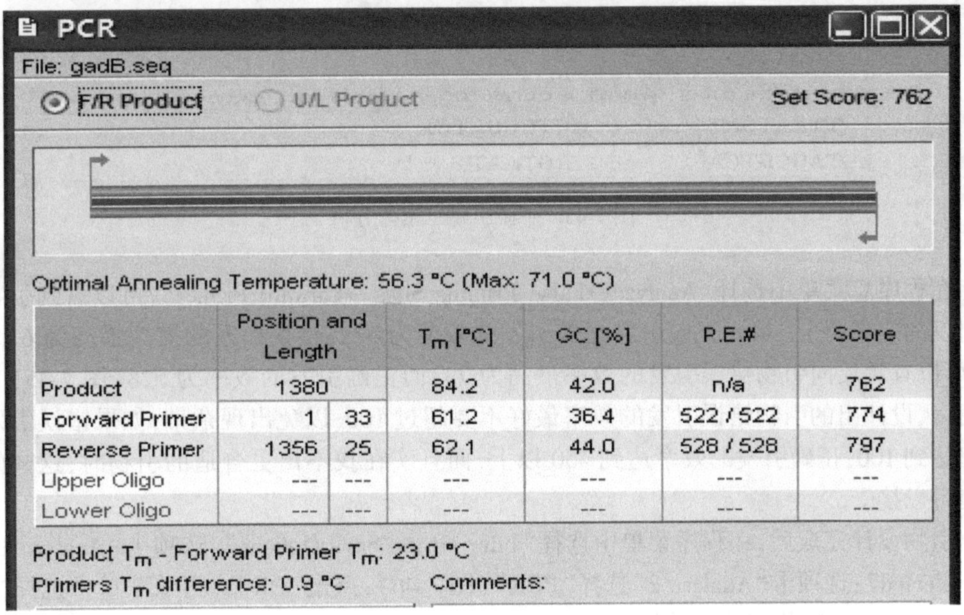

图 7-41　PCR 对话框

从这个窗口可以看出,正向引物的长度为 33nt,熔解温度(Tm 值)为 61. 2℃;反向引物的长度为 25nt,熔解温度为 62. 1℃。PCR 产物与正向引物的 Tm 值之差为 23. 0℃,引物之间的 Tm 值之差为 0.9℃。一般来说，PCR 产物与引物的 Tm 差尽量不超过 20℃，引物之间的 Tm 值之差尽量不超过 5℃。

在程序总菜单中选择“Analyze→Duplex Formation→Forward Primer 或 Reverse Primer”，可以查看引物二聚体的分析（图 7-42 和图 7-43）。尽量不要使引物在 3′端及其附近形成二聚体，因为 DNA 的延伸方向是 5′→3′，3′端的二聚体会严重影响正确的延伸。ΔG 值（自由能）反映了引物与模板结合的强弱程度。一般情况下，引物 3′端的 ΔG 值绝对值要保持较低，且不要超过 9kcal/mol，如此则有利于正确引发反应而可防止错误引发。从图 7-42 和图 7-43 来看，这两条引物符合要求。

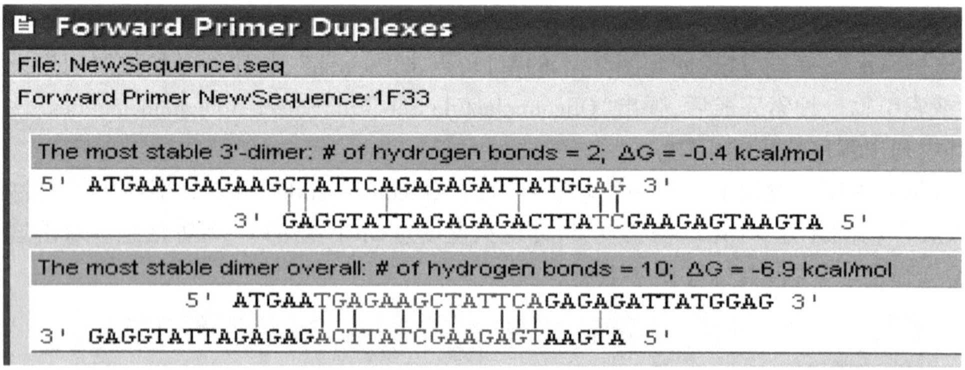

图 7-42 上游引物二聚体分析

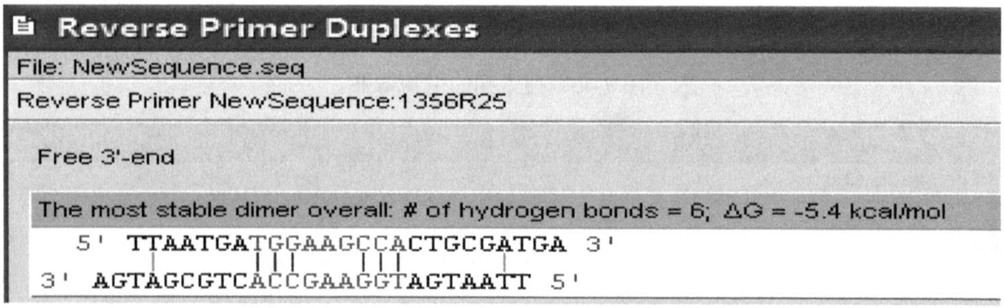

图 7-43 下游引物二聚体分析

在程序总菜单中选择“Analyze→False Priming Sites→Forward Primer”，可以看到引物错误引发的效率（图 7-44），正向引物正确引发的效率为 522，错误引发的效率最高为 62。同理，可以查看反向引物错误引发的效率最高为 73，而正确引发的效率为 528（图 7-45）。一般而言，设计出的引物错误引发的效率最好不要超过 100，以免出现杂带；如果错误引发的效率达到 100，正确引发的效率达到 450 以上，而且实在找不出更合适的引物时，这样的引物也可以接受。

引物设计完成后，在程序菜单中选择“File→Print/Save Options”，选项卡“Analyze 1”选择“Selected”；选项卡“Analyze 2”选择“PCR”（图 7-46）；点击“OK”。再从菜单中选择“File→Save→Data as”，将引物设计结果保存为“gadB results. txt”，以便日后工作查看。

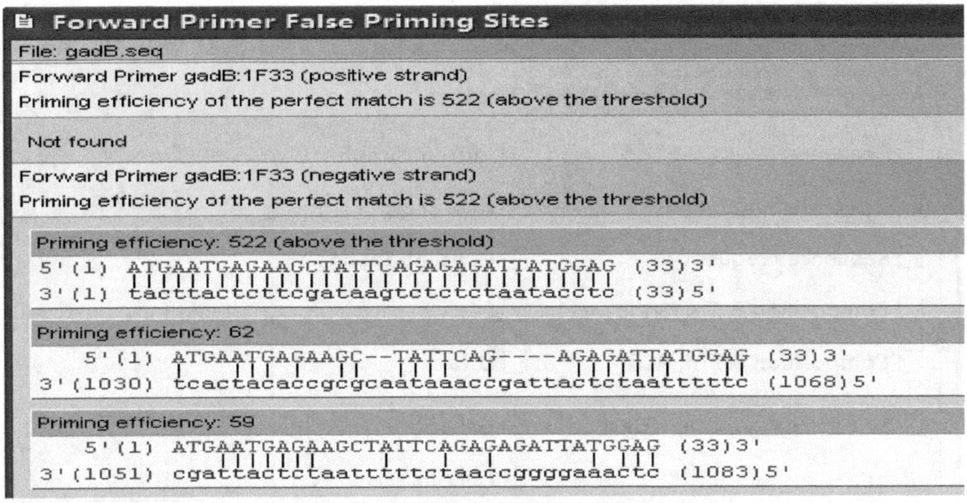

图 7-44　上游引物错误引发位点分析

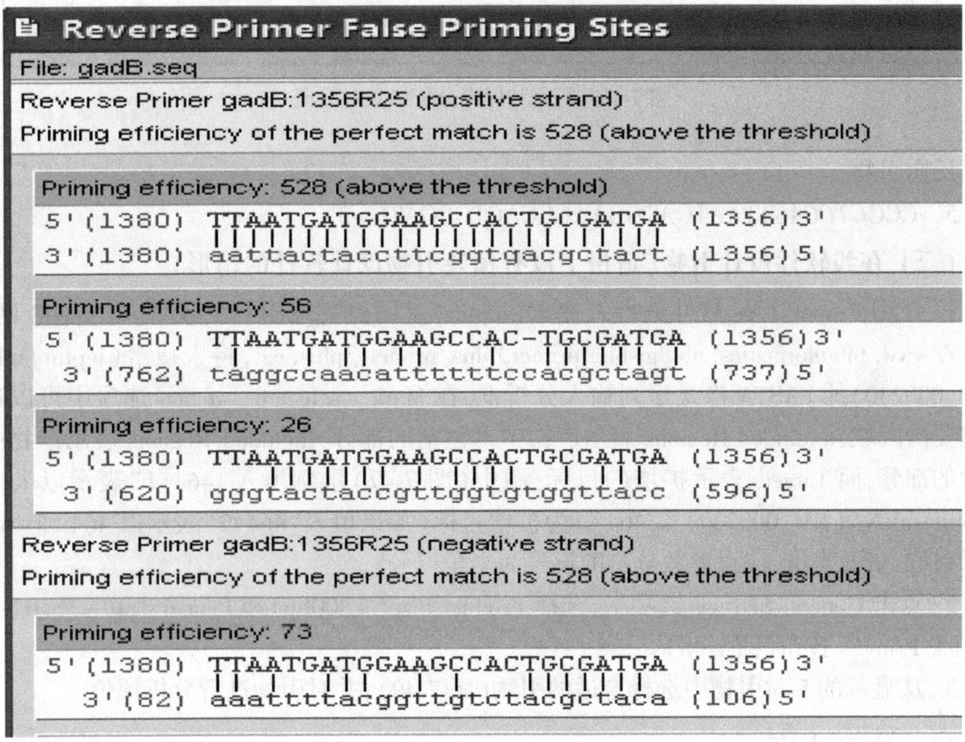

图 7-45　下游引物错误引发位点分析

为了使 PCR 扩增产物能够被 *Eco*RI 和 *Xho*I 切断,需要在正向引物的 5′端加上 *Eco*RI 识别序列及保护碱基(CCG<u>*GAATTC*</u>),在反向引物的 5′端加上 *Xho*I 识别序列及保护碱基(CCG<u>*CTCGAG*</u>)。同时,引物的 3′端一般不用 A,因为错误引发效率较高。因此,最终的设计结果是:

正向引物:

5′--CCG<u>*GAATTC*</u>ATGAATGAGAAGCTATTCAGAGAGATTATGGAG--3′

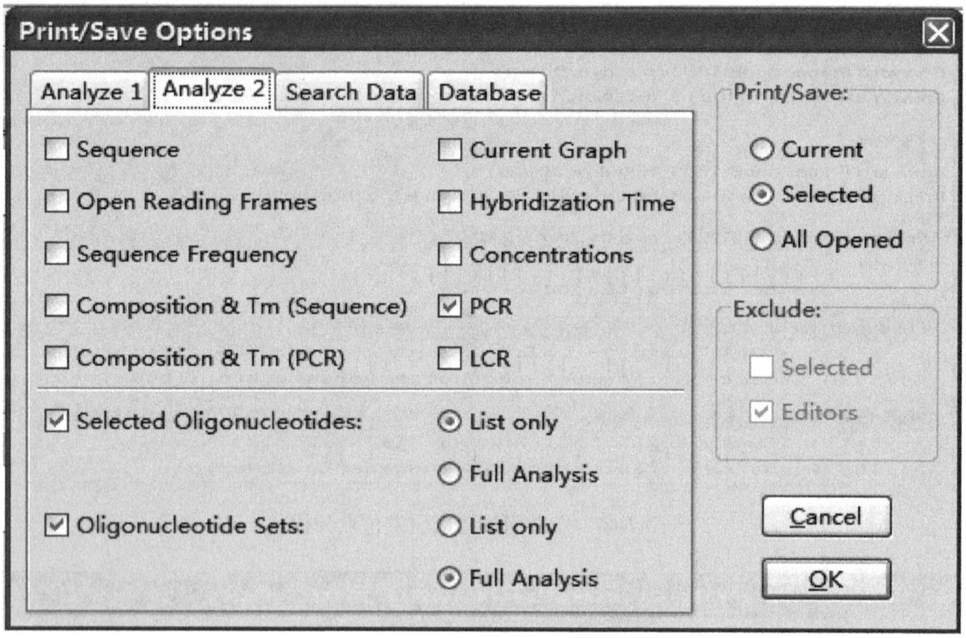

图 7-46　打印和保存分析结果对话框

反向引物：

5′--CCG*CTCGAG*TTAATGATGGAAGCCACTGCGATG--3′

（三）在线软件设计引物（适用于没有预装引物设计软件的情形）

1. 使用 Primer3Plus 软件进行人瘦素(leptin)基因点突变引物的设计。Primer3 网址：http://www.bioinformatics.nl/cgi-bin/primer3plus/primer 3plus.cgi，将人瘦素(leptin) mRNA (NM_000230)的 FASTA 格式序列输入分析框，在 Mark selected region 选项中可以选定所需要的区域，Excluded Regions 表示产物中不包括的部分，Included Regions 表示产物中要包含的部分，而 Targets 表示扩增的目标，图中(图 7-47)示例填入“464,1”表示以人瘦素(leptin) mRNA(NM_000230)第 464 位为扩增目标(如果填入“464,2”表示以 464 和 465 为扩增目标，依此类推，注意参数分割的逗号为半角逗号)。

2. 点击 General Settings 选项卡，选择 Product Size(~300bp)和 Primer Tm(~58.0)→点击 Pick Primers 按钮(图 7-48)。

3. 从显示的 5 对引物中选择合适的引物(图 7-49)；并对引物进行分析评价。

五、注意事项

设计引物时，一般需要符合以下几个原则。

1. 引物的长度通常控制在 18~27nt。

2. 碱基应尽量随机分布，避免相同的碱基聚集排列。引物的 GC% 控制在 40%~60% 之间，若 GC% 低，可在 5′端加上一些 G 或 C，若 GC% 高，可在 5′端加上一些 A 或 T。

3. 应避免每条引物内部形成二级结构，避免两条引物的 3′端互补形成二聚体，避免引物 3′端出现连续 3 个 G 或 3 个 C，3′端末位碱基尽量避免选 A。

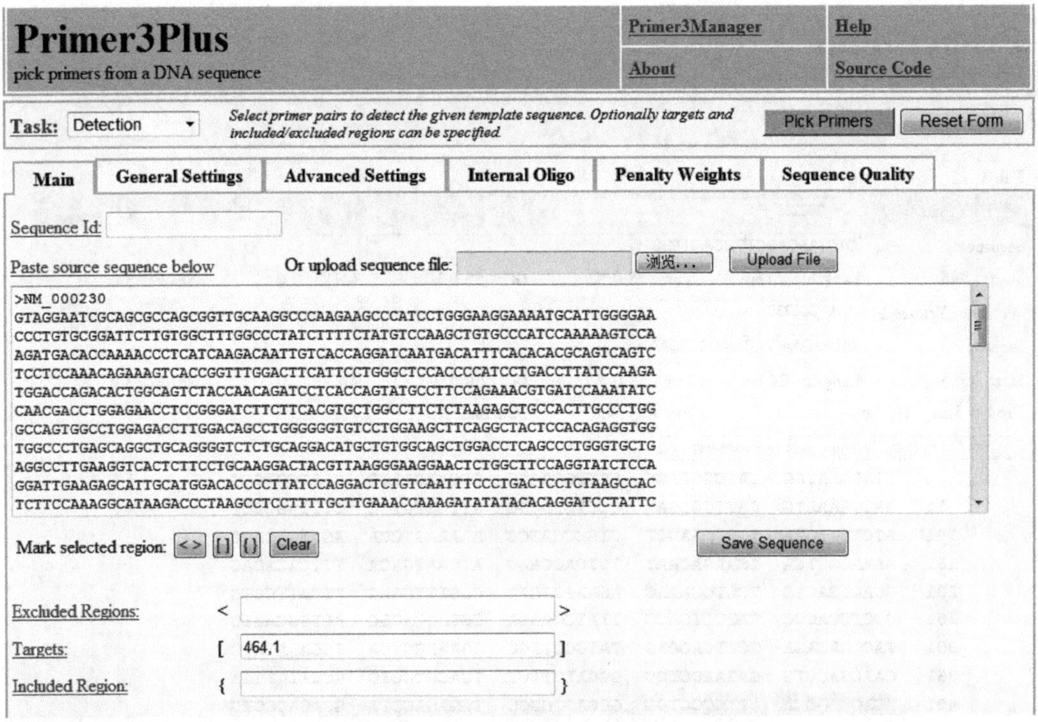

图 7-47　在线引物设计程序界面

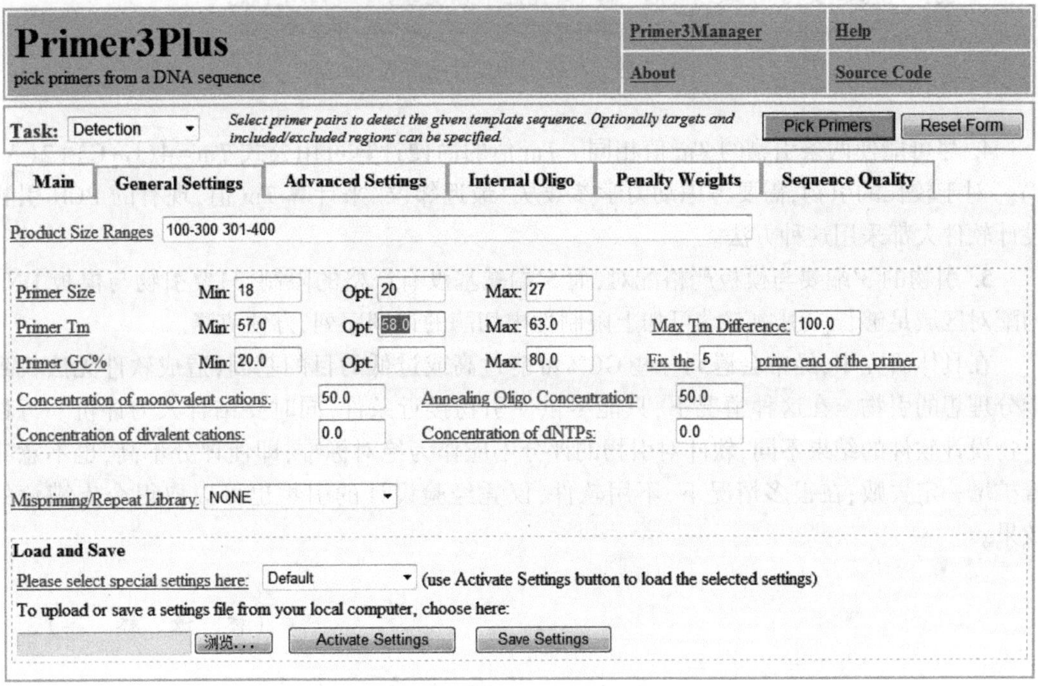

图 7-48　在线引物设计程序参数设定界面

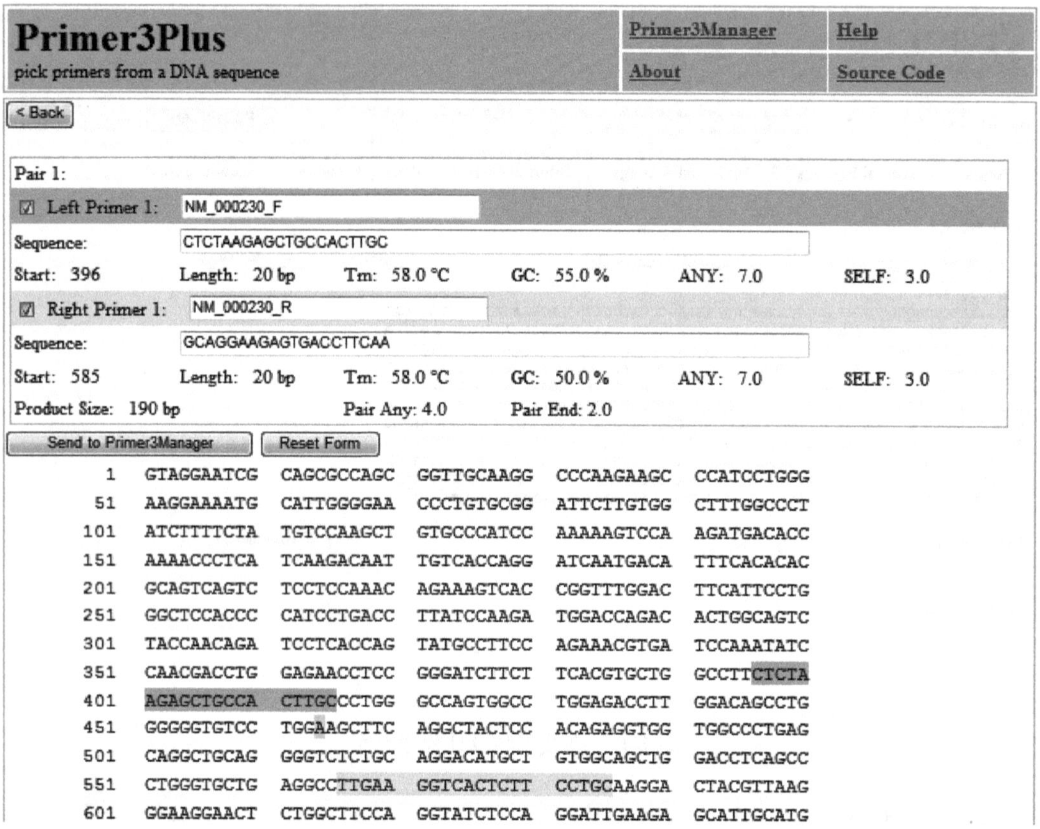

图 7-49 在线引物设计结果界面

4. 尽可能使两条引物的 *T*m 值相同。*T*m 值的简便计算可用公式 *T*m=4(G+C)+2(A+T)。对于较长的引物,需要考虑动力学参数从"最近邻位"来计算 *T*m 值,现有的 PCR 引物设计软件大都采用这种方法。

5. 引物的 3′端要与模板严格配对,而 5′端碱基没有严格的限制,只要引物与模板 DNA 的配对区域足够长。引物 5′端可加上限制性内切酶的识别序列,方便克隆。

在具体研究中,经常会遇到一些 GC% 可能过高或过低的目的基因,造成软件无法找到十分理想的引物。在这种情况下,只能尽量使引物接近条件,同时要结合人为评价。每种引物设计软件的结果不同,软件对引物的评分不应作为绝对标准,即使评分不高,也不意味着扩增一定失败;在很多情况下,不用软件,仅凭经验设计的引物也可以取得令人满意的效果。

(林 谦 林 军)

实验三十八 蛋白质序列分析

一、相关知识链接

蛋白质序列分析与核酸序列分析一样,也是基因工程研究中的重要内容。近几十年来

DNA分子操作技术的迅猛发展使科学家得到了海量的核酸序列数据，由于直接从蛋白质样品获得其序列信息要比核酸困难，而氨基酸的三联体密码子在所有物种中都相同，因此从核酸序列推导获得蛋白质序列成为通用的方法，目前获得的蛋白质序列绝大多数都是从核酸序列推导出来的。

许多分子生物学软件既包括了核酸序列分析功能，也包括了蛋白质序列分析功能，比如Vector NTI Advance、Lasergene等。国际上享有盛名的瑞士生物信息学研究所（Swiss Institute of Bioinformatics）开发出了大量的蛋白质序列与结构分析软件，这些软件集成在ExPASy网站（http://us.expasy.org/）中，给全世界的研究者带来极大的方便。在序列比对与系统进化分析方面，研究人员往往更喜欢使用专门的分析软件，比较著名的有PAUP、PHYLIP、MEGA。MEGA软件是由美国宾夕法尼亚州立大学的根井正利（Masatoshi Nei）教授开发的图形化软件，非常适合初学者。

本实验使用Vector NTI Advance和MEGA（http://www.megasoftware.net/）软件进行蛋白质序列分析。

二、实验原理

基因工程的最终目的是为了高效表达目的基因，获得大量的具有生物活性的目的蛋白。蛋白质的一级结构，即氨基酸序列是其生物活性的基础。氨基酸序列分析是蛋白质结构与功能研究的重要部分。

分析不同物种的同种蛋白质序列（即序列比对）是蛋白质研究的重要方法，因为在物种进化过程中，执行相同生物功能的蛋白质必然在序列上存在某些保守区域，这些保守区域与蛋白质执行特定生物功能密切相关，揭示保守序列与功能的关系会给蛋白质人工改造提供重要的信息。此外，蛋白质的多序列比对还有一个重要用途：构建系统进化树，以便对一个蛋白质家族的特征有一个基本的了解，揭示生物进化过程中蛋白质序列的演变或生物的亲缘关系。

多序列比对的方法是建立在某个数学或生物学模型之上，多序列比对的结果没有绝对正确和绝对错误之分，我们只能认为所使用的模型在多大程度上反映了序列之间的相似性关系以及它们的生物学特征。

构建蛋白质的系统进化树一般包括以下步骤：

1. 搜索、确定用来构建进化树的序列，这个过程可以用NCBI网站上的BLAST来进行。选择序列的时候不仅要选择相似性高的序列，也要注意选择一些相似性较低的序列，才能反映出亲缘的远近。BLAST包含5种基本程序：BLASTN（用核酸序列搜索核酸数据库），BLASTP（用蛋白质序列搜索蛋白质数据库），BLASTX（先将核酸序列按6个可读框翻译成蛋白质序列，再搜索蛋白质数据库），TBLASTN（用查询的蛋白质序列搜索按6个可读框翻译成蛋白质序列的核酸数据库），TBLASTX（将查询序列和数据库里的核酸序列都按6个可读框翻译成蛋白质序列后再比对）。

2. 多序列比对，这个过程一般使用工具软件Clustal W，MEGA软件内置了该软件。

3. 选择适当的数学模型，构建系统进化树，并且通过Bootstrap分析来验证进化树的可靠性。这个过程可以由MEGA软件来完成。通常序列比对获得的进化树是纯粹的根据先前获得的排列数据所推导出来的。有很多可能使得这个树并不一定可靠，因此需要引进一些统计分析来寻找更优的进化树，最常见的就是Bootstrap分析：从整个序列的碱基（氨基酸)中任意选取一半,剩下的一半序列随机补齐组成一个新的序列。这样,一个序列就可以变成了许多序列,一个多序列组也就可以变成许多个多序列组。根据某种算法(最大简约性法、最大可能性法、除权配对法或邻位相连法)每个多序列组都可以生成一个进化树。将生成的许多进化树进行比较,按照多数规则(majority-rule)我们就会得到一个最"逼真"的进化树。

三、实验目的

掌握蛋白质序列的基本性质分析方法,掌握同源蛋白质序列的比对方法(以细菌的谷氨酸脱羧酶为例),学会利用 MEGA 5 软件构建系统进化树。Uniprot 数据库查询与蛋白质序列结构域和模体分析。

四、实验方法

(一) 蛋白质序列的获得与基本性质分析

在实验三十五中我们已经使用 Vector NTI Advance11.5 建立了一个"S thermophilus glutamate decarboxylase"序列文件。打开 Vector NTI Advance 程序后在界面左上角点击,在弹出对话框中选择"glutamate decarboxylase"(图 7-50),双击核酸序列名称"S thermophilus glutamate decarboxylase",即可打开序列文件。

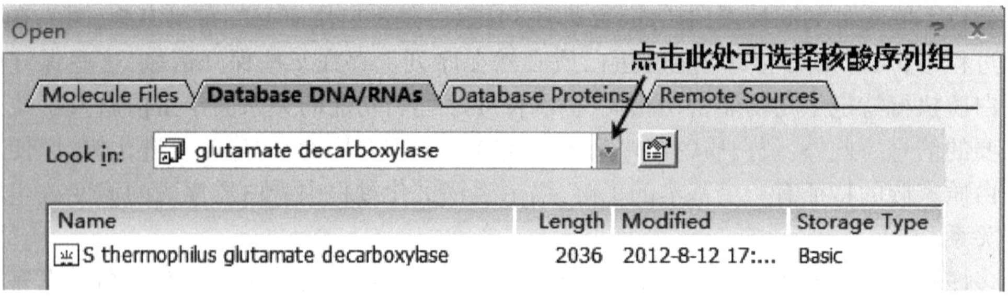

图 7-50　打开核酸序列

在序列示意图中点击"gadB",即选中了谷氨酸脱羧酶 ORF,然后从程序菜单中选择

,"Translation→Into New Protein→Direct Strand",把基因序列翻译为对应的蛋白质序列"Translation of S thermophilus glutamate decarboxylase",程序变为蛋白质序列的界面(图 7-51)。

双击左侧窗口中的"Analysis",便可获得该蛋白质的基本性质,包括氨基酸残基的数目、蛋白质分子量、摩尔消光系数、等电点、氨基酸组成、氨基酸密码子统计等。注意此处软件显示的氨基酸数目为 460,实际上终止密码子是不编码任何氨基酸的,出现这个问题的原因是在实验二十四中给"Include Stop Codon in ORF"打上了"√"(图 7-15),如果去掉"√",则翻译出来的蛋白质包含的氨基酸残基数目就是 459 个了。

(二) 蛋白质相似序列的搜索

首先搜索与嗜热链球菌的谷氨酸脱羧酶具有同源性的蛋白质。

前面的实验已经获得了嗜热链球菌谷氨酸脱羧酶基因的登录号 DQ871217,除了可以在本地电脑上用软件(如 Vector NTI Advance)从基因序列推导出蛋白质序列,还可从 NCBI 网站检索蛋白质序列和 BLAST 搜索相似序列,现介绍如下。

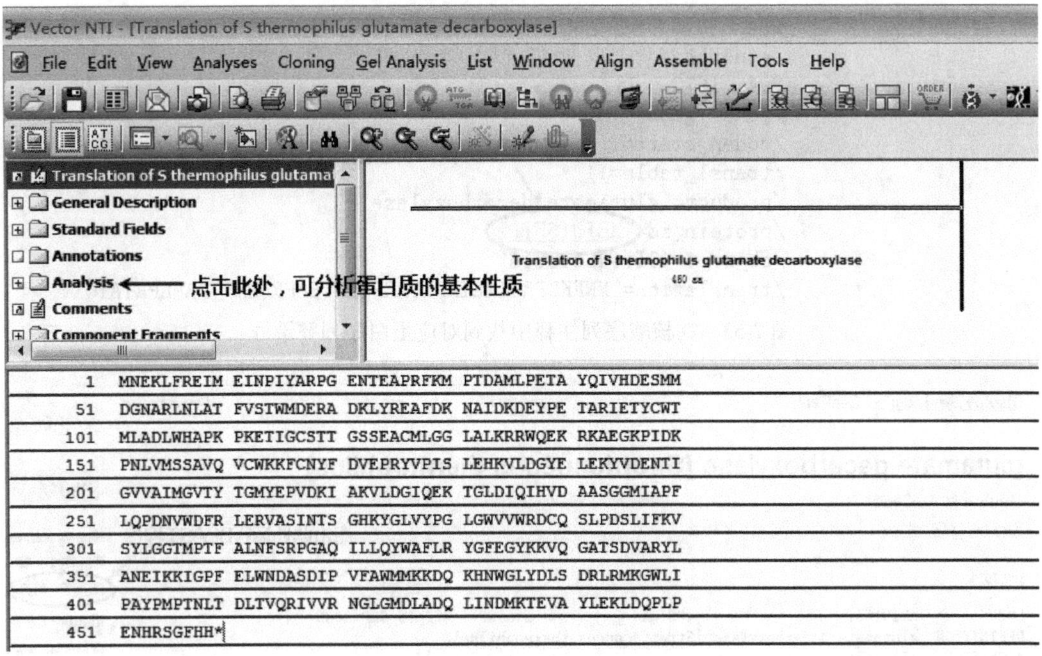

图 7-51　翻译出的开放读码框

打开 NCBI 首页 http://www. ncbi. nlm. nih. gov/，在搜索栏中输入“DQ871217”，点击“Search”，得到的结果如图 7-52。

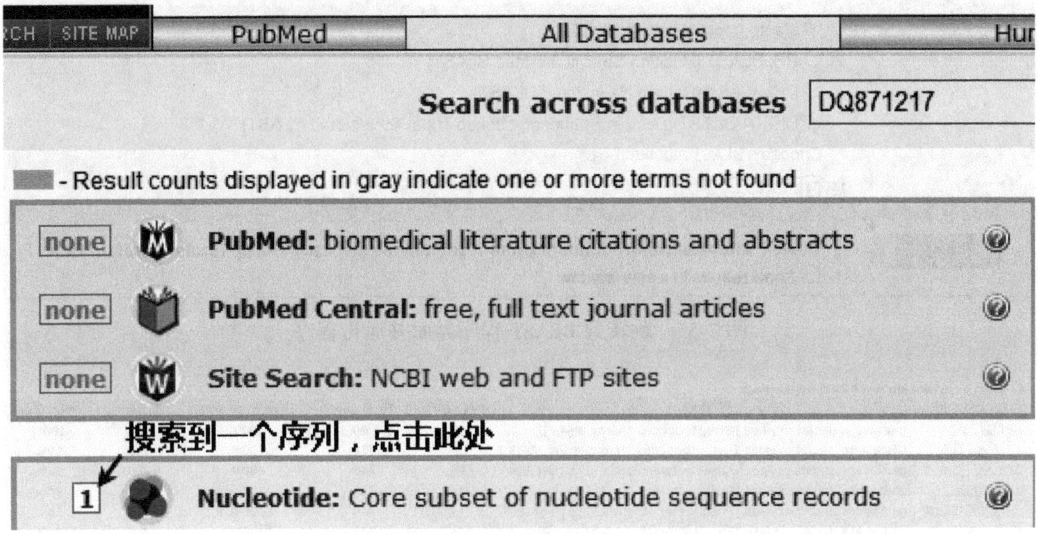

图 7-52　应用序列号在 NCBI 上搜索序列

“Nucleotide”前面的“1”表示搜索到了一个序列，点击后即是嗜热链球菌谷氨酸脱羧酶基因（DQ871217），找到其中的“protein_id”，这是对应于基因的蛋白质，登录号为 ABI31651（图 7-53）。

点击登录号“ABI31651”，在新页面的右侧点击“Run BLAST”（图 7-53），在弹出的 BLAST 界面下方点击“Run　BLAST”（图 7-54），网站便开始运行 BLAST 程序（图 7-55，图 7-56）。

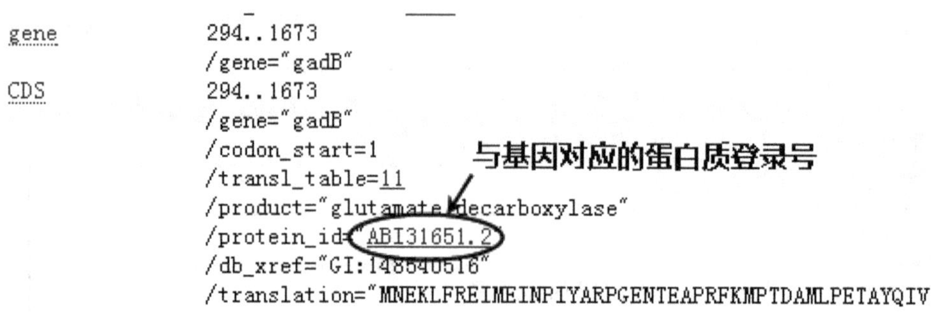

图 7-53 在核酸序列注释中找到对应蛋白序列登录号

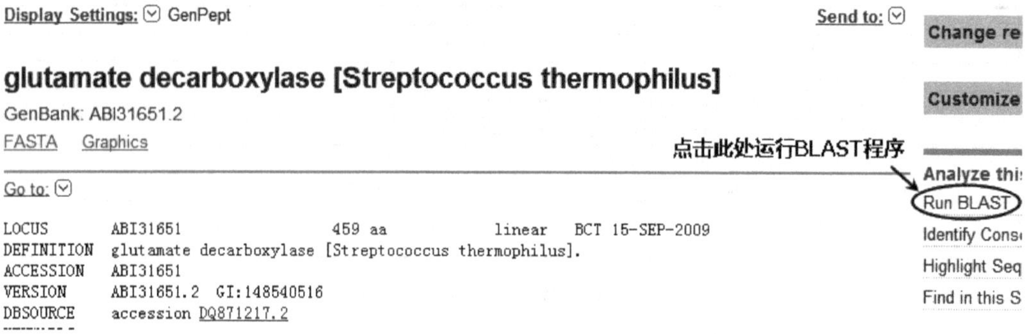

图 7-54 序列界面超链接运行 BLAST 程序

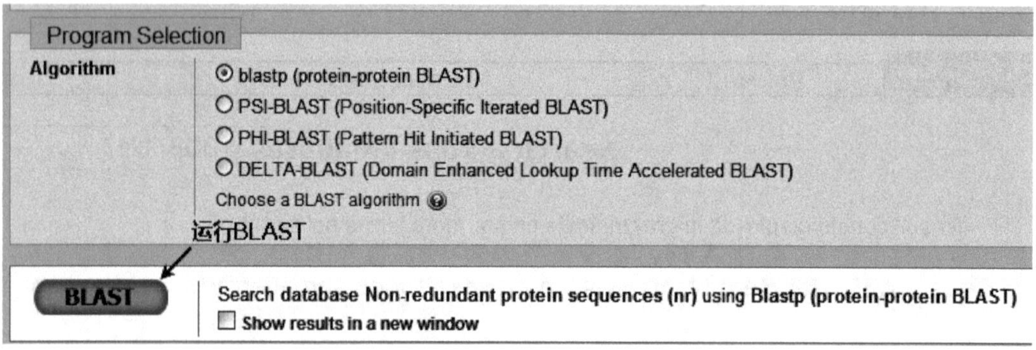

图 7-55 跳转到 BLAST 程序界面并运行程序

Sequences producing significant alignments:

Accession	Description	Max score	Total score	Query coverage	E value	Max ident
ABI31651.2	glutamate decarboxylase [Streptococcus thermophilus]	960	960	100%	0.0	100%
YP_006001959.1	Glutamate decarboxylase [Streptococcus thermophilus ND03	958	958	100%	0.0	99%
ZP_04574941.1	glutamate decarboxylase [Fusobacterium sp. 7_1] >gb|EEO	746	746	100%	0.0	76%
ZP_08690224.1	glutamate decarboxylase [Fusobacterium sp. 2_1_31] >gb|E	745	745	100%	0.0	76%
ZP_08581768.1	glutamate decarboxylase [Fusobacterium sp. 21_1A] >gb|EC	744	744	100%	0.0	76%
EHO78886.1	glutamate decarboxylase [Fusobacterium nucleatum subsp.	743	743	100%	0.0	76%
ZP_05814118.1	glutamate decarboxylase [Fusobacterium sp. 3_1_33] >gb|E	743	743	100%	0.0	76%
ZP_08598646.1	glutamate decarboxylase [Fusobacterium sp. 11_3_2] >gb|E	742	742	100%	0.0	76%
ZP_09176276.1	hypothetical protein HMPREF9093_00746 [Fusobacterium sp.	741	741	100%	0.0	76%
EHG18691.1	glutamate decarboxylase [Fusobacterium nucleatum subsp.	739	739	100%	0.0	76%
ZP_04970535.1	glutamate decarboxylase [Fusobacterium nucleatum subsp.	738	738	100%	0.0	76%
EGQ80440.1	glutamate decarboxylase beta [Fusobacterium nucleatum su	704	704	92%	0.0	78%
ZP_06524590.1	glutamate decarboxylase [Fusobacterium sp. D11] >gb|EFD	703	703	92%	0.0	78%
YP_003689239.1	glutamate decarboxylase [Propionibacterium freudenreichii su	700	700	98%	0.0	72%
ZP_02918104.1	hypothetical protein BIFDEN_01403 [Bifidobacterium dentium	699	699	98%	0.0	72%

图 7-56 BLAST 程序搜索结果

运行 BLAST 程序后，出现一个新的页面，列出了与所提交的序列具有同源性的蛋白质序列（Sequences producing significant alignments），"Accession"指序列的登录号，"Description"是对序列的描述，"Max score"是最高分值，"Total_score"指总分，"Query coverage"指比对结果包含了提交序列多大范围，"E value"指期望值，"Max ident"指最大的一致性。各序列从上到下是根据比对的总分从高到低排列，总分越高，表明该序列与提交的序列相似度越高。E 值(期望值)是 BLAST 结果的一个统计学评价，表示数据库中查询序列和随机序列或无关的序列间匹配的概率。E 值越小，表明序列的相似性偶然发生的机会越小，也就是相似性越能反映真实的生物学意义。

从本例来看，与嗜热链球菌谷氨酸脱羧酶最接近的序列都是来自一些与人体关系密切的微生物，这也可以给研究者提供蛋白质进化方面的信息。

(三) 蛋白质进化树分析

打开 MEGA 5 程序，点击 

，选择"Query DataBanks"，弹出的窗口即为 NCBI 的界面(图 7-57)。输入嗜热链球菌谷氨酸脱羧酶登录号 ABI31651，选择"Protein"数据库，点击"Search"。

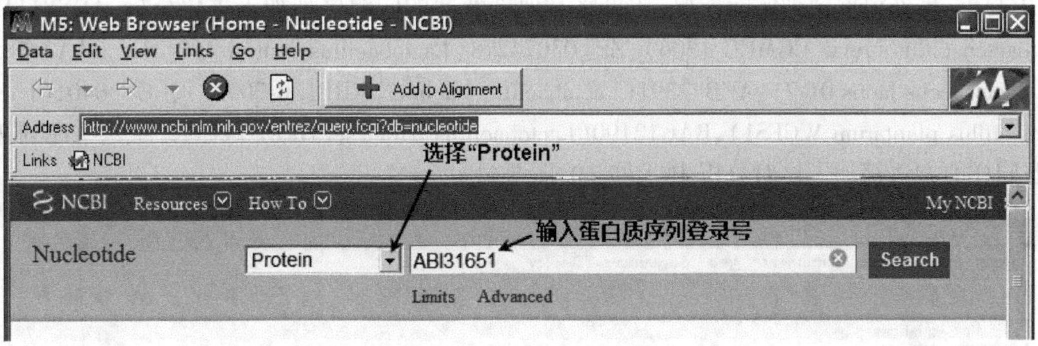

图 7-57　在 MEGA5 中在线获取蛋白质序列

出现的界面为嗜热链球菌的谷氨酸脱羧酶，点击"Add to Alignment"，即将此序列加入比对分析中(图 7-58)。

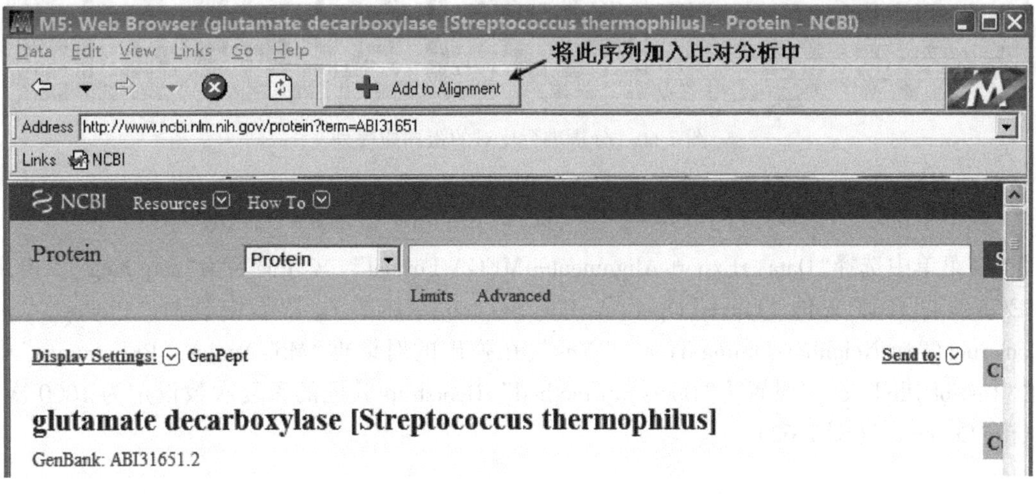

图 7-58　将获取的蛋白质序列进行序列比对

在弹出的对话框中输入序列的名称标签,点击“OK”。该序列便会出现在比对窗口中(图 7-59)。

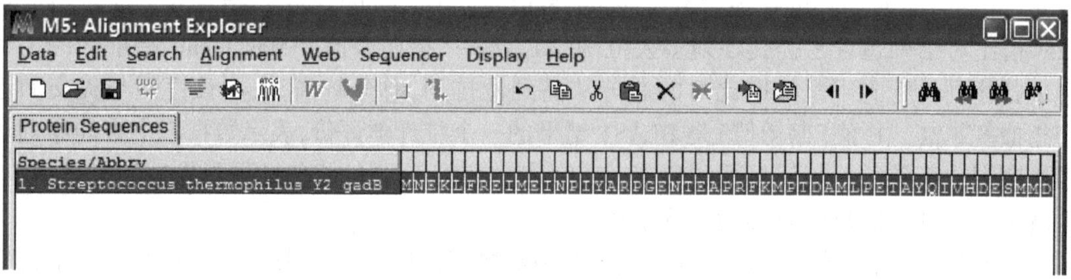

图 7-59 序列比窗口

根据 BLAST 的结果,选择与 ABI31651 比对分值最高的几个不同物种的同源序列:ZP_04970535(Fusobacterium nucleatum subsp. polymorphum ATCC 10953)、ZP_02918104(Bifidobacterium dentium ATCC 27678)、YP_002766985(Rhodococcus erythropolis PR4)、ZP_04447568(Bifidobacterium angulatum DSM 20098)、ZP_02029320(Bifidobacterium adolescentis L2-32)。另外根据菌种实际情况,还可将其他乳酸菌的同源序列加入进化分析:AEY81112(Lactobacillus brevis CGMCC 1306)、ZP_03074278(Lactobacillus reuteri 100-23)、BAA24585(Lactococcus lactis 01-7)、AEB72391(Lactobacillus buchneri NRRL B-30929)、CCC80401(Lactobacillus plantarum WCFS1)、BAG12190(Lactobacillus paracasei NFRI 7415)。把这些序列按照同样的方法都加入比对分析中(图 7-60,图 7-61)。

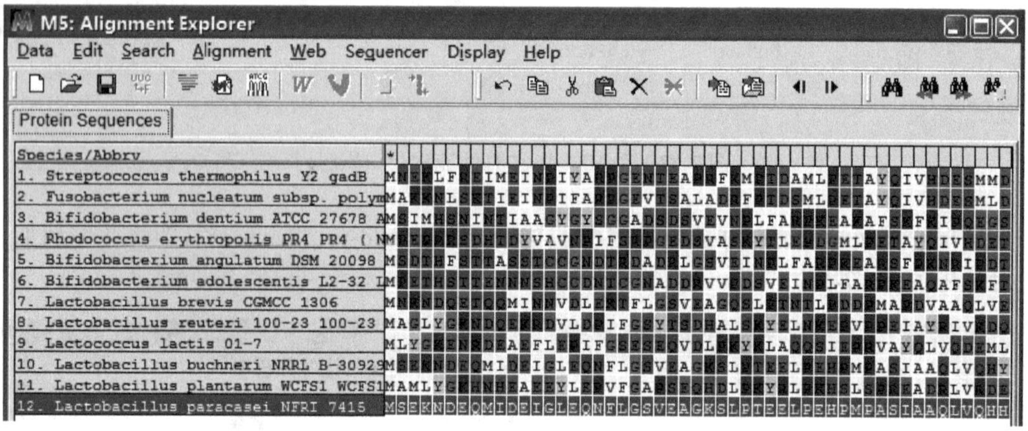

图 7-60 分析进行比对的蛋白质序列

选中全部 12 个序列,点击 Alignment ,选择“Align by ClustalW”,“OK”。

在菜单中选择“Data→Export Alignment→MEGA Format”,文件命名为“seq. meg”。再用 MEGA 5 打开该文件“File→Open A File/Session”,然后在菜单中选择“Phylogeny→Construct/Test Neighbor-Joining Tree”,“Yes”,在弹出的对话框“M5:Analysis Preferences”中把“Test of Phylogeny”设置为“Bootstrap method”,Bootstrap 验证的重复次数设定为 1000 次,点击“Compute”(图 7-62)。

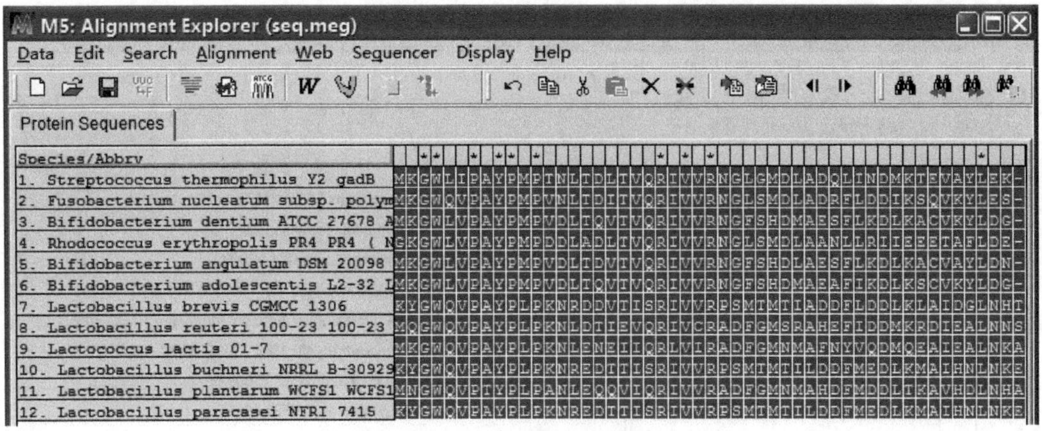

图 7-61　序列比对结果

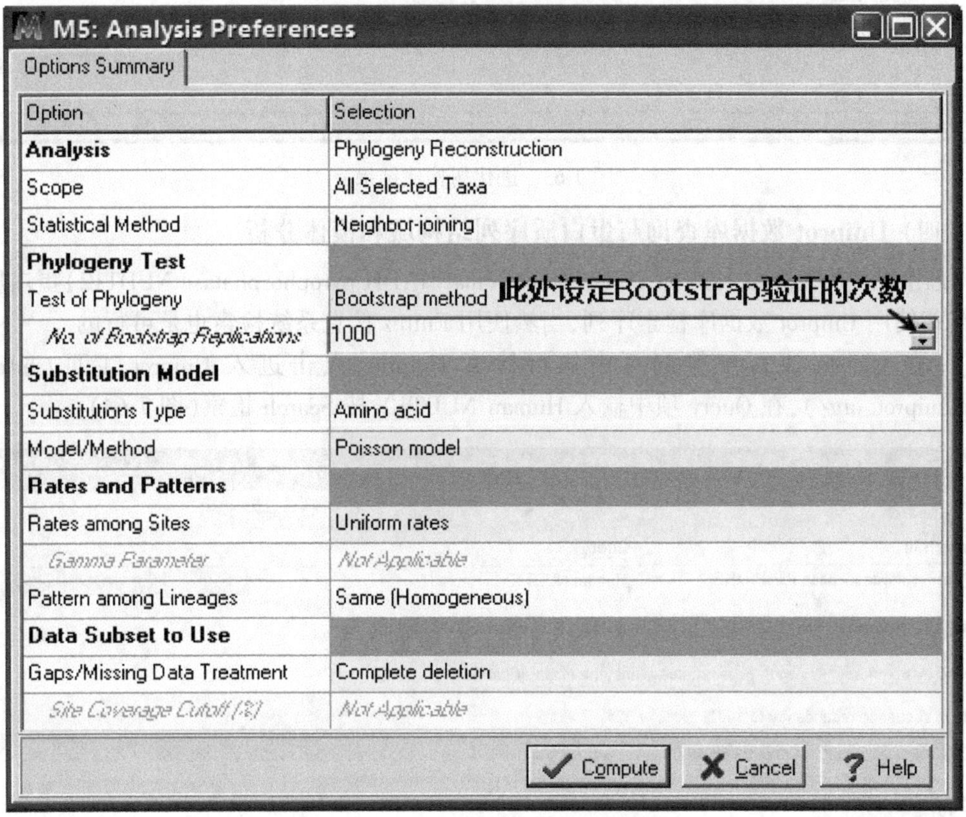

图 7-62　构建进化树参数设置示意图

软件输出的树形图有两个，一个是原始树，另一个是一致树（图 7-63）。一致树与原始树的区别在于前者经过了 Bootstrap 验证。在软件中可直接点击物种名称进行修改。节点上的数字并非同源性，而是表示 bootstrap 验证中该树枝可信度的百分比，一般要大于 60%才比较可靠。在本例中，具体含义是指进行了 1000 次分析，99 表示有 990 次运算的结果表明它们处于同一个分支上。左下角的 0.05 刻度标尺表示 1 个分支长度单位的序列间有 5%的差异，或者说每 100 个氨基酸残基中有 5 个发生了替换。处于同一个分支中的序列在进化关系上最接近。

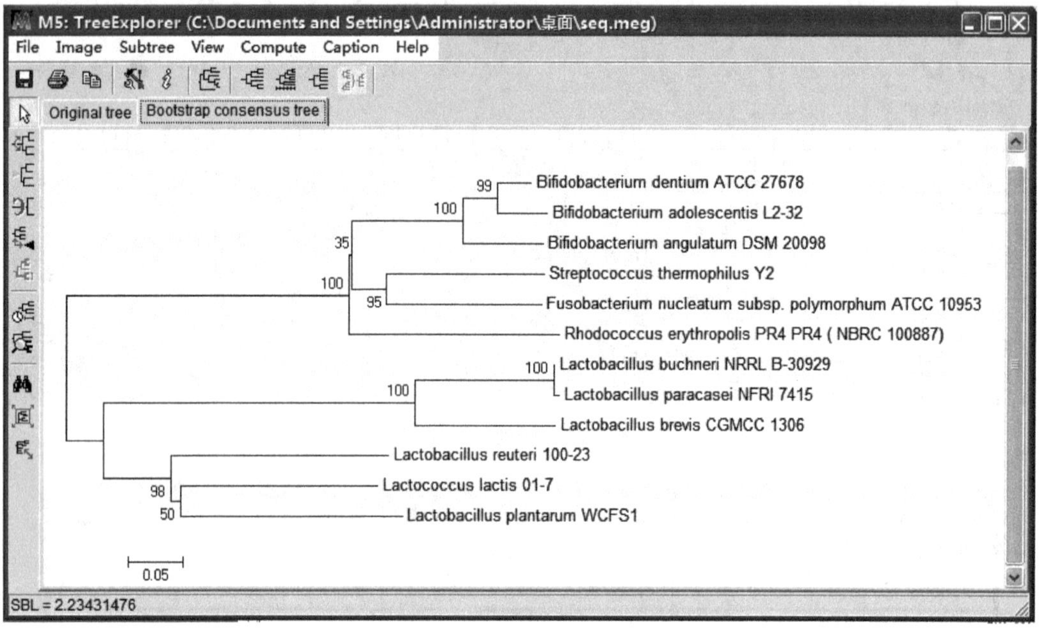

图 7-63　进化树构建结果

(四) Uniprot 数据库查询与蛋白质序列结构域和模体分析

使用查询系统检索人类 NUDT12(peroxisomal NADH pyrophosphatase NUDT12)蛋白质序列;推荐使用 Uniprot 数据库检索序列,当然使用 Entrez 信息系统检索也是可行的。

1. 在 Google 或百度等网页中均可检索 Uniprot,点击进入 Uniprot 主页(http://www.uniprot.org/),在 Query 项中输入 Human NUDT12,按 Search 检索(图 7-64)。

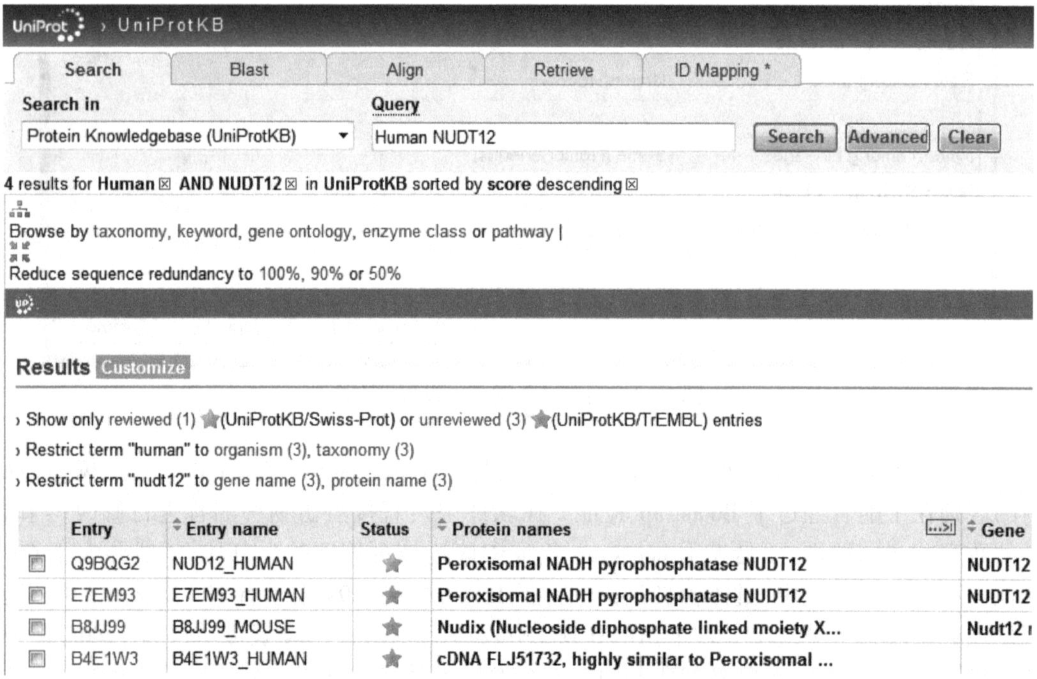

图 7-64　在 Uniprot 中查找人类 NUDT12 结果

2. 选择 NUD12_HUMAN,单击 Q9BQG2(Swissprot/Uniprot 编号)进入 Q9BQG2(NUD12_HUMAN)的序列注释比 GenBank 更为详细,通常主要包括以下的几个项:Names and origin 项主要是序列的名称标志和物种来源;Protein attributes 项主要是序列长度等信息;General annotation(Comments)项主要是蛋白的功能注释和参与的生物化学过程;Ontologies 项是蛋白的功能分类;Sequence annotation(Features)包括详细的序列结构域突变等;而 Sequences 项包括该蛋白序列,点击 FASTA 链接得到序列文本;另外,References 项主要是关于序列相关研究文献;Cross-references 项包括其他各数据库对于该序列的注释,重要的有 STRING 数据库、Pfam 数据库和 Prosite 数据库等。

3. 对人类 NUDT12 蛋白质序列进行 motif 结构分析,进入网页(http://prosite.e xpasy.org/),将蛋白质序列的 FASTA 格式序列贴入输入栏,点击 Scan。

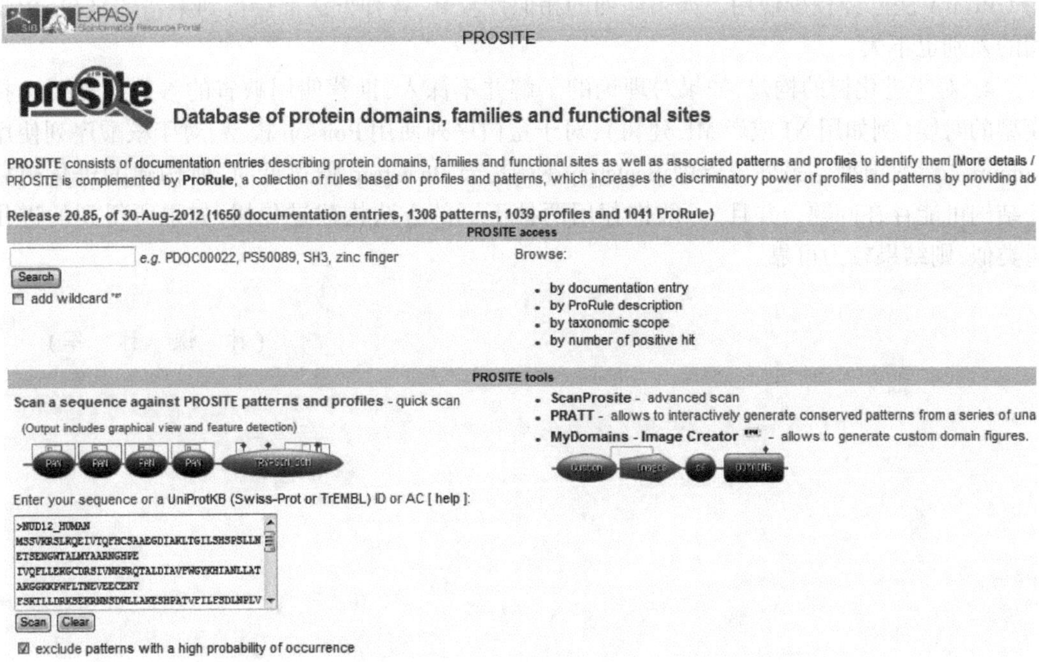

图 7-65 在 Prosite 数据库中查询人的 NUDT12 的功能位点

Uniprot 数据库(universal protein resource),整合了著名的蛋白数据库 SWISS-PROT(http://www.expasy.ch/sprot/),该数据库是经人工严格审读的高质量蛋白质数据库(图 7-65)。包含 TrEMBL 数据,其是从 EMBL 库中的核酸序列翻译出来的氨基酸序列,并自动注释。蛋白质结构域(domain)是蛋白质中一个有着特定功能的独立单元,蛋白质中具有某种特定功能的部分,它在序列上未必是连续的。蛋白质中所有功能域组合其起来决定着该蛋白质的功能。而模体(motif)是生物学有显著意义的蛋白质位点和序列模式,根据这些位点和模式可靠鉴别一个未知功能的蛋白质序列属于某一蛋白质家族。某个蛋白质与已知功能蛋白质的整体序列相似性很低,但由于功能的需要保留了与功能密切相关的序列模式,序列模式包括酶的催化位点、配体结合位点、与金属离子结合的残基、二硫键的半胱氨酸、与小分子或其他蛋白质结合的区域等。PROSITE 蛋白质结构域和蛋白质家族数据库,含有生物学上显著的位点(site),模式(pattern)和模体(profile),可用于鉴定一个未知的蛋白质序列属于哪一个已知的蛋白质家族。

五、注意事项

1. BLAST 包含 5 种基本程序 BLASTN, BLASTP, BLASTX, TBLASTN, TBLASTX。在搜索同源序列时要根据具体情况选用合适的 BLAST 程序。本实验的查询序列是一个蛋白质序列，可以直接搜索蛋白质数据库，因此用 BLASTP。

2. 选择用于构建进化树的序列时，既要选择与目标蛋白质相似性高的序列，也要选择相似性低的序列，这样才能构建出较合理的进化树。

3. 构建进化树的算法有多种，基于距离的方法有 UPGMA、ME(minimum evolution，最小进化法)和 NJ(neighbor-joining，邻接法)等。其他的几种方法包括 MP(maximum parsimony，最大简约法)、ML(maximum likelihood，最大似然法)以及贝叶斯(Bayesian)推断等方法。其中 UPGMA 法已经较少使用。如果序列的相似性较高，各种方法都会得到不错的结果，模型间的差别也不大。

4. 对于进化树的构建，如果对理论的了解并不深入，推荐使用缺省的参数。需要选择模型的时候(例如用 NJ 或者 ML 建树)，对于蛋白序列使用 Poisson 模型，对于核酸序列使用 Kimura-2 参数模型。另外需要做 Bootstrap 检验，当 Bootstrap 值过低时，所构建的进化树拓扑结构可能存在问题。并且，一般推荐用两种不同的方法构建进化树，如果所得到的进化树类似，则结果较为可靠。

(林 谦 林 军)

第四部分 附 录

第八章 基因工程常用试剂配制及常用数据

附录一 基因工程常用试剂配制

一、各种凝胶上样缓冲液(gel loading solutions)

表 8-1 6×碱性凝胶上样液(配制 10ml)(室温贮存)

组成成分	其中各成分用量	组成成分	其中各成分用量
0.3mol/L 氢氧化钠	300ul 10mol/L 氢氧化钠	0.15% 溴甲酚绿	15mg 溴甲酚绿
6mmol/L EDTA	120ul 0.5mol/L EDTA(pH8.0)	0.25% 二甲苯青 FF	25mg 二甲苯青 FF
18% 聚蔗糖(400 型)	1.8g 聚蔗糖(400 型)	加蒸馏水至总体积	10ml

表 8-2 6×聚蔗糖凝胶上样液(配制 10ml)(室温贮存)

组成成分	其中各成分用量	组成成分	其中各成分用量
0.15% 溴酚蓝	1.5ml 1% 溴酚蓝	15% 聚蔗糖(400 型)	1.5g 聚蔗糖(400 型)
0.15% 二甲苯青 FF	1.5ml 1% 二甲苯青 FF	加蒸馏水至总体积	10ml
5mmol/L EDTA	100ul 0.5mol/L EDTA(pH=8.0)		

表 8-3 6×溴酚蓝/二甲苯青/聚蔗糖凝胶上样液(配制 10ml)(室温贮存)

组成成分	其中各成分用量	组成成分	其中各成分用量
0.25% 溴酚蓝	2.5ml 1% 溴酚蓝	15% 聚蔗糖(400 型)	1.5g 聚蔗糖(400 型)
0.25% 二甲苯青 FF	2.5ml 1% 二甲苯青 FF	加蒸馏水至总体积	10ml

表 8-4 6×甘油凝胶上样液(配制 10ml)(4℃贮存)

组成成分	其中各成分的用量	组成成分	其中各成分的用量
0.15% 溴酚蓝	1.5ml 1% 溴酚蓝	50% 甘油	3ml 甘油
0.15% 二甲苯青 FF	1.5ml 1% 二甲苯青 FF	加蒸馏水	3.9ml
5mmol/L EDTA	100ul 0.5mol/L EDTA(pH8.0)		

表 8-5 6×蔗糖凝胶上样液(配制 10ml)(室温贮存)

组成成分	其中各成分的用量	组成成分	其中各成分的用量
0.15% 溴酚蓝	1.5ml 1% 溴酚蓝	40% 聚蔗糖	4g 聚蔗糖
0.15% 二甲苯青 FF	1.5ml 1% 二甲苯青 FF	加蒸馏水至总体积	10ml
5mmol/L EDTA	100ul 0.5mol/L EDTA(pH8.0)		

表 8-6 10×十二烷基硫酸钠/甘油凝胶上样液(配制 10ml)(室温贮存)

组成成分	其中各成分的用量	组成成分	其中各成分的用量
0.2%溴酚蓝	20mg 溴酚蓝	0.1%SDS	100ul 10% SDS
0.2%二甲苯青 FF	20mg 二甲苯青 FF	50%甘油	5ml 甘油
200mmol/L EDTA	4ml 0.5mol/L EDTA(pH8.0)	加蒸馏水至总体积	10ml

表 8-7 测序凝胶上样液

组成成分	其中各成分的用量	组成成分	其中各成分的用量
98%去离子甲酰胺		0.025%二甲苯青 FF	
10mol/L EDTA(pH8.0)		0.025%溴酚蓝	

甲酰胺:许多批号的试剂级甲酰胺,其纯度符合使用要求,无须再进行处理。不过,一旦略呈黄色,则应用在磁力搅拌器上将甲酰胺与 Dowex XG_8混合床树脂共同搅拌 1 小时进行去离子处理,并用 Whatman 1 号滤纸过滤 2 次,去离子甲酰胺分装成小份,充氮存于-70℃

表 8-8 凝胶上样缓冲液

缓冲液类型	6×缓冲液	贮存温度
Ⅰ	0.25%溴酚蓝 0.25%二甲苯青 FF 40%(W/V)蔗糖水溶液	4℃
Ⅱ	0.25 溴酚蓝 0.25%二甲苯青 FF 15%聚蔗糖(Ficoll400)	室温
Ⅲ	0.25%溴酚蓝 0.25%二甲苯青 FF 30%甘油水溶液	4℃
Ⅳ	0.25%溴酚蓝 40%(W/V)蔗糖水溶液	4℃
Ⅴ	碱性加样缓冲液: 300mmol/L NaOH 6mmol/L EDTA 18%聚蔗糖(Ficoll400) 0.15%溴甲酚绿 0.25%二甲苯青 FF	4℃

使用以上凝胶加样缓冲液的目的有三:增大样品密度;以确保 DNA 均匀进入样品孔内;使样品呈现颜色,从而使加样操作更为便利,含有在电块中能以可预知速率向阳极泳动的染料。溴酚蓝在琼脂糖中移动的速率约为二甲苯青 FF 的 2.2 倍,而与琼脂糖浓度无关。以 0.5×TBF 作电泳液时,溴酚蓝在琼脂糖中的泳动速率约与长 300bp 的双链线状 DNA 相同,而二甲苯青 FF 的泳动则与长 4kb 的双链线状 DNA 相同。在琼脂糖浓度为 0.5%~1.4% 的范围内,这些对应关系受凝胶浓度变化的影响并不显著。

选用哪一种加样染料纯属个人喜恶。但是对于碱性凝胶应当使用溴甲酚绿作为示踪染料，因为在碱性 pH 条件下其显色较溴酚更蓝为鲜明。

二、染料溶液的配制

1. 1%溴酚蓝(bromophenol blue)配制方法　加 1g 溴酚蓝于 100ml 水中，搅拌或涡旋混合直到完全溶解。

2. 1%二甲苯青 FF(xylene cyanole FF)配制方法　加 1g 二甲苯青 FF 于少量水中溶解后定容到 100ml。

3. 10mg/ml 的溴化乙锭(ethidium bromide)配制方法　小心称取 1g 溴化乙锭，转移到广口瓶中，加 100ml 水，用磁力搅拌器搅拌至完全溶解，用铝箔包裹装液管，于 4℃贮存。

[注意]溴化乙锭是强诱变剂并有中度毒性，使用含有这种染料的溶液时务必戴上手套，称量染料时要戴面罩。

4. 溴甲酚紫指示剂配制方法　将 0.04g 溴甲酚紫和 0.01mol/L 的 NaOH 7.4ml 分别加入 92.6ml 蒸馏水中。溴甲酚紫为 pH5.2~6.8，颜色由黄变紫，常用浓度为 0.04%。

5. 溴麝香草酚蓝指示剂配制方法　将 0.04g 的溴麝香草酚蓝和 6.4ml 的 0.01mol/L NaOH 分别加入到 9.6ml 蒸馏水中。溴麝香草酚蓝 pH6.0~7.6，颜色由黄变蓝，常用浓度为 0.04%。

三、电泳缓冲液的配制

表 8-9　常用的电泳缓冲液

缓冲液	浓储存液(每升)	使用液
Tris-乙酸(TAE)	50×： 242g Tris 碱 57.1ml 冰乙酸 100ml 0.5mol/L EDTA(pH8.0)	1×： 0.04mol/L Tris-乙酸 0.001mol/L EDTA
Tris-磷酸(TPE)	10×： 10g Tris 碱 15.5ml 85%磷酸(1.679g/ml) 40ml 0.5mol/L EDTA(pH8.0)	1×： 0.09mol/L Tris-磷酸 0.002mol/L EDTA
Tris-硼酸(TBE)	5×： 54g Tris 碱 27.5 硼酸 20ml 0.5mol/L EDTA(pH8.0)	0.5×： 0.045mol/L Tris-硼酸 0.001mol/L EDTA
碱性缓冲液[b]	1×： 5ml 10mol/L NaOH 2ml 0.5mmol/L EDTA(pH8.0)	1×： 50mmol/L NaOH 1mmol/L EDTA
Tris-甘氨酸[c]	5×： 15.1g Tris 94g 甘氨酸(电泳级)(pH8.3) 50ml 10% SDS(电泳级)	1×： 25mmol/L Tris 250mmol/L 甘氨酸 0.1% SDS

表 8-10　SDS-PAGE 电泳缓冲液(5×Tris-Glycine Buffer)(配制 1L 溶液)

组成成分	其中各成分的用量	组成成分	其中各成分的用量
0. 125mol/L Tris,	15. 1g Tris	0. 5%(w/v)SDS	5. 0g SDS
1. 25mol/L Glycine,	94g Glycine	加蒸馏水至总体积	1L

表 8-11　10×TPE 贮存液(配制 1L 溶液)

组成成分	其中各成分的用量	组成成分	其中各成分的用量
0. 09mol/L Tris-磷酸	108g Tris 碱	0. 002mol/L EDTA	40ml 0. 5mol/L EDTA(pH8. 0)
	15. 5ml 85%磷酸	加蒸馏水至总体积	1L

(室温贮存)

磷酸缓冲液(phosphate buffer)配制方法

(1) 25℃下 0. 1mol/L 磷酸钠缓冲液的配制

表 8-12　25℃下 0. 1mol/L 磷酸钠缓冲液的配制

pH	1mol/L Na_2HPO_4(ml)	1mol/L NaH_2PO_4(ml)	pH	1mol/L Na_2HPO_4(ml)	1mol/L NaH_2PO_4(ml)
5. 8	7. 9	92. 1	7. 0	57. 7	42. 3
6. 0	12. 0	88. 0	7. 2	68. 4	31. 6
6. 2	17. 8	82. 2	7. 4	77. 4	22. 6
6. 4	25. 5	74. 5	7. 6	84. 5	15. 5
6. 6	35. 2	64. 8	7. 8	89. 6	10. 4
6. 8	46. 3	53. 7	8. 0	93. 2	6. 8

(2) 25℃下 0. 2mol/L 磷酸钠缓冲液的配制

①0. 2mol/L 的 NaH_2PO_4;称取 NaH_2PO_4. $2H_2O$ 31. 21g(或 $NaH_2PO_4 \cdot H_2O$ 27. 6g)加重蒸水至 1000ml 溶解。

②0. 2mol/L 的 Na_2HPO_4:称取 $Na_2HPO_4 \cdot 12H_2O$ 71. 64g(或 $Na_2HPO_4 \cdot 7H_2O$ 53. 6g 或 $Na_2HPO_4 \cdot 2H_2O$ 35. 6g)加重蒸水至 1000ml 溶解。

③0. 2mol/L pH7. 4 的 PB 的配制:取 19ml 0. 2mol/L 的 NaH_2PO_4和 81ml 0. 2mol/L 的 $Na_2HPO_4 \cdot 12H_2O$,充分混合即为 0. 2mol/L 的 PB(pH7. 4~7. 5)。若 pH 偏高或偏低,可通过改变二者的比例来加以调整,室温保存即可。配制时,常先配制 0. 2mol/L 的 NaH_2PO_4和 0. 2mol/L 的 Na_2HPO_4,两者按一定比例混合即成 0. 2mol/L 的磷酸盐缓冲液(PB),根据需要可配制不同浓度的 PB 和 PBS。

表 8-13　0. 2mol/L 磷酸盐缓冲液(pH5. 7~8. 0)

pH	0. 2mol/L NaH_2PO_4(ml)	0. 2mol/L Na_2HPO_4(ml)	pH	0. 2mol/L NaH_2PO_4(ml)	0. 2mol/L Na_2HPO_4(ml)
5. 7	93. 5	6. 5	6. 4	73. 5	26. 5
5. 8	92. 0	8. 0	6. 5	68. 5	31. 5
5. 9	90. 0	10. 0	6. 6	62. 5	37. 5
6. 0	87. 7	12. 3	6. 7	56. 5	43. 5
6. 1	85. 0	15. 0	6. 8	51. 0	49. 0
6. 2	81. 5	18. 5	6. 9	45. 0	55. 0
6. 3	77. 5	22. 5	7. 0	39. 0	61. 0

表 8-14　25℃下 0.1mol/L 磷酸钾缓冲液的配制

pH	1mol/L K_2HPO_4(ml)	1mol/L KH_2PO_4(ml)	pH	1mol/L K_2HPO_4(ml)	1mol/L KH_2PO_4(ml)
5.8	8.5	91.5	7.0	61.5	38.5
6.0	13.2	86.8	7.2	71.7	28.3
6.2	19.2	80.8	7.4	80.2	19.8
6.4	27.8	72.2	7.6	86.6	13.4
6.6	38.1	61.9	7.8	90.8	9.2
6.8	49.7	50.3	8.0	94.0	6.2

Tris 缓冲液(Tris-HCl buffer)配制方法

将 121g 的 Tris 碱溶解于 0.9L 水中,再根据所要求的 pH(25℃下)加一定量的浓盐酸(11.6mol/L),用蒸馏水调整终体积至 1L。

表 8-15　Tris 缓冲液(Tris-HCl buffer)配制方法

浓盐酸的体积(ml)	pH	浓盐酸的体积(ml)	pH
8.6	9.0	46	8.0
14	8.8	56	7.8
21	8.6	66	7.6
28.5	8.4	71.3	7.4
38	8.2	76	7.2

0.05mol/L Tris 缓冲液的配制:将 50ml 0.1mol/L Tris 碱溶液与下表所示相应体积(单位:ml)的 0.1ml/L HCl 混合,加水将体积调至 100ml。

表 8-16　各种 pH 的 Tris 缓冲液的配制

所需 pH(25℃)	0.1mol/L HCl 的体积	所需 pH(25℃)	0.1mol/L HCl 的体积
7.1	45.7	8.1	26.2
7.2	44.7	8.2	22.9
7.3	43.4	8.3	19.9
7.4	42.0	8.4	17.2
7.5	40.3	8.5	14.7
7.6	38.5	8.6	12.4
7.7	36.6	8.7	10.3
7.8	34.5	8.8	8.5
7.9	32.0	8.9	7.0
8.0	29.2		

表 8-17 温度对 50mmol/L Tris-HCl 液 pH 值的影响

4℃	25℃	37℃	4℃	25℃	37℃
8.1	7.5	7.2	8.8	8.2	7.9
8.2	7.6	7.3	8.9	8.3	8.0
8.3	7.7	7.4	9.0	8.4	8.1
8.4	7.8	7.5	9.1	8.5	8.2
8.5	7.9	7.6	9.2	8.6	8.3
8.6	8.0	7.7	9.3	8.7	8.4
8.7	8.1	7.8	9.4	8.8	8.5

四、常用酶的配制

1. 20mg/ml 蛋白酶 K(proteinase K)的配制

[配制方法]将 200mg 的蛋白酶 K 加入到 9.5ml 水中,轻轻摇动,直至蛋白酶 K 完全溶解。加水定容到 10ml,然后分装成小份储存于-20℃。

[注意事项]蛋白酶 K 是一种枯草蛋白酶类的高活性蛋白酶,从林伯氏白色念球菌(Tritirachium album Limber)中纯化得到。溶解时不要涡旋混合。

2. 10mg/ml Rnase(无 DNase)(DNase-free RNase)的配制

[配制方法]溶解 10mg 的胰蛋白 RNA 酶于 1ml 的 10mmol/L 的乙酸钠水溶液中(pH5.0),溶解后于水浴中煮沸 15min,使 DNA 酶失活,用 1mol/L 的 Tris-HCl 调 pH7.5,于-20℃贮存(配制过程中要戴手套)。

3. 10×标准 DNA 连接酶缓冲液

表 8-18 10×标准 DNA 连接酶缓冲液(黏端、平端连接)(配制 10ml)

成分及终浓度	溶液各成分的用量	成分及终浓度	溶液各成分的用量
0.5mol/L Tris-HCl	5ml 1mol/L 贮液	5mmol/L 盐酸亚精胺(可选)	50μl 1mmol/L 贮液
100mmol/L $MgCl_2$	1ml 1mol/L 贮液	0.5mg/ml BSA(组分 V)(可选)	0.5ml 10mg/mL 贮液
100mmol/L DTT	1ml 1mol/L 贮液	去离子水	2.25ml
2mmol/L ATP	200μl 100mmol/L 贮液		

将配制好的缓冲液分装成小份,贮存于-20℃。

4. 链酶蛋白酶的配制方法 把该酶的粉末溶解于 10mmol/L Tris-HCl(pH7.5)、10mmol/L NaCl 中,配成 20mg/ml 浓度,于 37℃温育 1h。经消化的链酶蛋白酶分装成小份放在密封试管中,保存-20℃。链酶蛋白酶是从链球菌(Streptomyces griseus)中分离到的一种丝氨酸酶和酸性蛋白酶的混合物,主要用于自消化可消除 DNA 酶和 RNA 酶的污染。

五、常用抗生素溶液的配制方法

1. 100mg/ml 氨苄青霉素(ampicillin) 溶解 1g 氨苄青霉素钠盐于足量的水中,最后定容至 10ml。分装成小份于-20℃贮存。常以 25~50μg/ml 的终浓度加于生长培养基。

2. 50mg/ml 羧苄青霉素(carbenicillin) 羧苄青霉素一般以钠盐形式存在,使用时按 50mg/ml 水溶配制,0.22μm 滤膜过滤除菌,分装后-20℃保存。

3. 25mg/ml 氯霉素(chloramphenicol) 溶解 250mg 氯霉素于足量无水乙醇中,最后定容至 10ml。分装小包装于-20℃贮存。常以 12.5~25μg/ml 终浓度加于生长培养基。

4. 10mg/m 卡那霉素(kanamycin) 溶解 100mg 卡那霉素于足量的水中,最后定容至 10ml。分装成小份于-20℃贮存。常以 10~50μg/ml 的终浓度添加于生长培养基。

5. 50mg/ml 链霉素(streptomycin) 溶解 0.5g 链霉素硫酸盐于足量的无水乙醇中,最后定容至 10ml。分装成小份于-20℃贮存。常以 10~50μg/ml 的终浓度加于生长培养基。

6. 10mg/ml 四环素(tetracycline) 溶解 100mg 四环素盐酸盐于足量的水中,或者将无碱的四环素溶于无水乙醇,定容至 10ml。分装成小包装,用铝箔包裹装液管以免溶液见光,于-20℃贮存。常以 10~50μg/ml 的终浓度添加于生长培养基。

表 8-19 常用抗生素和常用工作浓度的范围

抗生素	贮液浓度(mg/ml)	工作浓度(μg/ml)	抗生素	贮液浓度(mg/ml)	工作浓度(μg/ml)
氨卞青霉素(Amp)	50mg/ml(水)	50~100	链霉素(Sm)	50mg/ml(30 水)	30
氯霉素(Cm)	34mg/ml(乙醇)	20~170	四环素(Tet)	12.5mg/ml(乙醇)	10.0(用于液体)
卡拉霉素(Kan)	50mg/ml(水)	30			12.5(用于固体)

六、常用培养基配制方法

1. LB 培养基 将蛋白胨 10g,酵母提取物 5g,氯化钠 10g 溶解在 0.9L 水中,用 1mol/L NaOH(~1ml)调整 pH 至 7.0,再补足水至 1L。

注意:琼脂平板需添加琼脂粉 12g/L,上层琼脂平板添加琼脂粉 7g/L。

2. SOB 培养基 将下列组分溶解在 0.9L 水中:蛋白胨 20g,酵母提取物 5g,氯化钠 0.5g,1mol/L 氯化钾 2.5ml,用水补足体积到 1L。分成 100ml 的小份,高压灭菌。培养基冷却到室温后,再在每 100ml 的小份中加 1ml 灭过菌的 1mol/L 氯化镁。

3. SOC 培养基 方法同 SOB 培养基的配制,只是在培养基冷却到室温后,除了在每 100ml 的小份中加 1ml 灭过菌的 1mol/L 氯化镁外,再加 2ml 灭菌的 1mol/L 葡萄糖(18g 葡萄糖溶于足够水中,再用水补足到 100ml,用 0.22μm 的滤膜过滤除菌)。

4. TB 培养基 将下列组分溶解在 0.9L 水中:蛋白胨 12g,酵母提取物 24g,甘油 4ml。

各组分溶解后高压灭菌。冷却到 60℃,再加 100ml 灭菌的 170mmol/L KH_2PO_4/0.72mol/L K_2HPO_4的溶液(2.31g KH_2PO_4和 12.54g K_2HPO_4溶解在足量的水中,使终体积为 100ml。高压灭菌或用 0.22μm 的滤膜过滤除菌)。

5. 2×YT 培养基 将下列组分溶解在 0.9L 水中:蛋白胨 16g,酵母提取物 10g,氯化钠 4ml。如果需要用 1mol/L NaOH(~1ml)调整 pH7.0,再补足水至 1L。

注:琼脂平板需添加琼脂粉 12g/L,上层琼脂平板添加琼脂粉 7g/L。

6. YPD 培养基 将蛋白胨 20g,酵母提取物 10g,葡萄糖 20g 溶解在 0.9L 去离子水中,再用水补足体积为 1L 后高压灭菌。建议在高压灭菌之前,对色氨酸营养缺陷型每升培养基添加 1.6g 色氨酸,因为 YPD 培养基是色氨酸限制型培养基。为了配制平板,需要在高压灭菌前加入 20g 琼脂粉。

七、基因工程其他相关试剂的配制

1. Tris-HCl 平衡苯酚操作方法

(1) 液化苯酚应贮存于-20℃,此时的苯酚呈结晶状态。从冰柜中取出的苯酚首先在室温下放置使其达到室温，然后在68℃水浴中使苯酚充分融解。

（2）加入羟基喹啉（8-quinolinol）至终浓度0.1%。该化合物是一种还原剂、RNA酶的不完全抑制剂及金属离子的弱螯合剂，同时因其呈黄色，有助于方便识别有机相。

（3）加入等体积的1mol/L Tris-HCl（pH8.0），使用磁力搅拌器搅拌15min，静置使其充分分层后，除去上层水相。

（4）重复操作步骤③。

（5）加入等体积的0.1mol/L Tris-HCl（pH8.0），使用磁力搅拌器搅拌15min，静置使其充分分层后，除去上层水相。

（6）重复操作步骤⑤，稍微残留部分上层水相。

（7）使用pH试纸确认有机相的pH≥7.8。

（8）将苯酚置于棕色玻璃瓶中4℃避光保存。

2. 苯酚/氯仿/异戊醇（25∶24∶1）配制方法　将Tris-HCl平衡苯酚与等体积的氯仿/异戊醇（24∶1）混合均匀后，移入棕色玻璃瓶中4℃保存。

3. 放线菌素D溶液配制方法　把20mg放线菌素D溶解于4ml 100%乙醇中，1∶10稀释贮存液，用100%乙醇作空白对照读取OD_{440}值。放线菌素D的贮存液应放在包有箔片的试管中，保存于-20℃。[放线菌素D（分子量为1255）纯品在水溶液中的摩尔消化系数为21 900，故而1mg/ml的放线菌素D溶液在440nm处的吸光值为0.182。]

注意事项：放线菌素D是致畸剂和致癌剂，配制该溶液时必须戴手套并在通风橱内操作，而不能在开放的实验桌面上进行，谨防吸入药粉或让其接触到眼睛或皮肤。药厂提供的作治疗用途的放线菌素D制品常含有糖或盐等添加剂，要通过测量贮存液在440nm波长处的光吸收确定放线菌素D的浓度。

4. 0.1mol/L腺苷三磷酸（ATP）溶液配制方法　在0.8ml水中溶解60mg ATP，用0.1mol/L NaOH调至pH7.0，用蒸馏水定容1ml，分装成小份保存于-70℃。

5. 10mol/L乙酸酰溶液（配制1L溶液）配制方法　把770g乙酸酰溶解于800ml水中，加水定容至1L后过滤除菌。

6. 10%过硫酸铵溶液（配制10ml溶液）配制方法　把1g过硫酸铵溶解于终量为10ml的水溶液中，该溶液可于4℃保存数周。

7. BCIP溶液配制方法　把0.5g的5-溴-4-氯-3-吲哚磷酸二钠盐（BCIP）溶解于10ml 100%的二甲基甲酰胺中，保存于4℃。

8. 1mol/L $CaCl_2$溶液配制方法　在200ml蒸馏水中溶解54g $CaCl_2 \cdot 6H_2O$，用0.22μm滤器过滤除菌，分装成10ml小份贮存于-20℃。

注意：制备感受态细胞时，取出一小份解冻并用蒸馏水稀释至100ml，用0.22μm～0.45μm孔径过滤除菌，然后骤冷至0℃。

9. 2.5mol/L $CaCl_2$溶液配制方法　在20ml蒸馏水中溶解13.5g $CaCl_2 \cdot 6H_2O$，用0.22μm滤器过滤除菌，分装成1ml小份贮存于-20℃。

10. 1mol/L二硫苏糖醇（DTT）溶液配制方法　用20ml 0.01mol/L乙酸钠溶液（pH5.2）溶解3.09g DTT，过滤除菌后分装成1ml小份贮存于-20℃。

注意事项：DTT或含有DTT的溶液不能进行高压处理。

11. 100mmol/L脱氧核苷三磷酸（dNTP）溶液配制方法　可以购买到100mmol/L纯dNTPs贮液，-80℃可贮存至少6个月。10mmol/L dNTP混合液（配制20μl）配制见表8-20。

表 8-20　脱氧核苷三磷酸(dNTP)溶液配制

成分及终浓度	溶液各成分的用量	成分及终浓度	溶液各成分的用量
10mmol/L dATP	2μl 100mmol/L dATP 贮液	10mmol/L dTTP	2μl 100mmol/L dTTP 贮液
10mmol/L dCTP	2μl 100mmol/L dCTP 贮液	去离子水	12μl
10mmol/L dGTP	2μl 100mmol/L dGTP 贮液		

12. 2×HEPES 缓冲盐溶液配制方法　用总量为 90ml 的蒸馏水溶解 1.6g NaCl、0.074g KCl、0.027g $Na_2PO_4 \cdot 2H_2O$、0.2g 葡聚糖和 1g HEPES,用 0.5mol/L NaOH 调节 pH 为 7.05,再用蒸馏水定容至 100ml。用 0.22μm 滤器过滤除菌,分装成 5ml 小份,贮存于-20℃。

13. IPTG 溶液配制方法　在 8ml 蒸馏水中溶解 2g IPTG(异丙基硫代-*β-D*-半乳糖苷,分子量 238.3)后,用蒸馏水定容至 10ml,应用 0.22μm 滤器过滤除菌,用 Eppendorf 塑料离心管分装成 1ml/管,贮存于-20℃。

14. X-gal 溶液配制方法　溶解 20mg 的 X-gal 于 1ml 的二甲基甲酰胺(DMF),用铝箔包裹装液管,贮存于-20℃。

注意事项:装有 X-gal 溶液的试管要用铝箔封裹,以防因受光照而被破坏。X-gal 溶液无须过滤除菌。

X-gal 和 IPTG 的使用:在应用细菌涂板之前把 X-gal 40μl(20mg/ml),IPTG 4ul(200mg/ml)分别涂到配好的 Amp^+LB 板上,然后涂菌。也有将上述两种物质以相同的浓度与待涂菌液混匀直接涂板。一般在培养基里,X-gal 的终浓度是 40μg/ml,IPTG 的终浓度是 24μg/ml,通常可以显色。

注意事项:在配制培养基的时候,一般不直接加经 X-gal 和 IPTG。因为 X-Gal 怕光,注意避免大量光照。涂的时候动作要快,而且要均匀,通常在超净台操作时可以将照明灯关掉。细菌培养后发现蓝斑不明显,可以把板放 4℃半个小时以后颜色会更深一些。

15. 10mmol/L 苯甲基磺酰氟(PMSF)溶液配制方法　用异丙醇溶解 PMSF 成 1.74mg/ml(10mmol/L),分装成小份贮存于-20℃。如有必要可配成浓度高达 17.4mg/ml 的贮存液(100mmol/L)。

注意事项:PMSF 严重损害呼吸道黏膜、眼睛及皮肤,吸入、吞进或通过皮肤吸收后有致命危险。一旦眼睛或皮肤接触了 PMSF,应立即用大量水冲洗之。凡被 PMSF 污染的衣物应予丢弃。PMSF 在水溶液中不稳定。应在使用前从贮存液中现用现加于裂解缓冲液中。PMSF 在水溶液中的活性丧失速率随 pH 的升高而加快,且 25℃的失活速率高于 4℃。当 pH8.0 时,20μmmol/L PMSF 水溶液的半寿期大约为 85min,这表明将 PMSF 溶液调节为碱性(pH>8.6)并在室温放置数小时后,可安全地予以丢弃。

16. 25mmol/L Tris 缓冲盐(TBS)溶液(配制 1L 溶液)配制方法　在 800ml 蒸馏水中溶解 8g NaCl、0.2g KCl 和 3g Tris 碱,加入 0.015g 酚并用 HCl 调节 pH 为 7.4,用蒸馏水定容至 1L,分装后高压灭菌 20min,于室温保存。

17. 5mol/L NaCl 溶液(配制 1L 溶液)配制方法　在 800ml 蒸馏水中溶解 292.2g NaCl 加蒸馏水定容至 1L,分装后高压灭菌。

18. 10%十二烷基硫酸钠(SDS)溶液(配制 1L 溶液)配制方法　在 900ml 水中溶解 100g 电泳级 SDS,加热至 68℃助溶,加入几滴浓盐酸调节溶液的 pH 为 7.2,加蒸馏水定容至 1L,分装备用。

注意事项：SDS 的微细晶粒易扩散，因此称量时要戴面罩，称量完毕后要清除残留在称量工作区和天平上的 SDS，10% 的 SDS 溶液无须灭菌。

19. 20×SSC 溶液（配制 1L 溶液）配制方法　在 800ml 蒸馏水中溶解 175.3g NaCl 和 88.2g 柠檬酸钠，加入数滴 10mol/LNaOH 溶液调节 pH 为 7.0，加蒸馏水定容至 1L，分装后高压灭菌。

20. 20×SSPE 溶液（配制 1L 溶液）配制方法　在 800ml 蒸馏水中溶解 175.3g NaCl、27.6g $NaH_2PO_4 \cdot H_2O$ 和 7.4g EDTA，用 NaOH 溶液调节 pH 为 7.4，加蒸馏水定容至 1L，分装后高压灭菌。该试剂的终浓度为 3.0mol/L NaCl 和 0.2mol/L NaH_2PO_4 和 0.02mol/L EDTA。

21. 100% 三氯乙酸（TCA）溶液配制方法　在装有 500g TCA 的瓶中加入 227ml 水，形成的溶液含有 100%（mg/ml）TCA。

22. 10% 过硫酸铵配制方法　把 1g 过硫酸铵溶解于终量为 10ml 的蒸馏水溶液中，该溶液可在 4℃ 保存数周。

23. 配制 1L 质粒提取用溶液 I（solution Ⅰ）

表 8-21　质粒提取用溶液 I

组成成分	其中各成分的用量	组成成分	其中各成分的用量
25mmol/L Tris-HCl（pH8.0）	25ml 1mol/L Tris-HCl（pH8.0）	50mmol/L Glucose	45ml 20% Glucose（1.11mol/L）
10mmol/L EDTA	20ml 0.5mol/L EDTA（pH8.0）	双蒸水	910ml

高温高压灭菌后，4℃ 保存。使用前每 50ml 的 soliution I 中加入 2ml 的 RNase A（20mg/ml）。

表 8-22　质粒提取用溶液Ⅱ（Solution Ⅱ）

组成成分	其中各成分的用量	组成成分	其中各成分的用量
200mmol/L NaOH，	2mol/L NaOH 50ml	灭菌水	400ml
1%（g/ml）SDS	10% SDS 50ml		

充分混匀，室温保存，此溶液保存时间最好不要超过一个月。

注意：SDS 易产生气泡，不要剧烈搅拌

24. 质粒提取用溶液Ⅲ（Solution Ⅲ）　组分浓度（3mol/L KOAc，5mol/L CH_3COOH）配制方法：量取 147g KOAc，57.5ml CH3COOH 置于 500ml 烧杯中，加入 300ml 去离子水后搅拌溶解，再加去离子水将溶液定容至 500ml，高温高压灭菌后，4℃ 保存。

表 8-23　100×Denhardt 试剂（Denhardt's regent）（配制 100ml）

成分及终浓度	溶液各成分的用量	成分及终浓度	溶液各成分的用量
2% 聚蔗糖（Ficoll，400 型）	2g 聚蔗糖	2% BSA（组分 V）	2g BSA
2% 聚乙烯吡咯烷酮（PVP-40）	2g 聚乙烯吡咯烷酮	加蒸馏水至总体积	100ml

过滤除菌及杂质，分装成小份于 -20℃ 贮存。

25. DEPC（焦碳酸二乙酯）处理水配制方法　加 100μl DEPC 于 100ml 水中，使 DEPC 的体积分数为 0.1%。在 37℃ 温浴至少 12h，然后在 15psi（注：又名 ppsi，磅力每平方英寸，非法定单位，1ppsi = 6894 76×10^3Pa）条件下高压灭菌 20min，以使残余的 DEPC 失活。DEPC

会与胺起反应,不可用 DEPC 处理 Tris 缓冲液。

26. 30%丙烯酰胺溶液(配制 100ml 溶液)　称取丙烯酰胺(Acr)29g 及 N,N'-亚甲基双丙烯酰胺(Bis)1.0g,用去离子水溶解并稀释至 100ml,贮棕色瓶中于 4℃保存,可用一个月。

注意事项:丙烯酰胺具有很强的神经毒性并可以通过皮肤吸收,其作用具累积性。称量丙烯酰胺和亚甲基双丙烯酰胺时应戴手套和面具。

27. 2×BES 缓冲盐溶液配制方法(配制 100ml 溶液)　用总体积 90ml 的蒸馏水溶解 1.07g 盐溶液 BES[N,N-双(2-羟乙基)-2-氨基乙磺酸],1.6g NaCl 和 0.027g Na_2HPO_4,室温下用 HCl 调节该溶液的 pH 为 6.96,然后加入蒸馏水定容至 100ml,用 0.22μm 滤器过滤除菌,分装成小份,保存于-20℃。

八、组织裂解液和细胞裂解液的配制方法

(一) 细胞裂解液配制

方法一

试剂准备

1. 新鲜配制冷的 RIPA 裂解缓冲液

150mmol/L NaCl

1% NP-40(去垢剂)

0.1% SDS(去垢剂)

2μg/ml Aprotinin(蛋白酶抑制剂)(使用前加入)

2μg/ml Leupeptin(蛋白酶抑制剂)(使用前加入)

1mmol/L PMSF(蛋白酶抑制剂)

1.5mmol/L EDTA(蛋白酶抑制剂)

1mmol/L NaVanadate(磷酸酯酶抑制剂)(任选)

以上所有试剂均按比例溶于 150mmol/L NaCL 溶液中。

RIPA 裂解体系用于普通的 Western、IP 或 Co-IP,我们推荐使用 Western 及 IP 细胞裂解液(P0013),该裂解液已被国内各大研究机构广泛使用,用户普遍反映很好。裂解细胞或组织后,没有非常黏滞的透明状 DNA 团块形成,不必采用超声处理等就可以非常理想地用于后续操作。另外该裂解液裂解的产物也适合用于磷酸化蛋白的 Western 检测。对于某些特殊蛋白的 IP,如果发现 Western 及 IP 细胞裂解液(P0013)效果不是非常理想,可以尝试用 RIPA 裂解液(强、中或弱)或 NP-40 裂解液。如果发现 IP 的时候背景很高,即非特异的蛋白也被 IP 下来,则需要选用裂解强度较高的裂解液,例如 RIPA 裂解液(强或中)。如果发现目的蛋白无法被 IP 下来,则说明裂解液的强度过强,可以使用较为温和的裂解液例如 RIPA 裂解液(弱)或 NP-40 裂解液。对于某些难溶解蛋白的 Western,如果发现 Western 及 IP 细胞裂解液效果不是非常理想,可以尝试使用裂解强度更高的裂解液,例如 RIPA 裂解液(强、中)或 SDS 裂解液

2. 细胞裂解的实验步骤

(1) 将长满细胞的培养瓶放置在冰上,用吸液管吸出培养液。加入足够的冷的 PBS 在培养瓶中充分洗涤细胞表面,以洗去瓶中残留的培养基,倒掉 PBS,重复以上操作 2~3 遍。在最后一次洗涤中尽可能吸干残留的 PBS,尽量在冰上操作。

(2) 向培养瓶中加入冷的 RIPA 裂解缓冲液(每 75cm^2 培养瓶加 1ml). 然后用细胞刮子沿着瓶壁开始刮细胞,如果所需要刮的同种细胞有多瓶,则将第一瓶刮下的细胞液吸出转入下一瓶中继续刮(由于处理后的细胞裂解液较黏稠,所以宜用直径大点的吸液管吸取)。

(3) 吸出刮好的细胞裂解液置于 14ml 离心管中(置于冰上),然后重复步骤 2 以刮取剩下的细胞。

(4) 尽可能将多的细胞裂解液收集到 14ml 的离心管中,样品插入冰盒进行超声,超声强度以不产生泡沫为准,超声每次 2~3sec,重复 3~4 次。如仍有细胞碎片或沉淀,10 000*g* 离心 10min,留取上清。

(5) 取出小量细胞裂解液测其蛋白浓度(用 Biorad Bradford 试剂盒或紫外分光光度计,在 A280 测定),分装保存在-70℃。

方法二

1. 试剂准备

NP-40 or Triton-100	1%
Tris-HCl(pH 8.0)	50mmol/L
NaCl	150mmol/L
PMSF(苯甲基磺酰氟)	0.1mmol/L(100μg/ml)
Pepstatin(胃蛋白酶抑制剂)	1μmol/L(0.7μg/ml)
Leupeptin(亮抑制肽)	0.5mg/ml
Aprotinin(抑蛋白酶肽)	0.3μmol/L(1μg/ml)

[注]　① PMSF 贮存液:100 mmol/L 即 17.4 mg/ml 于异丙醇中;Aprotinin 贮存液:10mg/ml 溶于 0.01 mol/LHEPES(pH8.0);Leupeptin 贮存液:10 mg/ml 溶于水中;Pepstatin 贮存液 10 mg/ml 于甲醇液中. 均于-20℃保存。②TritonX-100 和 NP-40 是非离子去污剂(两者均不同于 SDS,SDS 属于离子型去垢剂,它可以把整个细胞完全破坏掉,使 DNA 会释放出来,结果裂解液变得非常黏稠),主要作用是破坏蛋白质分子之间的疏水相互作用,提高蛋白质的溶解性。NP-40 是很温和的去垢剂,1%浓度的基本可以破坏掉胞膜,而对核膜破坏的作用弱,与结合特定缓冲液结合使用,可以获得细胞质蛋白。TritonX-100 的能力介于 NP-40 和 SDS 之间,偏向于 NP-40,也是常用的细胞裂解液成分之一,在保护蛋白活性方面有一定作用。在操作过程中,注意去垢剂属性只是一方面,不同的缓冲液、配比、浓度、提取方法和材料处理也都是关键因素,这方面《分子克隆》书里面讲的比较清楚。

2. 裂解操作程序

(1) 离心收集 1×10^7 个细胞;

(2) 加入 4℃预冷 1% NP-40 裂解液 100μl;

(3) 剧烈震荡使细胞充分悬浮混匀(如为组织进行匀浆);

(4) 4℃放置 15~30min;

(5) 4℃,15 000μ 离心 10min,取上清备用。

方法三

细胞裂解液的主要目的　①利用去污剂破坏脂质双分子层,破裂细胞;②溶解蛋白;③蛋白变性使其稳定;④抑制蛋白酶活性。

试剂准备　推荐 RIPA buffer

50mmol/L Tris-HCl pH7.4 缓冲体系
150mmol/L NaCl 等渗体系
1mmol/L PMSF 强大的蛋白酶抑制剂
1mmol/L EDTA 变性剂和稳定剂
5μg/ml Aprotinin(抑肽酶)蛋白酶抑制剂
5μg/ml Leupeptin 蛋白酶抑制剂
1% Triton X-100 破坏细胞
1% Sodium deoxycholate 中度变性剂和蛋白溶解剂
0.1% SDS 强变性剂和蛋白溶解剂

其中 PMSF 等蛋白酶抑制剂最好另外配制,-20℃保存,用前混合。蛋白酶抑制剂较贵,如果你的经费有限,可以仅用 PMSF 试一试,能出结果就可以。

(二) 组织裂解液配制

组织裂解液配方

7mol/L	Urea(60.06)	4.2042g
2mol/L	thiourea(76.12)	1.5224g
100mmol/L	DTT	0.1543g
4%	CHAPS	0.4g
0.5mmol/L	EDTA	0.00146g
40mmol/L	Tris	0.0485g
2%(ml/ml)NP-40	0.2ml	
1%(ml/ml)Triton X-100	0.1ml	
5mmol/L	PMSF 用前加	0.00871g
2%	pharmalyte	0.2ml

共 10ml 分装成 400μl/每管(可应用于 30~80mg 组织裂解)。

参考文献

大星章一,菅野晴夫.1978.人癌细胞培养.北京:科学出版社
冯乐平,蒋就喜,乔伟.2009.医学实验室建设与安全管理.长春:吉林大学出版社
吴冠芸,潘华珍,吴翠.1999.生物化学与分子生物学实验常用数据手册.北京:科学出版社
张静波.1995.细胞生物学实用方法与技术.北京:北京医科大学中国协和医科大学联合出版社
张静波.2006.组织和细胞培养技术.北京:人民卫生出版社
Dimarakis I,Levicar N.2006.Cell culture medium composition and translational adult bone marrow-derived stem cell research. STEM CELLS,24:1407~1408
参考网站:
www.baidu.com 百度
www.bioon.com 生物谷
www.biooo.com 中国生物论坛
www.dnalc.org 冷泉港实验室
www.dxy.cn 丁香园
www.ncbi.nlm.nih.gov 美国国立生物信息中心

附录二　PCR 引物设计时常用Ⅱ型限制性内切酶的酶切位点保护碱基

表 8-24　常用Ⅱ型限制性内切酶的酶切位点保护碱基

Ⅱ型限制性内切酶	内切酶识别并切割的寡核苷酸序列及保护碱基	酶切效率%	
		2hr	20hr
AccⅠ	GGTCGACC	0	0
	CGGTCGACCG	0	0
	CCGGTCGACCGG	0	0
AflⅢ	CACATGTG	0	0
	CCACATGTGG	>90	>90
	CCCACATGTGGG	>90	>90
AscⅠ	GGCGCGCC	>90	>90
	AGGCGCGCCT	>90	>90
	TTGGCGCGCCAA	>90	>90
AvaⅠ	CCCCGGGG	50	>90
	CCCCCGGGGG	>90	>90
	TCCCCCGGGGGA	>90	>90
BamHⅠ	CGGATCCG	10	25
	CGGGATCCCG	>90	>90
	CGCGGATCCGCG	>90	>90
BglⅡ	CAGATCTG	0	0
	GAAGATCTTC	75	>90
	GGAAGATCTTCC	25	>90
BssHⅡ	GGCGCGCC	0	0
	AGGCGCGCCT	0	0
	TTGGCGCGCCAA	50	>90
BstEⅡ	GGGT(A/T)ACCC	0	10
BstXⅠ	AACTGCAGAACCAATGCATTGG	0	0
	AAAACTGCAGCCAATGCATTGGAA	25	50
	CTGCAGAACCAATGCATTGGATGCAT	25	>90
ClaⅠ	CATCGATG	0	0
	GATCGATC	0	0
	CCATCGATGG	>90	>90
	CCCATCGATGGG	50	50
EcoRⅠ	GGAATTCC	>90	>90
	CGGAATTCCG	>90	>90
	CCGGAATTCCGG	>90	>90

续表

Ⅱ型限制性内切酶	内切酶识别并切割的寡核苷酸序列及保护碱基	酶切效率%	
		2hr	20hr
Hae Ⅲ	GGGGCCCC	>90	>90
	AGCGGCCGCT	>90	>90
	TTGCGGCCGCAA	>90	>90
Hind Ⅲ	CAAGCTTG	0	0
	CCAAGCTTGG	0	0
	CCCAAGCTTGGG	10	75
Kpn Ⅰ	GGGTACCC	0	0
	GGGGTACCCC	>90	>90
	CGGGGTACCCCG	>90	>90
Mlu Ⅰ	GACGCGTC	0	0
	CGACGCGTCG	25	50
Nco Ⅰ	CCCATGGG	0	0
	CATGCCATGGCATG	50	75
Nde Ⅰ	CCATATGG	0	0
	CCCATATGGG	0	0
	CGCCATATGGCG	0	0
	GGGTTTCATATGAAACCC	0	0
	GGAATTCCATATGGAATTCC	75	>90
	GGGAATTCCATATGGAATTCCC	75	>90
Nhe Ⅰ	GGCTAGCC	0	0
	CGGCTAGCCG	10	25
	CTAGCTAGCTAG	10	50
Not Ⅰ	TTGCGGCCGCAA	0	0
	ATTTGCGGCCGCTTTA	10	10
	AAATATGCGGCCGCTATAAA	10	10
	ATAAGAATGCGGCCGCTAAACTAT	25	90
	AAGGAAAAAAGCGGCCGCAAAAGGAAAA	25	>90
Nsi Ⅰ	TGCATGCATGCA	10	>90
	CCAATGCATTGGTTCTGCAGTT	>90	>90
Pac Ⅰ	TTAATTAA	0	0
	GTTAATTAAC	0	25
	CCTTAATTAAGG	0	>90
Pme Ⅰ	GTTTAAAC	0	0
	GGTTTAAACC	0	25
	GGGTTTAAACCC	0	50
	AGCTTTGTTTAAACGGCGCGCCGG	75	>90

续表

Ⅱ型限制性内切酶	内切酶识别并切割的寡核苷酸序列及保护碱基	酶切效率%	
		2hr	20hr
Pst Ⅰ	GCTGCAGC	0	0
	TGCACTGCAGTGCA	10	10
	AACTGCAGAACCAATGCATTGG	>90	>90
	AAAACTGCAGCCAATGCATTGGAA	>90	>90
	CTGCAGAACCAATGCATTGGATGCAT	0	0
Pvu Ⅰ	CCGATCGG	0	0
	ATCGATCGAT	10	25
	TCGCGATCGCGA	0	10
Sac Ⅰ	CGAGCTCG	10	10
Sac Ⅱ	GCCGCGGC	0	0
	TCCCCGCGGGGA	50	>90
Sal Ⅰ	GTCGACGTCAAAAGGCCATAGCGGCCGC	0	0
	GCGTCGACGTCTTGGCCATAGCGGCCGCGG	10	50
	ACGCGTCGACGTCGGCCATAGCGGCCGCGGAA	10	75
Sca Ⅰ	GAGTACTC	10	25
	AAAAGTACTTTT	75	75
Sma Ⅰ	CCCGGG	0	10
	CCCCGGGG	0	10
	CCCCCGGGGG	10	50
	TCCCCCGGGGGA	>90	>90
Spe Ⅰ	GACTAGTC	10	>90
	GGACTAGTCC	10	>90
	CGGACTAGTCCG	0	50
	CTAGACTAGTCTAG	0	50
Sph Ⅰ	GGCATGCC	0	0
	CATGCATGCATG	0	25
	ACATGCATGCATGT	10	50
Stu Ⅰ	AAGGCCTT	>90	>90
	GAAGGCCTTC	>90	>90
	AAAAGGCCTTTT	>90	>90
Xba Ⅰ	CTCTAGAG	0	0
	GCTCTAGAGC	>90	>90
	TGCTCTAGAGCA	75	>90
	CTAGTCTAGACTAG	75	>90
Xho Ⅰ	CCTCGAGG	0	0
	CCCTCGAGGG	10	25

续表

Ⅱ型限制性内切酶	内切酶识别并切割的寡核苷酸序列及保护碱基	酶切效率%	
		2hr	20hr
	CCGCTCGAGCGG	10	75
Xma Ⅰ	CCCCGGGG	0	0
	CCCCCGGGGG	25	75
	CCCCCCGGGGGG	50	>90
	TCCCCCCGGGGGGA	>90	>90

注释：

（1）保护碱基若要加在序列的5′端，就在酶切位点识别碱基序列（红色）的5′端加上相应的保护碱基（黑色），同理，若要在3′端加上保护碱基，就在酶切位点识别碱基序列（红色）的3′端加上相应的保护碱基（黑色）；

（2）酶切效率则为正确识别酶切位点并进行成功酶切的百分率，加保护碱基时最好选择酶切效率最高时所加相应碱基的个数；

（3）在本表中没有列出的酶，则通常需在识别位点两端至少加上6个保护碱基，以确保酶切反应的进行。实验方法：用γ-[^{32}P]ATP在T4多聚核苷酸激酶的作用下标记0.1A_{260}单位的寡核苷酸。取1μg已标记了的寡核苷酸与20U的内切酶，在20℃条件下分别反应2h和20h。反应缓冲液70mmol/L Tris-HCl（pH7.6），10mmol/L $MgCl_2$，5mmol/L DTT及适量的NaCl或KCl（视酶的具体要求而定）。20%的PAGE（7mol/L尿素）凝胶电泳分析，经放射自显影确定酶切百分率。本实验采用自连接的寡核苷酸作为对照，若底物有较长的回文结构，切割效率则可能因为出现发夹结构而降低。

参考文献

吴冠芸，潘华珍，吴翠.1999.生物化学与分子生物学实验常用数据手册.北京：科学出版社

Dimarakis I，Levicar N.2006.Cell culture medium composition and translational adult bone marrow-derived stem cell research. STEM CELLS，24：1407～1408

参考网站：

www.baidu.com 百度

www.bioon.com 生物谷

www.biooo.com 中国生物论坛

www.dnalc.org 冷泉港实验室

www.dxy.cn 丁香园

www.ncbi.nlm.nih.gov 美国国立生物信息中心

附录三　常用的基因工程型宿主菌的相关信息

1. Bacterial Strain JM109（细菌菌株JM109）　一种用于pGEM® Vectors进行转化的宿主，并用于由M13或噬菌体质粒制备单链DNA。该菌株生长良好且适于多种方法高效转化。由于JM109是*rec A*-型，而且缺少*E. coli* K限制系统，避免了对克隆DNA以及其与宿主染色体DNA重组的限制。核酸内切酶A-突变提高了提取质粒DNA的质量和产量。由于基因组和游离基因上的*lac Z*基因同时缺失，JM109没有β-半乳糖苷酶活性。*lac Z*基因

(*lac Z* Δ M15)的游离基因(F′因子)拷贝缺失可以由 pGEM-Z 或 pGEM-Zf Vector 编码的功能性 a-肽互补恢复。假如互补没有发生,则菌落呈白色。为了保持 F′,JM109 菌株应在含有 1mmol/L 硫铵的基本培养基(M-9)中培养。

Genotype(基因型):*end A*1,*rec A*1,*gyr A*96,*thi*,*hsd R*17(r_k^-,m_k^+),*rel A*1,*sup E*44,Δ(*lac-pro AB*),[F′tra D36,pro AB,laq I^qZ Δ M15]。

特点:可靠,生长良好,转化率高。

通用:最适于亚克隆、单链 DAN 克隆、高质量质粒制备和文库构建。

JM109 为 K 细菌菌株,可提供最小化重组和质粒稳定性助剂,从而可获得高质量质粒 DNA 制备。该菌株携带 hsdR17 基因型,该基因型可防止 heter-ologous DNA 被内源性核酸内切酶切割。JM109 菌株支持重组质粒与蓝/白筛选有关的 Alpha-互补结构。F′因子的存在还使得细菌噬菌体 M13 载体生长以挽救单链 DNA。使用 pUC18 对照 DNA 时,转化效率约为 1.0×10^7 CFU/μg~1.0×10^8 CFU/μg。

高产质粒 DNA:核酸内切酶 A-突变提高质粒 DNA 提取的产量和质量。

储存条件储存于-70℃。

2. BMH 71-18 mutS 和 ES1301 mutS 一种错配修复消减的 *E. coli* 菌株。该菌株可以防止对新合成的未甲基化链进行修复从而导致高频率突变的发生。BMH 71-18 mutS 和 ES1301 mutS 菌株是 *recA*+型的,因此含有高度重复序列的插入片段可能不稳定。BMH 71-18 是 *Tetr*,因而,只能用于挑选 *Ampr* 或 *CATr* 突变。BMH 71-18 mutS 菌株因携带 Tn10 基因而带有四环素抗性。BMH 71-18 mutS 同样也是一种限制性菌株(+)。模板 DNA 必须是从修饰的(+)K12 菌株中分离出来否则将会受限制。例如,由菌株 HB101 或 NM522(缺失修饰的菌株)或 BL21(*E. coli* B 菌株)中得到的 DNA 就不能使用。BMH 71-18 mutS 感受态细胞转化效率高于 10^7CFU/mg,每毫升的感受态细胞足够进行十次转化实验。ES1301 是 Tets,可在抗生素抗性间转换。

BMH 71-18 mutS 基因型:*thi*,*supE*,△(*lac-proAB*),[mutS::Tn10],[F′,proAB,lacIqZΔM15]。

ES1301 mutS 基因型:lacZ53,mutS201:Tn5,thyA36,rha-5,metB1,deoC,IN(rrnD-rrnE)。

用途:主要用于形成突变。储存条件:储存于-70℃。

3. 大肠杆菌 DH5α(拉丁名:*Escherichia coli*) 该菌株经过特殊方法处理而获得的高活性感受态细胞。使用 pUC18(2.7kb)检验可获得高达>10^7CFU/ug。其在液氮中保存可在 2 个月内保持>10^7CFU/μg 的转化效率,-70℃保存可在一个月内保持>10^6CFU/μg 的转化效率。

DH5α 菌株的基因型:F-φ80lacZΔM15 Δ(lacZYA-argF)U169 deoR recA1 endA1 hsdR17(rk-,mk+)phoA supE44 λ-thi-1 gyrA96 relA1。

用途:DH5α 是世界上最常用的生物工程菌株之一,特别是在克隆应用方面。

4. Bacterial Strain LE392(细菌菌株 LE392) LE392 缺失 *E. coli* K 限制系统,属于 rec+型。它是一种广泛宿主,重组和原始噬菌体都可以在其中生长。与 Y1090 不同的是,LE392 菌株不能进行重组克隆的颜色筛选也不能利用 IPTG 诱导基因的表达。同样,由于 LE392 含有 lon 蛋白酶活力,融合蛋白的稳定性比 Y1090 菌株中的低。使用该菌株时,噬菌体的滴度比 Y1090 宿主中的高。因此,在颜色选择不是必须的情况下,我们推荐 LE392 菌株作为重组噬菌体复制和利用核酸探针进行 cDNA 文库筛选的首选菌株。

Genotype(基因型):hsdR514(r_k^-,m_k^+),glnV(supE44),try T(sup F58),lacY1 或 Δ(lac IZY)6,galK2,gal T22,metB1,trpR55。

5. Bacterial Strain NM522(细菌菌株 NM522)　含有 F′游离基因,可以用来制备单链 DNA 和进行蓝/白筛选。为了保持 F′,菌株 NM522 应该在基本培养基(M-9)中培养。

Genotype(基因型):sup E,thi,Δ(lac-pro AB),hsd 5(r^-,m^-),[F′,pro AB,lacI^{q}Z Δ M15]。

用途:可用于基因组和 cDNA 克隆。以上菌株均在-70℃条件下储存。

参考文献

大星章一,菅野晴夫.1978.人癌细胞培养.北京:科学出版社

冯乐平,蒋就喜,乔伟.2009.医学实验室建设与安全管理.长春:吉林大学出版社

吴冠芸,潘华珍,吴翠.1999.生物化学与分子生物学实验常用数据手册.北京:科学出版社

张静波.1995.细胞生物学实用方法与技术.北京:北京医科大学中国协和医科大学联合出版社

张静波.2006.组织和细胞培养技术.北京:人民卫生出版社

Dimarakis I,Levicar N.2006.Cell culture medium composition and translational adult bone marrow-derived stem cell research. STEM CELLS,24:1407~1408

参考网站:

www.baidu.com 百度

www.bioon.com 生物谷

www.biooo.com 中国生物论坛

www.dnalc.org 冷泉港实验室

www.dxy.cn 丁香园

www.ncbi.nlm.nih.gov 美国国立生物信息中心

附录四　基因工程常用数据

表 8-25　核酸分子量、拷贝数计算方法

1A260 吸光度值=ds DNA50mg/ml=ss DNA33mg/ml(=ss RNA40mg/ml)
(OD260)×(dilution factor)×[33 或 40 或 50]/(1000)=mg/ml
MW=克/摩尔(1 M=6.02×1023 摩尔分子(拷贝数)
平均分子量:dsDNA=(碱基数)×(660 道尔顿/碱基);ssDNA=(碱基数)×(330 道尔顿/碱基);ssRNA=(碱基数)×(340 道尔顿/碱基)

表 8-26　20 种氨基酸相关信息表

中文名称	英文名称	符号与缩写	分子量	侧链结构	类型
丙氨酸	Alanine	A 或 Ala	89.079	CH_3—	脂肪族类
精氨酸	Arginine	R 或 Arg	174.188	HN═C(NH_2)—NH—(CH_2)$_3$—	碱性氨基酸类
天冬酰胺	Asparagine	N 或 Asn	132.104	H_2N—CO—CH_2—	酰胺类
天冬氨酸	Aspartic acid	D 或 Asp	133.089	HOOC—CH_2—	酸性氨基酸类
半胱氨酸	Cysteine	C 或 Cys	121.145	HS—CH_2—	含硫类
谷氨酰胺	Glutamine	Q 或 Gln	146.131	H_2N—CO—(CH_2)$_2$—	酰胺类
谷氨酸	Glutamic cid	E 或 Glu	147.116	HOOC—(CH_2)$_2$—	酸性氨基酸类
甘氨酸	Glycine	G 或 Gly	75.052	H—	脂肪族类

续表

中文名称	英文名称	符号与缩写	分子量	侧链结构	类型
组氨酸	Histidine	H 或 His	155.141	N═CH—NH—CH═C—CH_2—	碱性氨基酸类
异亮氨酸	Isoleucine	I 或 Ile	131.160	CH_3—CH_2—CH(CH_3)—	脂肪族类
亮氨酸	Leucine	L 或 Leu	131.160	$(CH_3)_2$—CH—CH_2—	脂肪族类
赖氨酸	Lysine	K 或 Lys	146.17	H_2N—$(CH_2)_4$—	碱性氨基酸类
蛋氨酸	Methionine	M 或 Met	149.199	CH_3—S—$(CH_2)_2$—	含硫类
苯丙氨酸	Phenylalanine	F 或 Phe	165.177	Phenyl—CH_2—	芳香族类
脯氨酸	Proline	P 或 Pro	115.117	—N—$(CH_2)_3$—CH—	亚氨基酸
丝氨酸	Serine	S 或 Ser	105.078	HO—CH_2—	羟基类
苏氨酸	Threonine	T 或 Thr	119.105	CH_3—CH(OH)—	羟基类
色氨酸	Tryptophan	W 或 Trp	204.213	Phenyl—NH—CH═C—CH_2—	芳香族类
酪氨酸	Tyrosine	Y 或 Tyr	181.176	4—OH—Phenyl—CH_2—	芳香族类
缬氨酸	Valine	V 或 Val	117.133	CH_3—CH(CH_2)—	脂肪族类

20 种氨基酸按理化性质可分为 4 组：

（1）非极性、疏水性氨基酸：甘氨酸、丙氨酸、缬氨酸、亮氨酸、异亮氨酸、苯丙氨酸和脯氨酸。

（2）极性、中性氨基酸：色氨酸、丝氨酸、酪氨酸、半胱氨酸、蛋氨酸、天冬酰胺、谷氨酰胺和苏氨酸。

（3）酸性的氨基酸：天冬氨酸和谷氨酸。

（4）碱性氨基酸：赖氨酸、精氨酸和组氨酸。

表 8-27 常用荧光标记物质的波长

荧光物质	激发波长(nm)	发射波长(nm)
Acid Fuchsin	540	630
Acridine Orange(Bound to DNA)	502	526
Acridine Yellow	470	550
Alizarin Red	530~560	580
Aminoactinomycin D	555	655
Astrazon Red 6B	520	595
Bisbenzamide	360	600~610
Blancophor FFG Solution	390	470
Bodipy Fl	503	512
Brilliant Sulpho-flavin FF	430	520
Calcien Blue	370	435
Calcium Green	505	532

续表

荧光物质	激发波长(nm)	发射波长(nm)
CY3. 18	554	568
DAPI	350	470
Ethidium Bromide	510	595
FIF(Formaldehyde Induced Fluorescence)	405	435
Fluorescein Iso-thiocyanate(FITC)	490	525
Genacryl Brilliant Red B	520	590
Hoechst 33258,33342(Bound to DNA)	352	461
Lucifer Yellow CH	425	528
Nuclear Fast Red	289~530	580
Oregon Green 488 fluorophore	496	524
Rhodamine Green fluorophore	502	527
Sodium Green	507	535
Texas Red	596	615
Thiazine Red R	510	580

表 8-28 常用蛋白质分子量标准参照物

高分子量标准参照	中分子量标准参照	低分子量标准参照
肌球蛋白　212 000	磷酸化酶 B　97 400	碳酸酐酶　31 00
β-半乳糖苷酶 B　116 000	牛血清白蛋白　66 200	溶菌酶　14 400
磷酸化酶 B　97 400	谷氨酶脱氢酶　55 000	马心肌球蛋白　16 900
牛血清白蛋白　66 200	卵白蛋白　42 700	大豆胰蛋白酶抑制剂　21 500
过氧化氢酶　57 000	醛缩酶　40 000	肌球蛋白(F1)　8 100
醛缩酶　40 000	溶菌酶　14 400	肌球蛋白(F2)　6 200

表 8-29　核酸光谱测定单位的转换

1 A260 unit of double-stranded DNA = 50μg/ml
1 A260 unit of single-stranded DNA = 33μg/ml
1 A260 unit of single-stranded RNA = 40μg/ml

表 8-30　DNA 的摩尔转换

1000bp DNA/1μg = 1. 52pmol(3. 03pmol)
pBR322 质粒 DNA/1μg = 0. 36pmol DNA
1000bp DNA/1pmol = 0. 66μg
1pmol of pBR322 DNA = 2. 8μg

表 8-31　蛋白分子数和重量单位转换

100pmol 的 100kDa 蛋白 = 10μg
100pmol 的 50kDa 蛋白 = 5μg
100pmol 的 10kDa 蛋白 = 1μg
100pmol 的 1kDa 蛋白 = 100ng

表 8-32　蛋白/DNA 重量单位的转换

1kb DNA = 333 amino acids = 37kDa 蛋白
270b DNA = 10kDa 蛋白
810b DNA = 30kDa 蛋白
1. 35kb DNA = 50kDa 蛋白
2. 7kb DNA = 100kDa 蛋白
#一个氨基酸的 MW = 110 道尔顿
#道尔顿(Da)是原子质量单位,1kDa = 1000Da,例如:一个蛋白分子的质量是 64kDa,那么每摩尔中就有 64 000g

表 8-33　琼脂糖凝胶 Gel(%)检测线性 DNA 最佳分辨率条件

推荐的琼脂糖凝胶 Gel(%)浓度	待检测的碱基数(bp)	推荐的琼脂糖凝胶 Gel(%)浓度	待检测的碱基数(bp)
0. 5	10 000～30 000	1. 2	400～7000
0. 7	800～12 000	1. 5	200～3000
1. 0	500～10 000	2. 0	50～2000

表 8-34　丙烯酰胺电泳 Gel(%)检测蛋白的最佳分辨率条件

聚丙烯酰胺凝胶 Gel(%)浓度	带检测蛋白的大小(kDa)	聚丙烯酰胺凝胶 Gel(%)浓度	带检测蛋白的大小(kDa)
8	40～200	12	10～40
10	21～100		

表 8-35　核苷三磷酸的物理常数

化合物	分子量	λ_{max}(pH7. 0)	1 摩尔溶液(pH7. 0)中 λ_{max}时的最大吸收值	OD_{280}/OD_{260}
ATP	507	259	15 400	0. 15
CTP	483	271	9000	0. 97
GTP	523	253	13 700	0. 66
UTP	484	262	10 000	0. 38
dATP	494	259	15 200	0. 15
dCTP	467	271	9300	0. 98
dGTP	507	253	13 700	0. 66
dTTP	482	267	9600	0. 71

表 8-36　常用核酸的长度与分子量

核酸	核苷酸数	分子量	核酸	核苷酸数	分子量
λDNA	48 502(双链环状)	3.0×10^7	18SrRNA	1900	6.1×10^5
pBR322	4363(双链)	2.8×10^6	19SrRNA	1700	5.5×10^5
28SrRNA	4800	1.6×10^6	5SrRNA	120	3.6×10^4
23SrRNA	3700	1.2×10^6	tRNA(大肠杆菌)	75	2.5×10^4

常用核酸和蛋白质相互换算的相关数据

表 8-37　重量换算

1kg＝1000g	1g＝1000mg	1mg＝1000μg
1μg＝1000ng	1ng＝1000pg	1pg＝1000fg

表 8-38　分光光度换算

$1A_{260}$双链 DNA＝50μg/ml
$1A_{260}$单链 DNA＝30μg/ml
$1A_{260}$单链 RNA＝40μg/ml

表 8-39　DNA 摩尔换算

1μg 100bp DNA＝1. 52pmol＝3. 03pmol 末端	1kb 双链 DNA(钠盐)＝6.6×10^5道尔顿
1μg pBR322 DNA＝0. 36pmol	1kb 单链 DNA(钠盐)＝3.3×10^5道尔顿
1pmol 1000bp DNA＝0. 66μg	1kb 单链 RNA(钠盐)＝3.4×10^5道尔顿
1pmol pBR322＝2. 8μg	

表 8-40　蛋白摩尔换算

100pmol 分子量 100 000 蛋白质 = 10μg	100pmol 分子量 10 000 蛋白质 = 1μg
100pmol 分子量 50 000 蛋白质 = 5μg	氨基酸的平均分子量 = 126.7 道尔顿

表 8-41　蛋白质/DNA 换算

1kb DNA = 333 个氨基酸编码容量 = 3.7×10^4 MW 蛋白质	50 000MW 蛋白质 = 1.35kb
10 000MW 蛋白质 = 270bp DNA	100 000MW 蛋白质 = 2.7kb DNA
30 000MW 蛋白质 = 810bp DNA	

表 8-42　常用蛋白质分子量标准参照物

(1) 高分子量标准参照		(2) 中分子量标准参照		(3) 低分子量标准参照	
肌球蛋白	分子量	磷酸化酶 B	97 400	碳酸酐酶	3100
肌球蛋白	212 000	牛血清白蛋白	66 200	大豆胰蛋白酶	21 500
β-半乳糖苷酶 B	116 000	谷氨酶脱氢酶	55 000	抑制剂	
磷酸化酶 B	97 400	卵白蛋白	42 700	马心肌球蛋白	16 900
牛血清白蛋白	66 200	醛缩酶	40 000	溶菌酶	14 400
过氧化氢酶	57 000	碳酸酐酶	31 000	肌球蛋白(F1)	8100
醛缩酶	40 000	大豆胰蛋白酶	21 500	肌球蛋白(F2)	6200
		抑制剂		肌球蛋白(F3)	2500
		溶菌酶	14 400		

表 8-43　聚丙烯酰胺凝胶的技术数据

型号	排阻的下限(分子量)	分级分离范围(分子量)	膨胀后的床体积(ml/g 干凝胶)	膨胀所需最少时间(室温,h)
Bio-gel-P-2	1600	200~2000	3.8	2~4
Bio-gel-P-4	3600	500~4000	5.8	2~4
Bio-gel-P-6	4600	1000~5000	8.8	2~4
Bio-gel-P-10	10 000	5000~17 000	12.4	2~4
Bio-gel-P-30	30 000	20 000~50 000	14.9	10~12
Bio-gel-P-60	60 000	30 000~70 000	19.0	10~12
Bio-gel-P-100	100 000	40 000~100 000	19.0	24
Bio-gel-P-150	150 000	50 000~150 000	24.0	24
Bio-gel-P-200	200 000	80 000~200 000	34.0	48
Bio-gel-P-300	300 000	1000~400 000	40.0	48

表 8-44　琼脂糖凝胶的技术数据

型号	琼脂糖含量%(*W/W*)	排阻的下限(分子量)	分级分离的范围(分子量)	生产厂家
Sepharose 4B	4		0.3×10^6~3×10^6	Pharmacia
Sepharose 2B	2		2×10^6~25×10^6	

续表

型号	琼脂糖含量%(W/W)	排阻的下限（分子量）	分级分离的范围（分子量）	生产厂家
Sagavac 10	10	2.5×10^5	$1\times10^4\sim2.5\times10^5$	Seravac
Sagavac 8	8	7×10^5	$2.5\times10^4\sim7\times10^5$	
Sagavac 6	6	2×10^6	$5\times10^4\sim2\times10^6$	
Sagavac 4	4	15×10^6	$2\times10^5\sim15\times10^6$	
Sagavac 2	2	150×10^6	$5\times10^5\sim15\times10^7$	
Bio-gel A-0.5M	10	0.5×10^6	$<1\times10^4\sim0.5\times10^6$	Bio-Rad
Bio-gel A-1.5M	8	1.5×10^6	$<1\times10^4\sim1.5\times10^6$	
Bio-gel A-5M	6	5×10^6	$1\times10^4\sim5\times10^6$	
Bio-gel A-15M	4	15×10^6	$4\times10^4\sim15\times10^6$	
Bio-gel A-50M	2	50×10^6	$1\times10^5\sim50\times10^6$	
Bio-gel A-150M	1	150×10^6	$1\times10^6\sim150\times10^6$	

注：琼脂糖凝胶是由琼脂中分离出来的天然凝胶，常见的有 Sepharose，(Sepharose 2B、4B、6B，数字代表干胶的百分比）和 Bio-Gel-A 等。Bio-Gel-A 0.5M、1.5M、5M、15M、50M、150M，数字$\times10^6$代表排阻限度。当温度高于 50℃时琼脂糖凝胶便融化，只能在较低的温度下使用。

表 8-45 各凝胶所允许的最大操作压

凝胶	最大静水压(kPa)	凝胶	最大静水压(kPa)
Sephadex		G-25	9.8
G-10	9.8	G-50	9.8
G-15	9.8	G-75	4.9

表 8-46 琼脂糖凝胶浓度与线性 DNA 分辨范围

凝胶浓度(%)	线性 DNA 长度(bp)	凝胶浓度(%)	线性 DNA 长度(bp)
0.5	1000~30 000	1.2	400~7000
0.7	800~12 000	1.5	200~3000
1.0	500~10 000	2.0	50~2000

表 8-47 染料在变性聚丙烯酰胺凝胶中的迁移速度

凝胶浓度(%)	溴酚蓝	二甲苯青 FF	凝胶浓度(%)	溴酚蓝	二甲苯青 FF
5.0	35bp	140bp	10.0	12bp	55bp
6.0	26bp	106bp	20.0	8bp	28bp
8.0	19bp	75bp			

表 8-48 染料在非变性聚丙烯酰胺凝胶中的迁移速度

凝胶浓度(%)	溴酚蓝	二甲苯青 FF	凝胶浓度(%)	溴酚蓝	二甲苯青 FF
3.5	100bp	460bp	12.0	20bp	70bp
5.0	65bp	260bp	15.0	15bp	50bp
8.0	45bp	160bp	20.0	12bp	45bp

表 8-49　遗传密码子的第二位引起的相应氨基酸的变化

		U		C		A		G			
密码子的第一位（5′端）	U	UUU	Phe	UCU	Ser	UAU	Tyr	UGU	Gys	U	密码子的第三位（3′端）
		UUC	Phe	UCC	Ser	UAC	Tyr	UGG	Gys	C	
		UUA	Leu	UCA	Ser	UAA	终止(赭石)	UGA	终止(乳白)	A	
		UUG	Leu	UGG	Ser	UAG	终止(琥珀)	UGG	Trp	G	
	C	CUU	Leu	CCU	Pro	CAU	His	CGA	Arg	U	
		CUC	Leu	CCC	Pro	CAC	His	CGC	Arg	C	
		CUA	Leu	CCA	Pro	CAA	Gln	CGA	Arg	A	
		CUG	Leu	CCG	Pro	CAG	Gln	CGC	Arg	G	
	A	AUU	Ile	ACU	Thr	AAU	Asn	AGU	Ser	U	
		AUC	Ile	ACC	Thr	AAC	Asn	AGC	Ser	C	
		AUA	Ile	ACA	Thr	AAA	Lys	AGA	Arg	A	
		AUG	Met	ACG	Thr	AAG	Lys	AGC	Arg	G	
	G	GUU	Val	GCU	Ala	GAU	Asp	GGU	Gly	U	
		GUC	Val	GCC	Ala	GAC	Asp	GGC	Gly	C	
		GUA	Val	GCA	Ala	GAA	Glu	GGA	Gly	A	
		GUG	Val	GCG	Ala	GAG	Glu	GGG	Gly	G	

表 8-50　离心机转数与离心力的换算关系

RCF(用 g 的倍数表示)和 rpm 的换算公式为：$RCF=1.11\times10^{-5}\times(rpm)^2\times R$

其中：rpm(revolution per minute)为离心机每分钟的转数；RCF(relative eentrifugal force)为相对离心力，以重力加速度 *g*(980.66cm/s^2)的倍数来表示，*g* 为地心引力(重力加速度)。

[rpm]^2 即：转速的平方。R 为半径，单位为厘米。

例如，离心半径为 10 厘米，转速为 8000，

其相对离心力为：$RCF=1.11\times10^{-5}\times(8000)^2\times10=7104$

即相对离心力为 7104*g*。而当相对离心力为 8000*g* 时，其转速应为：8489 即约为 8500r/min。

值得注意的是，这里跟半径是相关的(图 8-1)。也就是说，不同的离心机其换算关系是不一样的。普通离心机可以用计算器算一下，很准。而低温离心机则不须如此费事。上面有按钮可以在 rpm 与 g 之间切换，非常方便。

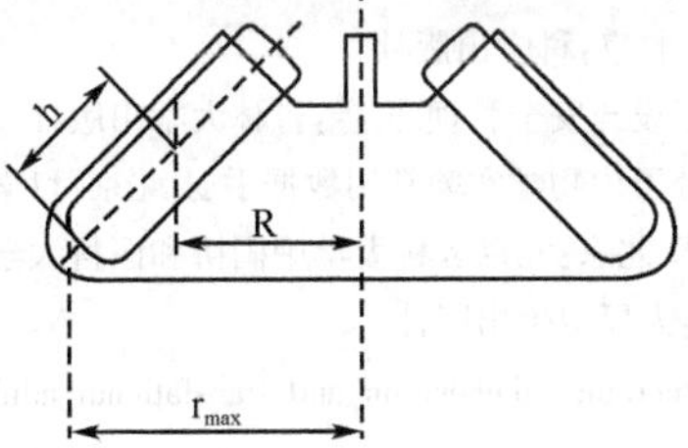

图 8-1　离心机转轴中心与离心管中心的距离

RCF 与 rmp 的换算也可以经由下表直接读出，在图 8-2 中标尺上取已知半径 R 值和在 RCF 标尺上取已知相对应的离心力值，这两点间的延长线在 rpm 标尺上的交汇点即为所需要换算的值，反之亦然。

说明：通常在 R 标尺上取已知的 R 半径值和在 RCF 标尺上取已知相对离心力值，这两点间线的沿长线在 n 标尺的交叉点即为 rpm。其中：R 为离心机转轴中心与离心套管底部内壁的距离。

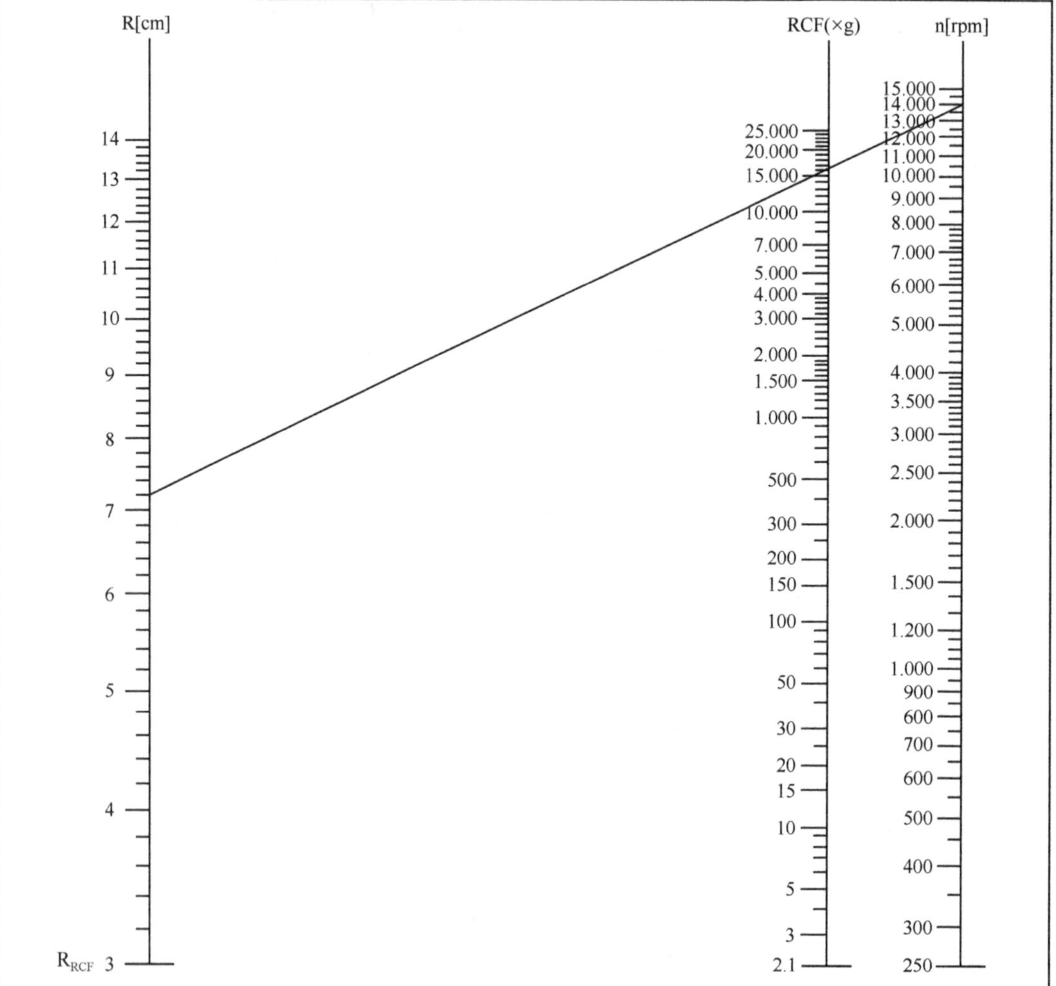

图 8-2 RCF 与 rmp 的换算

（乔 伟）

参考文献

大星章一，菅野晴夫.1978.人癌细胞培养.北京：科学出版社

冯乐平，蒋就喜，乔伟.2009.医学实验室建设与安全管理.长春：吉林大学出版社

吴冠芸，潘华珍，吴翠.1999.生物化学与分子生物学实验常用数据手册.北京：科学出版社

张静波.1995.细胞生物学实用方法与技术.北京：北京医科大学中国协和医科大学联合出版社

张静波.2006.组织和细胞培养技术.北京：人民卫生出版社

Dimarakis I，Levicar N.2006.Cell culture medium composition and translational adult bone marrow-derived stem cell research. STEM CELLS，24：1407～1408

参考网站：

www.baidu.com 百度

www.bioon.com 生物谷

www.biooo.com 中国生物论坛

www.dnalc.org 冷泉港实验室

www.dxy.cn 丁香园

www.ncbi.nlm.nih.gov 美国国立生物信息中心

附录五　常用化学试剂的一般常识

化学试剂(chemical regent)是进行化学研究、成分分析的相对标准物质,是科技进步的重要条件,广泛用于物质的合成、分离、定性和定量分析,因此可以说,化学试剂是化学工作者的眼睛,在大专院校和科研院所的日常工作中,均离不开化学试剂。

一、化学试剂的分类

根据化学物质的含量、用途、来源和性质进行分类。

1. 以化学物质含量为基础分类　标准物质、标准溶液、标准杂质溶液、标准对照品、标准样品、指示试剂、基准物质、基准试剂、化学基准、化学标准、仪器标准、分析试剂、一类试剂、二类试剂、超纯试剂、高纯试剂、当量试剂、医药标准、光谱纯、色谱纯、电子纯等。

2. 以化学物质用途为基础分类　化学试剂、通用试剂、分析试剂、诊断试剂、教学试剂、实验试剂、分离工具、缓冲溶液、指示试剂、生物染色素、感光材料、合成试剂、中间体、化工原料、水质分析、残留农药测试、分子生物学试剂等。

3. 以性质为基础分类　无机试剂、有机试剂、同位素及标记化合物、生化试剂、氨基酸及其衍生物、蛋白质与多肽、核苷酸及其衍生物、单糖与多糖、酶和辅酶、抗生素、维生素、染料及色素、培养基、层析介质、电泳介质、生物缓冲剂等。

二、常用化学试剂的质量级别和标志

国产化学试剂一般是按杂质含量的多少而分成四个级别。

1. 优级纯试剂(guaranteed reagent,简写为 GR),又称保证试剂,为一级试剂,通常试剂瓶上使用绿色标签进行标志,GR 级试剂主成分含量很高、纯度很高,适用于精确分析和研究工作,有的可作为基准物质。国外生产的超纯试剂(ultra pure)与 GR 级相近。

2. 分析纯试剂(analytical reagent,简写为 AR),为二级试剂,通常试剂瓶上用红色标签标志,AR 级试剂主成分含量很高、纯度较高,干扰杂质很低,适用于工业分析及化学实验。国外生产的高纯试剂(high purity)与 AR 级相近,相当于国外的 ACS 级(美国化学协会标准)。

3. 化学纯试剂(chemical pure,简写为 CP),为三级试剂,通常试剂瓶上用深蓝色标签标志。由于主成分含量和纯度较高,但存在干扰杂质,多适用于化学实验和合成制备。国外生产的试剂级试剂(reagent)与 CP 级相近。

4. 实验级试剂(laboratory reagent,简写为 LR),为四级试剂,通常试剂瓶上用黄色标签标志。LR 级试剂主成分含量高、纯度较差,杂质含量不做选择,只适用于一般化学实验和合成制备。

此外还有其他分类试剂,如:指示剂和染色剂(ID 或 SR,紫标签),要求有特有的灵敏度。指定级(ZD)试剂,按照用户要求的质量控制指标,为特定用户订做的化学试剂。电子纯(MOS)试剂,适用于电子产品生产中,电性杂质含量极低。当量试剂(3N、4N、5N)试剂,主成分含量分别为 99.9%、99.99%、99.999% 以上。光谱纯试剂,主要成分纯度为 99.99%

表 8-51 相关试剂的质量级别中英文及缩写名称

中文	英文	缩写或简称
优级纯试剂	Guaranteed reagent	GR
分析纯试剂	Analytical reagent	AR
化学纯试剂	Chemical pure	CP
实验试剂	Laboratory reagent	LR
纯	Pure	Pur
高纯物质(特纯)	Extra pure	EP
特纯	Purissimum	Puriss
超纯	Ultra pure	UP
精制	Purifed	Purif
分光纯	Ultra violet Pure	UV
光谱纯	Spectrum pure	SP
闪烁纯	Scintillation Pure	
研究级	Research grade	
生化试剂	Biochemical	BC
生物试剂	Biological reagent	BR
生物染色剂	Biological stain	BS
生物学用	For biological purpose	FBP
组织培养用	For tissue medium purpose	
微生物用	For microbiological	FMB
显微镜用	For microscopic purpose	FMP
电子显微镜用	For electron microscopy	
涂镜用	For lens blooming	FLB
工业用	Technical grade	Tech
实习用	Practical use	Pract
分析用	Pro analysis	PA
精密分析用	Super special grade	SSG
合成用	For synthesis	FS
闪烁用	For scintillation	Scint
电泳用	For electrophoresis use	
测折光率用	For refractive index	RI
显色剂	Developer	
指示剂	Indicator	Ind
配位指示剂	Complexon indicator	Complex ind
荧光指示剂	Fluorescene indicator	Fluor ind
氧化还原指示剂	Redox indicator	Redox ind
吸附指示剂	Adsorption indicator	Adsorb ind
基准试剂	Primary reagent	PT

续表

中文	英文	缩写或简称
光谱标准物质	Spectrographic standard substance	SSS
原子吸收光谱	Atomic adsorption spectorm	AAS
红外吸收光谱	Infrared adsorption spectrum	IR
核磁共振光谱	Nuclear magnetic resonance spectrum	NMR
有机分析试剂	Organic analytical reagent	OAS
微量分析试剂	Micro analytical standard	MAS
微量分析标准	Micro analytical standard	MAS
点滴试剂	Spot-test reagent	STR
气相色谱	Gas chromatography	GC
液相色谱	Liquid chromatography	LC
高效液相色谱	High performance liquid chromatography	HPLC
气液色谱	Gas liquid chromatography	GLC
气固色谱	Gas solid chromatography	GSC
薄层色谱	Thin layer chromatography	TLC
凝胶渗透色谱	Gel permeation chromatography	GPC
层析用	For chromatography purpose	FCP
美国化学协会	American Chemical Society	ACS

三、实验室废弃物管理和事件处理预案

关于生物和化学实验室环境与安全的管理方面,国内目前仍然很混乱。少数财力雄厚的高校和研究所可能对毒害性化学试剂废弃物有专门收集和处理程序,而很多地方院校和地方性实验室大多还是盲区,甚至相关研究人员对生物安全、化学安全、放射安全等方面的知识仍旧十分欠缺。

(一) 实验室废弃物管理

在实验室内,废弃物最终的处理方式与其污染被清除的情况是紧密相关的。对于日常用品而言,很少有污染材料需要真正清除出实验室或销毁。大多数的玻璃器皿、仪器以及实验工作服都可以重复或再使用。废弃物处理的首要原则,是所有感染性材料必须在实验室内清除污染、高压灭菌或焚烧。因此,合理有效地处置实验废弃物,避免环境污染及废弃物对人体的伤害,保护实验人员安全,需要制定一系列实验废弃物管理制度是非常必要的。

实验废弃物可分为可回收实验残余物、一般固体废弃物、一般液体废弃物、有毒性废弃物,放射性物质废弃物。对不同种类废弃物应该分类存放,并且分别进行处理,总的处理原则如下:

(1) 贵重试剂、原料实验后产生的残余物,如可回收利用的要回收利用;

(2) 固体的残余物用适宜的器物盛装,待实验结束后统一回收;

(3) 液体残余物用可密封的瓶(桶)盛装,实验结束后应及时处理,如待回收物是有毒、可燃性挥发性物质,回收工作必须在通风橱内进行;

(4) 一般固体废弃物如无回收利用价值可直接丢弃在垃圾桶内，一般液体废弃物如无回收利用价值并无可燃性挥发物时可直接通过下水道排放，有可燃性挥发物的应在室外洒泼在指定位置(空旷处)；

(5) 有毒性废弃物可做减毒或除毒处理，不能够进行减毒或除毒处理的可以通过焚烧、深埋或按环保部门规定的方法处理；

(6) 放射性物质废弃物在安全容器内放置至规定的时间，再通过焚烧、深埋或按环保部门规定的方法处理。

实验室内的废物处理包括传染性物质、溶剂、化学试剂及可燃物品，以及检验后的标本、培养物、容器、用具、废弃液等，尖锐器具的处理应符合医院感染控制规范要求。

1. 普通生物废弃物质的处理　废弃物可以分成以下几类。

(1) 可重复或再利用的按普通家庭日常废弃物丢弃的非污染(非感染性)废弃物；

(2) 污染(感染性)的锐器，如皮下注射用针头、手术刀、刀子及破碎玻璃，这些废弃物应收集在带盖的不易刺破的容器内，并按感染性物质处理；

(3) 通过高压灭菌和清洗来清除污染后重复或再使用的污染材料；

(4) 高压灭菌后丢弃的污染材料；

(5) 直接焚烧的污染材料。

用以处理潜在感染性微生物或动物组织的所有的实验室物品，在被丢弃前都应考虑是否对这些物品进行了有效地清除污染或消毒，如果没有的话，就要考虑是否按规定的方式进行了包裹，其目的是以便于就地焚烧或运送到其他有焚烧设施的地方进行处理。丢弃已清除污染的物品时，还要考虑到是否会对直接参与丢弃的人员或在设施外可能接触到丢弃物的人员造成任何潜在的生物学或其他方面的危害。

高压蒸汽灭菌是清除污染时的首选方法。需要清除污染并丢弃的物品应装在容器中灭菌如根据内容物是否需要进行高压灭菌或焚烧，而采用不同颜色标记的可以高压灭菌的塑料袋进行包裹后高压灭菌。也可采用其他可以除去或杀灭微生物的替代方法进行处理。首先要对感染性物质及其包装物进行鉴别并分别进行处理，相关工作要遵守国家和国际规定。

盛放锐器的一次性容器必须是不易刺破的，而且不能将容器装得过满。当达到容量的四分之三时，应将其放入“感染性废弃物”的容器中进行焚烧，如果实验室规程需要，可以先进行高压灭菌处理。盛放锐器的一次性容器绝对不能丢弃于垃圾场。任何高压灭菌后重复使用的污染(有潜在感染性)材料不应事先清洗，任何必要的清洗、修复必须在高压灭菌或消毒后进行。

除了锐器按上面的方法进行处理以外，所有其他污染(有潜在感染性)材料在丢弃前应放置在防渗漏的容器(如有颜色标记的可高压灭菌塑料袋)中高压灭菌。高压灭菌后，物品可以放在运输容器中运送至焚烧炉。卫生保健单位的废弃物不应直接丢弃到垃圾场。如果实验室中配有焚烧炉，污染材料可放在指定的容器(如有颜色标记的袋子)内直接运送到焚烧炉中。可重复使用的运输容器应是防渗漏有密闭盖子的容器。这些容器在送回实验室再次使用前均应进行消毒清洁。

应在每个工作台上放置盛放废弃物的容器、盘子或广口瓶，最好是不易破碎的容器(如塑料制品)。当使用消毒剂时应使废弃物充分接触消毒剂，并根据所使用消毒剂的不同保持适当接触时间。盛放废弃物的容器在重新使用前应高压灭菌并清洗。

处理生物安全危害时,应设有生物危害标志。在处理危险度2级或更高危险度级别的微生物时,在实验室门上应标有国际通用的生物危害警告标志。并且采用通用的警告标志系统明确标志装有危险生物制品的容器或被其污染的物品,在危险废弃物的容器、存放血液和其他有潜在传染性物品的冰箱以及处理尖锐物品的容器上,所贴的标签应标明通用的生物危害标志。用于存储、运输的容器应加上标签或颜色编码标志,并在存储、运输前将容器盖上。如实验室用常规预防措施来处理所有标本,同时标本或容器又存放在实验室内,可不使用标签或颜色编码标志;但如果离开实验室,就必须使用标签或颜色编码标志。

能与水相溶的溶剂须用水冲淡后倒入下水道,与水不相溶的溶剂可用耐腐蚀性的运输用容器收集后进行回收或用焚化炉烧毁。

处理固体的化学试剂时必须首先考虑是否具有毒性,如无毒且溶于水者,可用水冲入下水道。必须牢记酸和碱需分别处理,否则同时冲入水将引起化学反应。可燃物品不论是否有传染性,最好在焚化炉中烧毁。

化学废弃物的包装应有标签,标签应包含以下内容:①日期;②污染物质的成分;③实验室来源;④物理性质(气体、液体等);⑤体积;⑥危险性(易燃或易爆)。实验室应指定专责人员负责容器转运,并将其放置在指定的废弃物堆放场所。

对于工作人员来说掌握规范(安全)的微生物学操作技术(GMT)是必要的。每个实验室都应该采用"安全手册"或"操作手册",其中定义了已知的和潜在的危害,并规定了特殊的操作程序来避免或尽量减小这种危害。

规范的微生物学操作技术是实验室安全的基础,而专门的实验设备仅仅是一种补充,绝不能替代正确的操作规范。使用安全设施并结合规范的操作将有助于降低危险。选择设备时应符合一些基本原则,在设计上应能阻止或限制操作人员与感染性物质间的接触;建筑材料应防水、耐腐蚀并符合结构要求;设备装配后应无毛刺、锐角以及易松动的部件;设备的设计、建造与安装应便于操作、易于维护、清洁、清除污染和进行质量检验。应尽量避免使用玻璃及其他易碎的物品。

2. 溴化乙锭(EB)净化与处理　溴化乙锭(EB)是分子生物学经常要接触的明确致癌性物质,而且易挥发,挥发至空气中,危害很大。由于EB是一种诱变剂,直接倒入水槽或扔进垃圾箱可能会带来危害。对于实验中所遇到的EB废液和经EB污染材料,通常做如下处理。

方法一:在废EB溶液中加入一倍体积的0.5mol/L $KMnO_4$混匀,再加入等量的25mol/L HCl混匀后放置室温数小时再加入一倍体积的2.5mol/L NaOH混匀后废弃。对于废EB接触物,如抹布、枪头手套、设备物品等,一般回收至黑色的玻璃瓶中,定期进行焚烧处理。

方法二:加等体积的漂白粉,搅拌4h,静置4天,用NaOH调至pH4~9,倒入排水沟的同时用大量水冲。

方法三:每100ml加5%磷酸,加12ml0.5mol/L的$NaNO_3$,搅拌并静置20小时,同上调pH,倾倒。

(二) 意外情况的防范

应对意外事故方案应当提供符合要求的规范的操作程序,如:如何防备如火灾、洪水、地震和爆炸等自然灾害;生物危害的危险度评估方案;意外暴露于污染环境的处理和清除污染;人员和动物从现场的紧急撤离步骤;人员暴露污染环境和受伤的紧急医疗处理和医疗监护;流行病学调查和事故后的继续操作程序;高危险区域高危险度等级微生物的鉴定等。

1. 安全防火　在操作易燃溶剂时,应远离火源,切勿将易燃溶剂放在敞口容器内用明火加热或放在密闭容器内加热。蒸馏易燃物质时,装置不能漏气,接收器支管应与橡皮管相连,使余气通往水槽或室外。回流或蒸馏液体时应放沸石,不要用火焰直接加热烧瓶,而应根据液体沸点的高低使用石棉网、油浴、沙浴或水浴。冷凝水要保持畅通。切勿将易燃溶剂倒入废液缸中,更不能用敞口容器盛放易燃液体。倾倒易燃液体时应远离火源,最好在通风橱中进行。油浴加热时,应绝对避免水滴溅入热油中。酒精灯用毕应立即盖灭。避免使用灯颈已经破损的酒精灯。切忌斜持一只酒精灯到另一只酒精灯上去点火。

实验中一旦发生了火灾切不可惊慌失措,应保持镇静。首先立即切断室内一切火源和电源。然后根据具体情况正确地进行抢救和灭火。常用的方法有:在可燃液体燃着时,应立即拿开着火区域内的一切可燃物质,关闭通风器,防止扩大燃烧。若着火面积较小,可用抹布、湿布、铁片或沙土覆盖,隔绝空气使之熄灭。但覆盖时要轻,避免碰坏或打翻盛有易燃溶剂的玻璃器皿,导致更多的溶剂流出而再着火。酒精及其他可溶于水的液体着火时,可用水灭火。汽油、乙醚、甲苯等有机溶剂着火时,应用石棉布或砂土扑灭。绝对不能用水,否则反而会扩大燃烧面积。金属钠着火时,可把砂子倒在它的上面。导线着火时不能用水及二氧化碳灭火器,应切断电源或用四氯化碳灭火器。发生火灾时应注意保护现场。较大的着火事故应立即报警。

2. 灭火装置及灭火方法培训 实验室应配备足够扑灭各种火情并协助全体人员从失火现场及其附近撤离的相应消防设备。

灭火器:根据上级消防部门的规定配备、摆放灭火器,并根据要求对灭火器进行定期检查维修。A类灭火器(多数为消防水栓)适用于固体可燃物(如纸、木材、塑料)引起的火灾;B类灭火器(多为二氧化碳或化学干粉等)适用于汽油和溶剂引起的火灾;C类灭火器适用于电气引起的火灾。所有工作人员都应知道电开关的位置以及切断失火电器电源的方法。自动灭火系统应建立年度安全检查,及随时检修、维护的制度。实验室工作人员应该进行定期的防火安全训练。所有工作人员必须学会如何发布火警警报。如果不能扑灭火情,应把所有通向火场的门关紧,并用湿毛巾或床单堵住下面的门缝,以阻止火情的蔓延。由受过训练的人员讲解使用便携式灭火器进行灭火的技能。对工作人员撤离火场的训练应经常举行,每年进行几次。

3. 爆炸的预防

(1) 蒸馏装置必须安装正确。减压蒸馏装置由蒸馏,抽气,测压和保护四部分组成。注意:①减压蒸馏时应用克氏蒸馏头,带支管的接液管或使用多头接液管。②需用毛细管代替沸石,防止暴沸。③要求用热浴加热,需使用厚壁耐压的玻璃仪器。

(2) 使用易燃易爆气体如氢气、乙炔等时,要保持室内空气畅通,严禁明火,并应防止一切火星的发生。有机溶剂如乙醚或汽油等的蒸气与空气相混时极为危险,可能会由一个热的表面或者一个火花、电花而引起爆炸,应特别注意。

(3) 使用乙醚时,必须检验是否有过氧化物存在,如果发现有过氧化物存在,应立即用硫酸亚铁除去过氧化物后才能使用。

(4) 对于易爆炸的固体,或遇氧化物会发生猛烈爆炸或燃烧的化合物,或可能生成有危险性的化合物的实验,都应事先了解其性质、特点及注意事项,操作时应特别小心。

(5) 开启有挥发性液体的试剂瓶时,应先用冷水冷却,开启时瓶口必须指向无人处,以免由于液体喷溅而导致伤害。当瓶塞不易开启时,必须注意瓶内贮存物质的性质,切不可贸然用火加热或乱敲瓶塞等。

4. 中毒的预防

(1) 对有毒药品应小心操作,妥为保管,不许乱放。实验中所用的剧毒物质应有专人负责收发,并向使用者指出必须注意遵守的操作规程。对实验后的有毒残渣必须作妥善有效处理,不准乱丢。

(2) 有些有毒物质会渗入皮肤,因此,使用这些有毒物质时必须穿上工作服,戴上手套,操作后立即洗手,切勿让有毒药品沾及五官或伤口。

(3) 在反应过程中可能会产生有毒或有腐蚀性气体的实验应在通风橱内进行,实验过程中,不要把头伸入橱内,使用后的器皿应立即清洗。

5. 触电的预防　使用电器时,应防止人体与金属导电部分直接接触,不能用湿的手或手握湿的物体接触电插头。装置或设备的金属外壳等都应连接地线。实验后应先切断电源,再将电器连接总电源的插头拔下。

(三) 意外事故的处理

1. 失火　失火时要立即一面灭火,一面防止火势蔓延(如采取切断电源、移去易燃药品等措施)。灭火要针对起因选用合适的方法:一般小火可用湿布、石棉布或沙子覆盖燃烧物;火势大时可使用泡沫灭火器;电器失火时切勿用水泼救,以免触电;若衣服着火,切勿惊慌乱跑,应赶紧脱下衣服,或用石棉布覆盖着火处,或立即就地打滚,或迅速以大量水扑灭。

2. 刺伤、切割伤或擦伤　受伤人员应当脱下防护服,清洗双手和受伤部位,使用适当的皮肤消毒剂,应先取出伤口中的玻璃碎片或固体物,用硼酸水洗净或用3% H_2O_2洗后涂上紫药水或碘酒,再用绷带扎住。若伤口较大或过深而大量出血,应迅速在伤口上部和下部扎紧血管止血,必要时进行医学处理。要记录受伤原因和相关的微生物,并应保留完整适当的医疗记录。

3. 烫伤　不要用水冲洗烫伤处。烫伤不重时,可涂凡石林、万花油,或者用蘸有酒精的棉花包扎伤处;烫伤较重时,涂上苦味酸软膏。如果伤处红痛或红肿(一级灼伤),可用橄榄油或用棉花沾酒精敷盖伤处;若皮肤起泡(二级灼伤),不要弄破水泡,防止感染;烫伤处皮肤呈棕色或黑色(三级灼伤),应用干燥而无菌的消毒纱布轻轻包扎好,急送医院治疗。

4. 酸或碱灼伤　所有人员在实验区内必须穿着遮盖前身的长袖隔离服或长袖长身的工作服。当工作中有危险物喷溅到身上的可能时,应使用一次性塑料围裙或防渗外罩。有时还需要佩戴其他防护装备,如手套、护目镜、披肩或面罩等。当意外被酸灼伤时,应立即用水冲洗,再用3% $NaHCO_3$溶液或肥皂水处理;碱灼伤时,水洗后用1% HAc 溶液或饱和 H_3BO_3溶液洗。

5. 酸或碱溅入眼内　任何使用酸、苛性碱或腐蚀剂的地方应设有冲洗眼睛的设施。也可用便携式眼睛冲洗设备。冲洗设施可以是一种固定装置或是一种较简单的通过软管与水源相接的喷淋型装置。处理腐蚀性或毒性物质时,须使用安全镜、面罩或其他保护眼睛和面部的防护用品。酸液溅入眼内时,立即用大量自来水冲洗眼睛再用3% $NaHCO_3$的溶液洗眼;碱液溅入眼内时,先用自来水冲洗眼睛,再用10% H_3BO_3溶液洗眼。最后均用蒸馏水将余酸或余碱洗净。

6. 皮肤被溴或苯酚灼伤　应立即用大量有机溶剂如酒精或汽油洗去溴或苯酚,最后在受伤处涂抹甘油。在使用苛性碱及腐蚀性化学品的地方,应设有急救淋浴装置,并定期做性能检查。可根据实验室的复杂程度和规模来确定急救淋浴设备的数量。要尽可能提供舒适的水温。并应对装置定期冲洗。

7. 吸入刺激性或有毒的气体 在没有特殊防护的实验室，应向工作人员提供合适的呼吸防护器具，以防止吸入被有害粉尘、气体、烟雾、蒸汽污染的空气。这些防护器具包括：防尘面罩、机械或化学滤筒式呼吸器、导管式呼吸器以及自给式呼吸器。提供的呼吸防护器具必须是根据现有标准专门设计的，对某些特殊危害应能提供足够保护的。需要使用呼吸防护器具的工作岗位，必须建立书面的呼吸系统保护规定。该规定应包括危险标准的评定方法；呼吸器具的选择、使用、维修和保管；并向使用者提供训练和指导以及医学评定和监护。下列情况应使用正压、自给式呼吸器：①有害气体的性质不明；②氧气含量低于19.5%；③存在有不易察觉的有害气体；④吸入的污染气体会立即对生命和健康造成威胁；⑤紧急处理危险物质的事故时。中毒后的处理：当意外吸入 Cl_2 或 HCl 气体时，可吸入少量乙醇和乙醚的混合蒸气使之解毒；吸入 H_2S 或 CO 气体而感到不适时，应立即到室外呼吸新鲜空气。应注意，Cl_2 或 Br_2 中毒时可进行人工呼吸，CO 中毒时不可使用兴奋剂。

8. 潜在感染性物质的食入 将 5~10ml 5% $CuSO_4$ 溶液加到一杯温水中内服，然后把手指伸入喉部，促使呕吐，吐出毒物，脱下受害人的防护服并进行医学处理。之后要报告食入材料的鉴定和事故发生的细节，并保留完整适当的医疗记录。

9. 电击伤 首先切断电源，然后在必要时进行人工呼吸。

表 8-52 危害性化学品应用的注意事项和事故处理

试剂	注意事项	事故处理
酸	稀释硫酸时应将硫酸缓慢倒入水中，并不断地搅拌以散发热量。绝不可将水倒入硫酸中。易挥发性酸如盐酸、醋酸、硝酸、三氟乙酸、三氟甲磺酸、高氯酸、等应在通风橱操作，并戴上口罩和防护眼镜	当不慎被酸灼伤时，应先用大量清水冲洗，之后再用 3%~5% 碳酸氢钠溶液清洗，再用清水冲洗。严重者应迅速转医院救治
碱	使用强碱性溶液如氢氧化钠、氢氧化钾、氨水等。要穿白大衣并戴手套．NaOH 和 KOH 应用玻璃器皿称量。氨水应在通风橱中操作	当不慎被强碱灼伤时，立即用用大量清水冲洗至少 15 分钟。若有灼伤，进一步就医治疗 眼睛被强碱灼伤时；应立即提起眼睑，用流动清水或生理盐水冲洗至少 15 分钟。或用 3% 硼酸溶液冲洗。严重者就医治疗
三氯甲烷	中等毒性，致癌性，在通风橱中操作易燃	眼睛接触时：应立即提起眼睑，用大量流动清水或生理盐水彻底冲洗。不慎燃烧时，应用灭火剂（二氧化碳、砂土）在上风处灭火
甲苯	属低毒类。对皮肤、黏膜有刺激性，对中枢神经系统有麻醉作用	不慎吸入时：应迅速脱离现场至空气新鲜处，并保持呼吸道通畅。燃烧时应用泡沫、干粉、二氧化碳、砂土等灭火剂灭火
苯	属中等毒性，致癌性，致突变性。易燃，其蒸气与空气可形成爆炸性混合物。操作时戴上手套，口罩，防护镜，在通风橱中操作	燃烧时应用泡沫、干粉、二氧化碳、砂土等灭火剂灭火
甲醛	本品对黏膜、上呼吸道、眼睛和皮肤有强烈刺激性。操作时应在通风橱中进行	不慎皮肤接触时：应用肥皂水及清水彻底冲洗或用 2% 碳酸氢溶液冲洗
丙酮	属低毒类。其蒸气与空气可形成爆炸性混合物。与氧化剂能发生强烈反应，遇明火、高热极易燃烧爆炸	燃烧时应用泡沫、干粉、二氧化碳、砂土等灭火剂灭火
乙酸乙酯	属低毒类，易燃	燃烧时应用泡沫、干粉、二氧化碳、砂土等灭火剂灭火

续表

试剂	注意事项	事故处理
溴乙酸乙酯	对眼睛、皮肤、黏膜和呼吸道有强烈的刺激性作用请戴手套，口罩，防护镜，在通风橱中操作易燃	皮肤接触：用肥皂水和清水彻底冲洗皮肤，眼睛接触：立即提起眼睑，用大量流动清水或生理盐水彻底冲洗至少 15 分钟。灭火剂：抗溶性泡沫、干粉、砂土
乙醇	属微毒类，易燃	灭火剂：抗溶性泡沫、干粉、二氧化碳、砂土
正丁醇	属低毒类，易燃	灭火剂：抗溶性泡沫、干粉、二氧化碳、雾状水、1211 灭火剂、砂土
甲醇	属中等毒类，对视神经和视网膜有特殊选择作用，引起病变；可致代谢性酸中毒。易燃	灭火剂：抗溶性泡沫、干粉、二氧化碳、砂土
异丙醇	属微毒类，易燃	灭火剂：抗溶性泡沫、干粉、二氧化碳、砂土
乙醚	属微毒类，能与氧化剂能发生强烈反应。在空气中久置后能生成具有爆炸性的过氧化物。其蒸气与空气可形成爆炸性混合物。遇明火、高热极易燃烧爆炸	燃烧时应用泡沫、干粉、二氧化碳、砂土等灭火剂灭火
石油醚	属微毒类，易燃	燃烧时应用泡沫、干粉、二氧化碳、砂土等灭火剂灭火
苯甲醚	属微毒类，易燃	燃烧时应用泡沫、干粉、二氧化碳、砂土等灭火剂灭火
对硝基苯酚	毒害品，对皮肤有强烈刺激作用，致突变性	皮肤不慎接触时，用肥皂水或清水彻底冲洗 眼睛不慎接触时，立即提起眼睑，用大量流动清水或生理盐水冲洗
吡啶	属低毒类，有强烈刺激性；能麻醉中枢神经系统。对眼及上呼吸道有刺激作用。易燃	着火时应用泡沫、二氧化碳、干粉、砂土、雾状水等方法灭火
N, *N*-二甲基甲酰胺	低毒类，燃，遇高热、明火或与氧化剂接触，有引起燃烧爆炸的危险。能与浓硫酸、发烟硝酸猛烈反应，甚至发生爆炸。与卤化物（如四氯化碳）能发生剧烈反应	燃烧时应用泡沫、干粉、二氧化碳、砂土、雾状水等灭火剂灭火
哌啶	属中等毒类，易燃，遇明火、燃烧时会放出有毒气体。对眼睛和皮肤有强烈刺激性	燃烧时应用泡沫、干粉、二氧化碳、砂土等灭火剂灭火
环己烷	属低毒类。有刺激和麻醉作用，其蒸气与空气可形成爆炸性混合物。与氧化剂接触发生强烈反应，甚至引起燃烧。遇明火、高热极易燃烧爆炸	燃烧时应用泡沫、干粉、二氧化碳、砂土等灭火剂灭火
乙酰氯	对上呼吸道有刺激性，吸入后引起咳嗽、胸痛。易燃	燃烧时应用干粉、二氧化碳、砂土等灭火剂灭火。禁止用水或泡沫
乙腈	属中等毒类，易燃	燃烧时应用泡沫、干粉、二氧化碳、砂土等灭火剂灭火
乙酸	属低毒类，吸入后对鼻、喉和呼吸道有刺激性。对眼有强烈刺激作用	眼睛接触时：立即提起眼睑，用流动清水或生理盐水冲洗至少 15 分钟。皮肤接触：立即用水冲洗至少 15 分钟
甲酸	属低毒类，主要引起皮肤、黏膜有刺激症状	当皮肤不慎接触时：立即用水冲洗至少 15 分钟 眼睛接触时：立即提起眼睑，用流动清水或生理盐水冲洗至少 15 分钟

续表

试剂	注意事项	事故处理
金属钠	在氧、氯、氟、溴蒸气中会燃烧,遇水或潮气猛烈反应放出氢气和大量热,引起燃烧或爆炸。暴露在空气或氧气中能自行燃烧并爆炸使熔融物飞溅。与卤素、磷、许多氧化物和酸类等剧烈反应。使用时应戴上手套、口罩、防护镜在石油醚或者煤油浸润下操作,切不可长时间暴露在空气中	不可用水、卤代烃(如1211灭火剂)、碳酸氢钠、碳酸氢钾作为灭火剂。应使用干燥氯化钠粉末、干燥石墨粉、碳酸钠干粉、碳酸钙干粉、干砂等灭火
镁	燃烧时产生强烈的白光并放出高热。遇氯、溴、碘、硫、磷、砷、和氧化剂剧烈反应,遇水或潮气猛烈反应放出氢气,大量放热可引起燃烧或爆炸。粉体与空气可形成爆炸性混合物,当空气中达到一定浓度时,遇火星会发生爆炸	灭火方法:严禁用水、泡沫、二氧化碳扑救。最好用干燥石墨粉和干砂隔绝空气灭火。施救时对眼睛皮肤须加保护,以免飞来炽粒烧伤身体及镁光灼伤视力
氢化钠	化学反应活性很高,在潮湿空气中能自燃。受热或与潮气、酸类接触即放出热量与氢气而引起燃烧和爆炸。与氧化剂能发生强烈反应,引起燃烧或爆炸。遇湿气和水分生成氢氧化物,腐蚀性很强	当皮肤不慎接触时:用大量流动清水冲洗,至少15分钟 眼睛接触时:立即提起眼睑用大量流动清水彻底冲洗至少15分钟。严重者立即就医。灭火方法:不可用水、泡沫、二氧化碳、卤代烃等灭火。只能用金属盖或干燥石墨、干燥白云石粉末隔绝空气灭火
硼氢化钠(钾)	遇水、潮湿空气、酸类、氧化剂、高热及明火能引起燃烧	皮肤接触时:立即用流动清水彻底冲洗。眼睛接触时:立即提起眼睑,用流动清水或生理盐水冲洗至少15分钟,严重者立即就医。用干粉、砂土方法灭火
溴苄	具有刺激性,可引起明显的呼吸道刺激及胸部紧束感,使用时请穿白大衣并戴手套、口罩、防护镜,在通风橱中操作。遇明火、高热可燃	皮肤接触时:用肥皂水和清水彻底冲洗皮肤 眼睛接触时:提起眼睑,用流动清水或生理盐水冲洗。立即就医。不慎吸入时:迅速脱离现场至空气新鲜处。保持呼吸道通畅。并立即就医

(乔 伟)

参考文献

大星章一,菅野晴夫.1978.人癌细胞培养.北京:科学出版社

冯乐平,蒋就喜,乔伟.2009.医学实验室建设与安全管理.长春:吉林大学出版社

冯乐平,蒋就喜,乔伟.2009.医学实验室建设与安全管理.长春:吉林大学出版社:88~102

张静波.1995.细胞生物学实用方法与技术.北京:北京医科大学中国协和医科大学联合出版社

参考网站:

www.baidu.com 百度

www.bioon.com 生物谷

www.biooo.com 中国生物论坛

www.dnalc.org 冷泉港实验室

www.dxy.cn 丁香园

www.ncbi.nlm.nih.gov 美国国立生物信息中心

附录六 分子生物学综合数据库工具箱

一、综合数据库

1. 最权威的生物信息学网址链接 http://www.bioinformatics.vg

2. 生物信息学网址链接 http://www.bioinformatics.ca/links_directory/

3. 核算研究数据库资料 http://nar.oupjournals.org/content/vol32/suppl_2/

二、蛋白相关数据库

1. 信号传导系统蛋白的结构域预测工具 http://motif.stanford.edu/esignal/,凡是涉及到信号传导系统的蛋白,用这个数据库预测效果最佳。

2. 信号肽预测工具 http://www.cbs.dtu.dk/services/SignalP/,此数据库适合定位于非胞质位置的蛋白质。

3. 结构域预测工具 http://motif.stanford.edu/emotif-search/,其用 motif 电子方法可以产生结构域模型。

4. 转录因子结构域预测数据库 http://wwwmgs.bionet.nsc.ru/mgs/gnw/trrd/,该数据库可分析序列的各种性状如活动度、亲水性(Kyte&Doolittle)、抗原性(Hopp&Woods)等,由此可以通过寻找 MOTIF 和 Domain 来分析蛋白质的功能(MOTIF 是蛋白中较小的保守序列片断,其概念比 Domain 小)。

5. 搜索蛋白质 Motif 数据库 http://cn.expasy.org/tools/scanprosite/,其中 signature seqs 是最重要的 motif 信息。

关于 Domain:若干 motif 可形成一个 Domain,每个 Domain 形成一个球形结构,Domain 与 Domain 之间通常像串珠一样相连

6. 搜索某段序列中 Domain 数据库 http://www.sanger.ac.uk,此数据库可以用图形化表示出来。用法:在搜索栏中输入蛋白的 swissprot 的序列号 CDD,http://www.ebi.ac.uk/interpro/。NCBI 搜索时在每个蛋白质 Link 旁都有 Blink,Domains 两个链接。Domains 可以直接看到这个蛋白的确定的结构域。如果要在 CDD 数据库寻找 Domain 信息,则可进入 Blink 链接,再进行 CDD 搜索,就可以了。看 Domain 的详细信息可以到:http://www.ebi.ac.uk/interpro/上进行搜索查看。

蛋白质综合数据库还有 PIR:http://pir.georgetown.edu 和 Uniprot:http://www.pir.uniprot.org。

三、蛋白质结构数据库

MMDB http://www.ncbi.nlm.nih.gov/Structure/MMDB/mmdb.shtmlNCBI 的蛋白质结构数据库,要使用 Cn3D v4.1 软件观看 PDB,http://www.rcsb.org/pdb/的 Protein Data Bank,要使用 Swiss PDB viewer 软件观看。

四、核酸相关数据库(三大主要核酸序列数据库)

1. EMBL http://www.ebi.ac.uk/embl/

2. GenBank http://www.ncbi.nlm.nih.gov/Genbank/

3. DDBJ http://www.ddbj.nig.ac.jp

此外还有其他数据库,如 RNA 二级结构及非编码区功能预测 http://www.genebee.msu.su/services/rna2_reduced.html,速度快,可以生成图像。

转录因子结合位点 http://www.ejbiotechnology.info/content/vol3/issue3/full/2/bip/

序列比对在线软件 http://prodes.toulouse.inra.fr/multalin/multalin.html

4. 多序列在线比对工具：

FASTA http://www. ebi. ac. uk/fasta/, http://fasta. bioch. virginia. edu

BLAST: http://www. ncbi. nih. gov/BLAST/

Motif 的发现与利用 Motif 发现新的功能基因 MEME http://meme. sdsc. edu/meme/website/intro. html。

此数据库可以发现几个序列所共有的 motif 以及根据已知的 motif 搜索 est 数据库以发现新的基因。

BLOCK Maker http://blocks. fhcrc. org。

http://bioinformatics. weizmann. ac. il/blocks/blockmkr/www/make_blocks. html。

此数据库可以通过蛋白多序列比对寻找其中的保守区域。

IRES 及其他 UTR 功能序列的预测 UTRscan http://bighost. area. ba. cnr. it/BIG/UTRScan/, http://www. ba. itb. cnr. it/BIG/UTRScan/. 此数据库在应用时需要先注册 email。

五、表达数据库

EST 聚类表达数据资源（Unigene） http://www. ncbi. nlm. nih. gov/unigene/和 TIGR 数据库 http://www. tigr. org/tdb/tgi/为按独一无二的剪接体对 EST 进行聚类，并从中得出独一无二的共有的序列，每个 Cluster 的 EST 都有图形排列显示。

斯坦福大学生物芯片数据库 http://genome-www5. stanford. edu/，为最好的生物芯片数据库，不仅数据源丰富，而且数据搜索软件功能齐全。

欧洲生物信息学会主办的基因芯片数据库（EBI array database） http://www.ebi.ac.uk/arrayexpress/。

六、其他数据库

免疫学相关数据库 http://bimas. dcrt. nih. gov/molbio/hla_bind/。

染色体突变数据库 http://www. infobiogen. fr/services/chromcancer/。

内源性逆转录病毒数据库 http://www. girinst. org，包含 100 多个内源性逆转录病毒家族，每个家族都给出了共有序列。

突变数据库 http://archive. uwcm. ac. uk/uwcm/mg/hgmd/search. html，包含各种疾病和基因的突变数据。

比较基因组学数据库 http://www-gsd. lbl. gov/vista/，为重要的比较基因组学在线软件。

（冯乐平 林 军）

参考文献

参考网站：

www.bioon.com 生物谷

www.biooo.com 中国生物论坛

www.dnalc.org 冷泉港实验室

www.dxy.cn 丁香园

www.ncbi.nlm.nih.gov 美国国立生物信息中心